ゼロからはじめる
[環境工学]
入門

原口秀昭著

彰国社

装丁=早瀬芳文
装画=内山良治
本文フォーマットデザイン=鈴木陽子

はじめに

多くの分野や指標が出てきてしんどいなー……。

若い頃に環境工学の入門書を読んだときの筆者の感想です。空気、熱、光、色、音など、扱う項目も多岐にわたり、理論、係数、公式が山のように出てきます。遮音等級の L_r 値は小さい方が良くて D_r 値は大きい方が良いなど、ややこしい数値が数多く登場します。建築の環境性能はこれからさらに重要になる割には、建築を学ぶ者にはハードルの高い分野となっています。

本書は環境工学の基本演習書ですが、初心者のそういった悩みに応える内容にしようと、さまざまな工夫をしています。すべての頁にイラスト、マンガをのせて、楽しくわかりやすい解説になるようにし、また頭に残りやすいスーパー記憶術や POINT の囲みもつくりました。マンガのキャラクターは、高ピーで肉食系女子のミキと、自信なげな草食系男子のアキラというデフォルメされたキャラで通しております。

環境工学で扱う量は、エネルギーなどの純粋な物理量ばかりでなく、人間の感度に依存する量にもかかわるので、若干やっかいです。そのような感覚で補正された物理量を説明するにも、本質的な部分をなるべくイラスト化する努力をしました。

演習問題は建築士試験の過去問から多くを引用しました。建築学科の学生や初学者ならば、2級建築士や1級建築士の試験はそのうち受けるだろうし、受験の時に役立つというモチベーションにもなります。過去問でカバーできない部分は、基本問題も追加しています。

分野ごと、項目ごとになるべく独立して完結するような頁構成にしたので、興味のある分野、克服したい項目から読み始めるのもいいかもしれません。熱貫流量の計算、等時間日影図、昼光率の計算など、学生がわかりにくいとよく言う部分には、頁を多めに割いて解説しています。最後には用語、単位、公式をまとめました。何度も繰り返して、完全に記憶してしまいましょう。

理数系がそもそも苦手という方には、拙著『マンガでわかる環境工学』の併読も、強くおすすめします。ストーリーマンガを楽しみながら、環境工学の基礎の基礎を理屈からわかっていただけるように、工夫を凝らしております。

ゼロからはじめるシリーズは、筆者が教えている学生たちのためにマン

ガ付きでブログ（http://plaza.rakuten.co.jp/mikao/）に毎日アップしたのがはじまりです。マンガやイラストがないと、学生たちは読んでくれません。そのうちブログの読者から、間違いの指摘やイラストなどへの励ましをいただくようになりました。そんなブログを集めて加筆修正して本にしていたら、いつの間にか本書で 12 冊目となりました。

拙著の多くが中国、台湾、韓国で翻訳されています。語呂合わせは翻訳不可能ですが、マンガやイラストが多いせいか、アジア圏で受けているようです。このように絵や図を多く書くことをすすめてくれたのは、大学時代の恩師、故鈴木博之氏でした。手が早く動くようだから、こういった本を書いたらどうかと出版社も紹介していただきました。そのような経緯で、大学院時代から図の多い本、マンガを入れた本を、仕事の合間に書き続けてきました。本が出版されるとすぐに先生のところに送り、その感想のお手紙をいただくのを楽しみにしてきました。本シリーズでは、建築のすべての分野を網羅するように、とにかく続けて書くようにとの励ましを受けていました。筆者のデスクの前に、先生からの葉書が張ってあります。今後も書き続けますので、皆様の勉強のお役に立てていただければ幸いです。

企画を立ててくれた中神和彦さん、細かい編集作業をしてくれた彰国社編集部の尾関恵さん、また多くのことを教えてくださった専門家の皆様、専門書やサイトの著者の皆様、ブログの読者の方々、語呂合わせを一緒に考えてくれたり基本的な質問を投げかけてくれた学生たち、今までのシリーズを支えてくれた読者の皆様に、この場を借りてお礼申し上げます。本当にありがとうございました。

2015 年 5 月　　　　　　　　　　　　　　　　　　　　　　原口秀昭

ミースのバルセロナ・チェア

もくじ CONTENTS

はじめに…3

1 空気線図
温度と湿度…8　状態点を決める要素…16　空気の加熱・冷却…23
空気の混合…28　空調と空気線図…30

2 温熱環境指標
温熱6要素…34　熱放射…38　不快指数（DI）…44　有効温度…45
予測平均温冷感申告（PMV）…52　気流・温度差による不快感…57
温熱環境指標のまとめ…60

3 換気
燃焼器具…62　浮遊粉じん量…64　CO、CO_2濃度…65
シックハウス症候群…66　換気方式…67　必要換気量…73
必要換気回数…76　流体の質量保存則…82　流量係数…83
すき間の漏気量…84　温度差換気…85　風力換気…92　空気齢…97
ナイトパージ…99

4 伝熱
比熱…100　熱容量…102　熱伝導率…104　単位…110　熱伝達率…115
熱貫流率…120　熱抵抗…123　熱貫流…138　温度分布…151
断熱と結露…154

5 日照・日射
南中高度…167　日照時間、可照時間、日照率…170
直達日射と天空日射…171　大気透過率…172　赤外線と紫外線…173
方位と日照・日射…176　日射の取得・遮へい…187
日影曲線、日差し曲線、日照図表…192　終日日影、永久日影…199
等時間日影図…200

6 光
比視感度…215　光束…217　光度と輝度…218　光束発散度…223
照度…224　均等拡散面…225　光を表す単位…227
点光源の光度と照度…229　配光曲線…235　グレア…236
明視4条件…237　明順応と暗順応…238　全天空照度と天空日射…239
昼光率…241　立体角投射率…247　均斉度…257　作業面の輝度比…264
モデリング…265

7 色彩
3原色…266　マンセル表色系…268　オストワルト表色系…275
XYZ表色系…277　補色対比…280　色の面積対比…281

色の膨張、重量感…282　演色性…283　色温度…284

8　音
音の3要素…286　周波数（振動数）…287　音速と気温…289
波長と周波数…290　音の強さの単位…291　対数…292
ウェーバー・フェヒナーの法則…294　音のレベル…295
ラウドネスレベル（phon）…302　A特性音圧レベルdB（A）…304
NC値…305　吸音率、透過率…307　透過損失…308
床衝撃音…314　遮音等級D_r値…316　残響時間…317
反響（エコー）…319　マスキング…321

9　暗記する事項
暗記する事項…322

ゼロからはじめる

[環境工学]入門

★ R001 ○×問題 温度と湿度　その1

Q 絶対湿度の単位は、kg/kg(DA)である。

A 湿り空気を水蒸気と乾き空気に分け、両者の質量の比をとったのが<u>絶対湿度</u>です。2.018kgの湿り空気を、水蒸気0.018kgと乾き空気2kgに分けられたとします。両者の比 0.018kg÷2kg＝0.009 が絶対湿度です。比なので本来は単位はありませんが、乾き空気1kg中に水蒸気が0.009kg入っていることがわかりやすいように、kg/kg(DA)とかkg/kg′ という単位を付けます（答えは○）。kg(DA)、kg′ は乾き空気（Dry Air）のkg数のことです。水蒸気のkg数で表すので、質量絶対湿度、重量絶対湿度（正確には重量ではない）ともいいます。

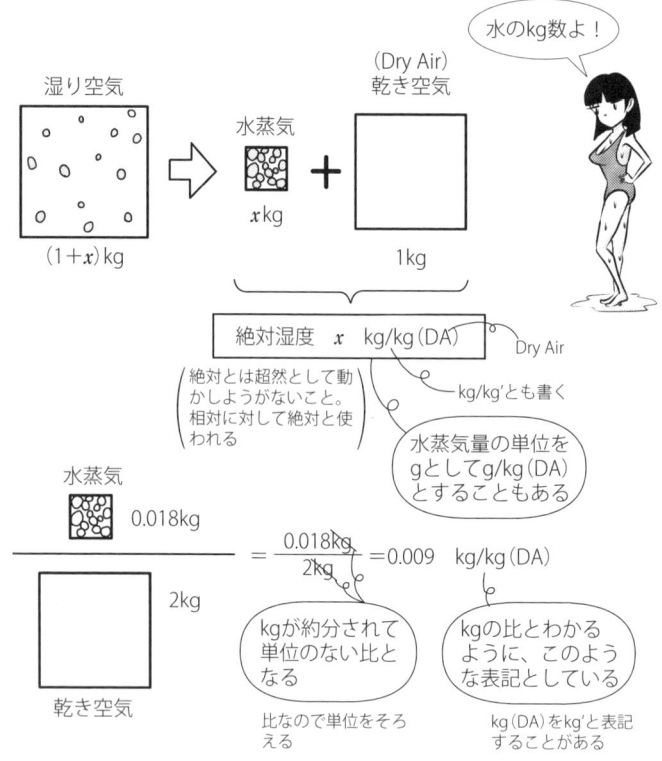

答え ▶ ○

★ R002 ○×問題

Q 相対湿度の単位は%である。

A 今の水蒸気量と飽和水蒸気量の比が相対湿度です。相対とは何かと比べて今の量を計るという意味で、相対湿度は飽和状態に比べてどれくらい水蒸気が空気中にあるかの比です。相対湿度50%（比では0.5）とは、飽和状態に比べて半分の水蒸気が空気中にあるということです。（答えは○）。飽和水蒸気量は気温が高くなると多くなるので、同じ相対湿度50%でも気温によって水蒸気量は異なります。水蒸気量を計るのに、質量のほか圧力で計る方法もあり、相対湿度は圧力で計るのが一般的です。どちらで計っても同じです。

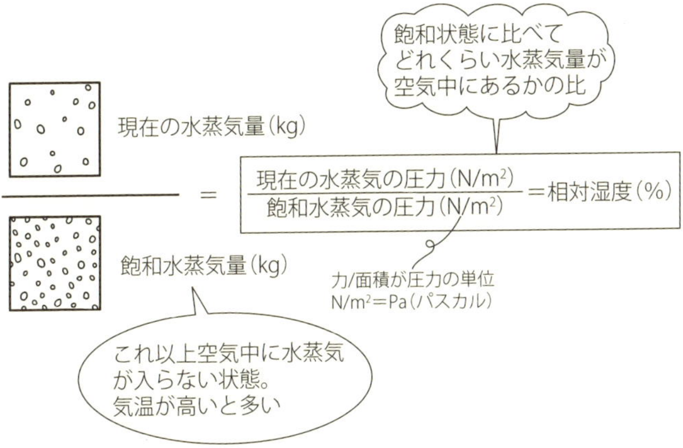

$$\frac{現在の水蒸気量(kg)}{飽和水蒸気量(kg)} = \frac{現在の水蒸気の圧力(N/m^2)}{飽和水蒸気の圧力(N/m^2)} = 相対湿度(\%)$$

飽和状態に比べてどれくらい水蒸気量が空気中にあるかの比

力/面積が圧力の単位 $N/m^2 = Pa$（パスカル）

これ以上空気中に水蒸気が入らない状態。気温が高いと多い

100万円のダイヤが絶対的

給料の3カ月分のダイヤが相対的

100万円にしてちょうだい

答え ▶ ○

R003 ○×問題 — 温度と湿度 その3

Q
1. 乾球温度が上がると、飽和水蒸気量は大きくなる。
2. 乾球温度が上がると、相対湿度50%における水蒸気量は小さくなる。

A 温度が上がると空気の分子運動が盛んになって、空気が水分を含みやすくなります（1は○、2は×）。乾球温度とは計測部が乾いた状態の乾球温度計で計った温度で、一般に温度といわれるのは乾球温度です。水蒸気量と温度のグラフは右上がりの曲線となります。

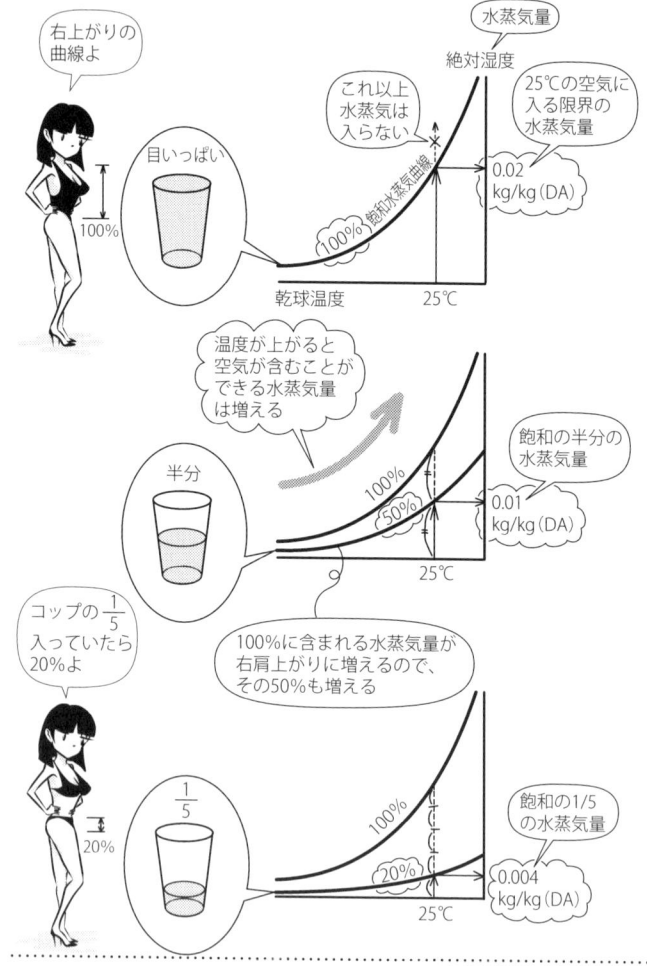

答え ▶ 1. ○ 2. ×

R004 ○×問題　温度と湿度　その4

Q 空気中の水蒸気量（絶対湿度）が一定の場合、温度（乾球温度）が下がると相対湿度は高くなる。ただし水蒸気は、飽和状態に達していないとする。

A 空気の温度、湿度などの関係を表すグラフを、空気線図といいます。それ以上水蒸気を含めない飽和状態の空気は、相対湿度は100％で、飽和水蒸気曲線として表されます。
温度が下がると飽和水蒸気量は小さくなります。容器の大きさと水の量にたとえるとわかりやすいでしょう。含まれる水の量が一定で容器が小さくなると、水の割合は大きくなります。すなわち、相対湿度は高くなります（答えは○）。

答え ▶ ○

★ R005 ○×問題　　温度と湿度　その5

Q 絶対湿度0.01kg/kg(DA)の露点は、空気線図において0.01kg/kg(DA)の位置からのばした水平線と相対湿度100％の曲線の交点で求まる。

A 露点とは、空気中の水蒸気が液体の水となって出てくる温度、結露がはじまる温度です。相対湿度100％とは、それ以上空気中に水蒸気が入らない、目いっぱいの、飽和状態の湿度です。温度が高いほど分子運動が盛んになり、水分子も多く空気中に混じるようになるので、100％のグラフは右上がりとなります。0.01kg/kg(DA)の空気を冷やすと、相対湿度100％との交点で飽和状態となるので、その交点が露点となります（答えは○）。

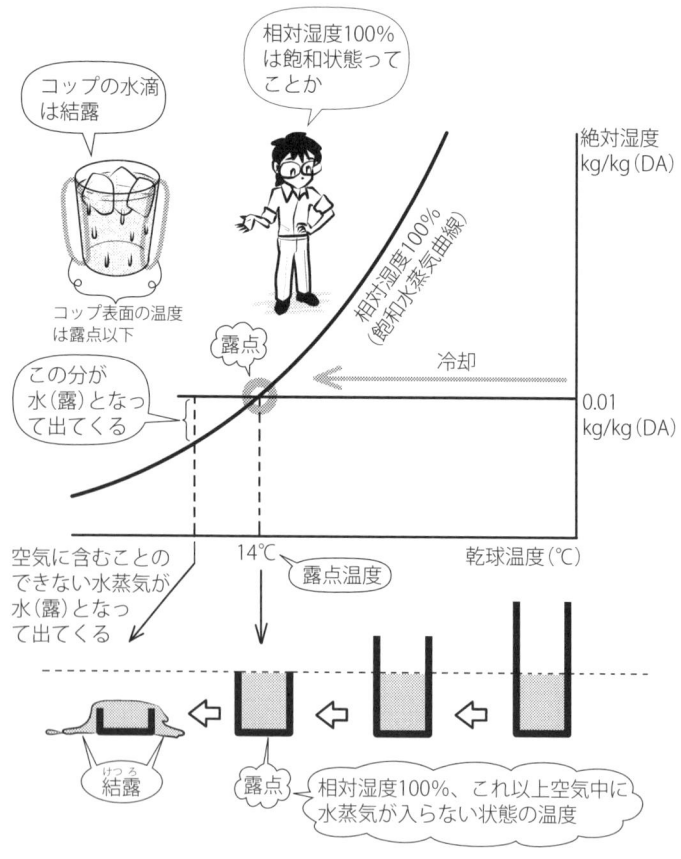

答え ▶ ○

★ R006 ○×問題　温度と湿度　その6

Q 乾球温度と湿球温度から、相対湿度、絶対湿度が求まる。

A 温度計はアルコール、水銀などをガラスのチューブに入れ、温度変化による膨張、収縮によって温度を計る仕組みが多く採用されてきました。そのアルコールなどの液体の液だまりに何も付けていないものを乾球、水に浸したガーゼなどを巻いたものを湿球といいます。<u>湿度が低いと水分が蒸発しやすいため、熱が奪われやすく、湿球温度は低くなります。湿度が高いとその逆に、水分が蒸発しにくいため、熱は奪われにくく、湿球温度は高くなります。乾球温度と湿球温度を決めれば、湿度はひとつに決まります</u>（答えは○）。空気線図では、湿球温度は右下がりの直線群で表されています。

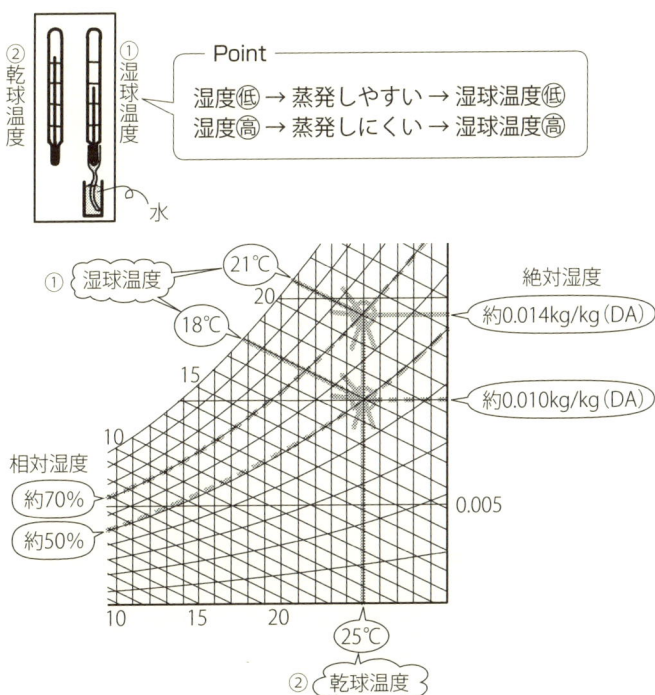

答え ▶ ○

★ R007 ○×問題　温度と湿度　その7

Q 乾湿計の中でもアスマン通風乾湿計は、ファンによって一定の通風を行うので、相対湿度を比較的正確に測定できる。

A 乾球温度計と湿球温度計を並べただけの簡易乾湿計では、気流によって湿球温度が変わるので、誤差が出やすいという欠点があります。そこで乾球、湿球部に風速一定の弱い気流を当てる工夫をしたのが、アスマン通風乾湿計です（答えは○）。乾球温度、湿球温度から相対湿度を求めるには、①換算表を使う、②計算式で算出する、③空気線図を使うという3つの方法があります。

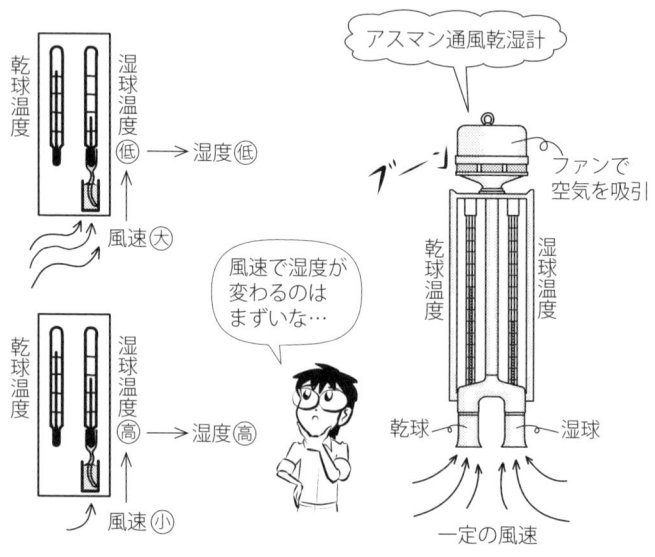

― スーパー記憶術 ―

あーすまん！　風を入れてしまって
　アースマン　　　通風乾湿計

答え ▶ ○

R008 まとめ　　温度と湿度　その8

1. 乾球温度が高いと飽和水蒸気量は大きくなる。

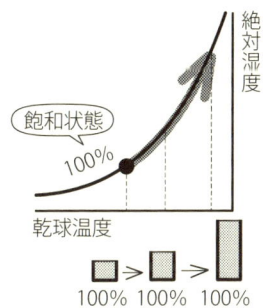

2. 空気を冷却すると相対湿度は高くなる。

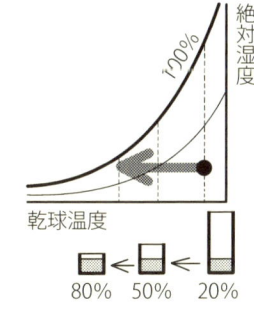

3. 露点を超えて冷却すると除湿できる。

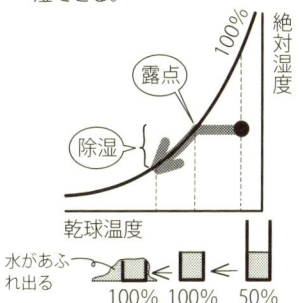

4. 空気を加熱すると相対湿度は低くなる。

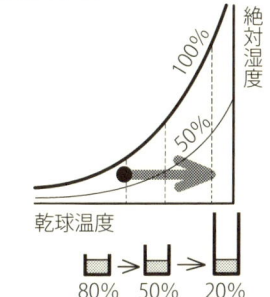

5. 乾球温度が同じで、
   - 湿球温度⑯ → 蒸発しやすい → 湿度⑯
   - 湿球温度⑨ → 蒸発しにくい → 湿度⑨

― スーパー記憶術 ―
湿球温度の高低 ≒ 湿度の高低

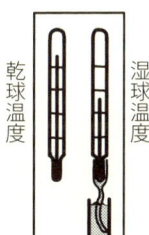

1 空気線図

Q 空気線図中のエンタルピーとは、乾き空気1kg当たりに内在するエネルギーを表す。

A エンタルピーは空気内部のエネルギー、熱量を表し、単位はJ（ジュール）です（答えは○）。1Jは1Nの力で物体を1m動かすエネルギーで、1J＝1N・mです。1kJ/kg(DA)とは、乾き空気1kg当たりの内部エネルギーが1kJ＝1000Jということです。空気の温度が上がると、分子運動が盛んになります。湿度が高いと、多くの水分子も分子運動に加わります。よって温度、湿度が高いと、空気内部のエネルギーも大きいことになります。空気線図でエンタルピーは、右下がりの直線群で示されています。<u>温度0℃、湿度0%の時、0kJ/kg(DA)とされ、そこからどれだけエネルギー量があるかが数値で表示されています。0℃、0%と比べた熱量なので、比エンタルピーともいいます。</u>点Aから点Bに状態を移すには、60－40＝20 kJ/kg(DA)だけエネルギーが必要とわかる仕組みです。

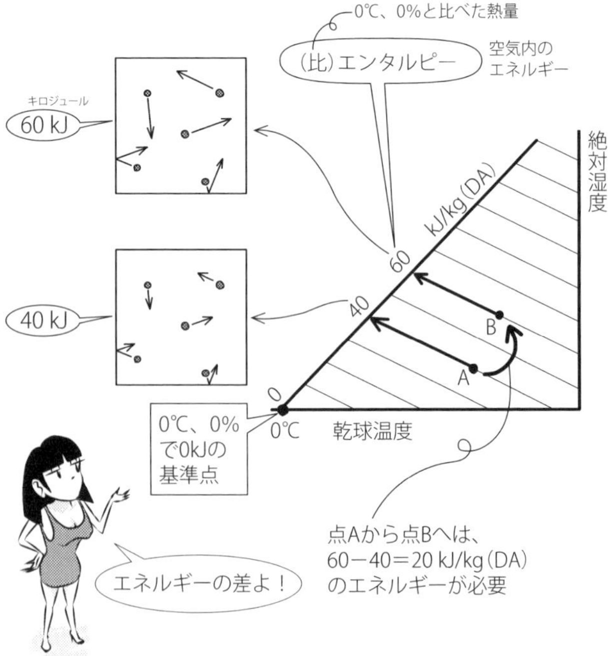

- エントロピーは乱雑さを表す物理量で、エンタルピーとは異なります。

答え ▶ ○

 **R010** ○×問題   状態点を決める要素　その2

Q 空気線図中の比容積とは、乾き空気1kg当たりの湿り空気の容積である。

A 比容積とは、乾き空気（Dry Air）1kg当たりの湿り空気の容積、m³数です（答えは○）。圧力によって容積が変わるので、大気圧下でのm³数です。比体積、比容（ひよう）ともいいます。空気線図では、右下がりの急勾配の直線群として表示されています。水蒸気を取り除いた乾き空気1kg当たりの湿り空気の体積を測ります。乾き空気1kg当たりは、単位は/kg(DA)と表記され、絶対湿度、（比）エンタルピー、比容積に共通しています。

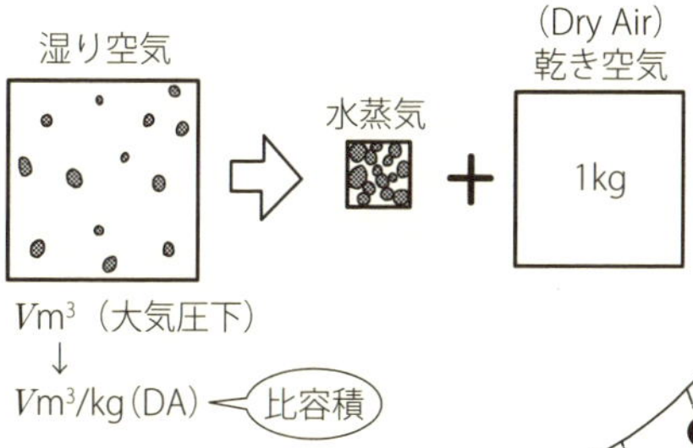

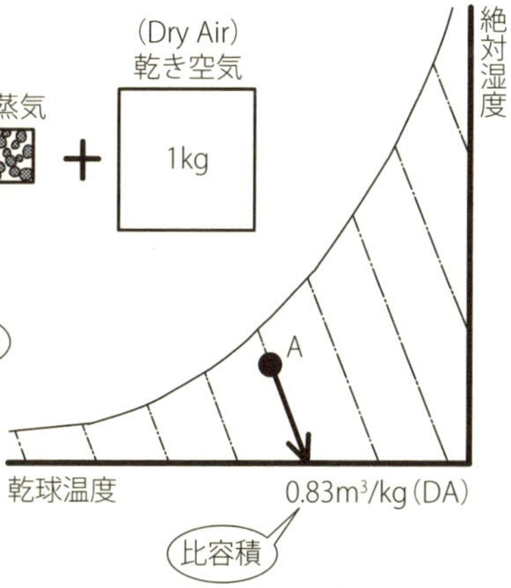

Aの空気（湿り空気）の容積は、乾き空気1kg当たり0.83m³

/kg(DA)はみなDry Air 1kg当たりってことよ！

— Point —

絶対湿度	kg/kg(DA)
（比）エンタルピー	kJ/kg(DA)
比容積	m³/kg(DA)

答え ▶ ○

R011 ○×問題　状態点を決める要素　その3

Q 乾球温度と相対湿度が決まれば、水蒸気圧が求まる。

A 空気線図で空気のある状態を示す点（状態点）が決まれば、水平線を右にのばせば水蒸気の質量（絶対湿度）と水蒸気圧がわかります（答えは○）。大気圧下で湿り空気を水蒸気と乾き空気に分けると、大気圧は水蒸気の圧力と乾き空気の圧力の和となります。分割した圧力という意味で、分圧ということもあります。水蒸気圧は水蒸気の質量が大きくなると高くなり、両者は比例の関係にあります。空気線図の縦軸に、水蒸気の質量を表す絶対湿度と水蒸気圧がとられています。

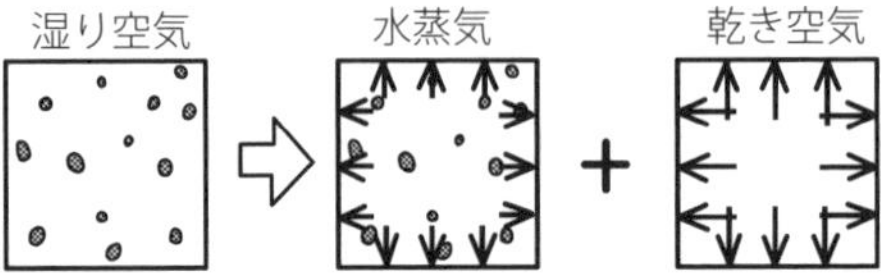

湿り空気　　水蒸気　　乾き空気

1013hPa ← 大気圧　=　水蒸気(分)圧　+　乾き空気(分)圧
=
101.3kPa
(h : 10^2)
(k : 10^3)

水蒸気のkg数と水蒸気圧は比例するのよ！

kg数が2倍になればkPaも2倍になる

絶対湿度　水蒸気圧

1.6 kPa

0.01 kg/kg(DA)

Pa=N/m²
圧力=力/面積

100%
50%

乾球温度　　25℃

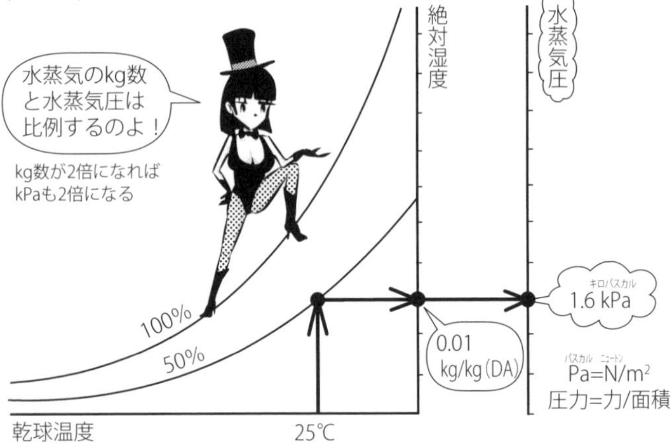

答え ▶ ○

★ R012 ○×問題　状態点を決める要素　その4

Q 空気線図上のある状態点に、加える水分量と熱水分比がわかれば、次の状態点を決めることができる。

A 熱水分比とは、文字通り、熱/水分という比です。加わる熱量（kJ）を加わる水分（kg/kg(DA)）で割った値で、空気線図には円弧状のグラフとして図示されています。

$$熱水分比 = \frac{熱}{水分} = \frac{加わる熱量\ kJ}{加わる水分\ kg/kg(DA)}$$

① 与えられた熱水分比と基準点を直線で結びます。

② その直線と平行に、最初の状態点Aから直線を引きます。

③ 点Aの絶対湿度 x_1 に、水分変化量 Δx を足して、変化後の絶対湿度 x_2 を求めます。

④ x_2 から左にのばした水平線と②で引いた平行線の交点が、変化後の状態点Bとなります（答えは○）。

熱水分比 $u = \dfrac{\Delta h}{\Delta x}$

$\quad\quad\quad = \dfrac{h_2 - h_1}{x_2 - x_1}$

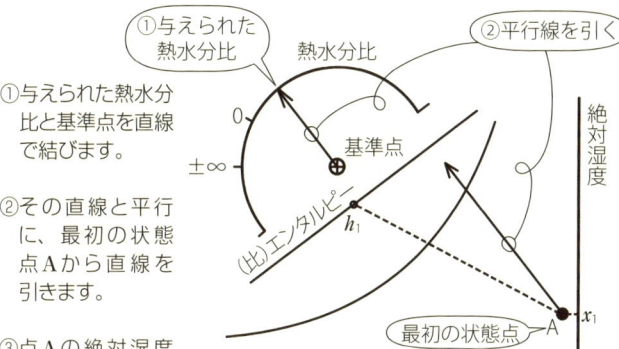

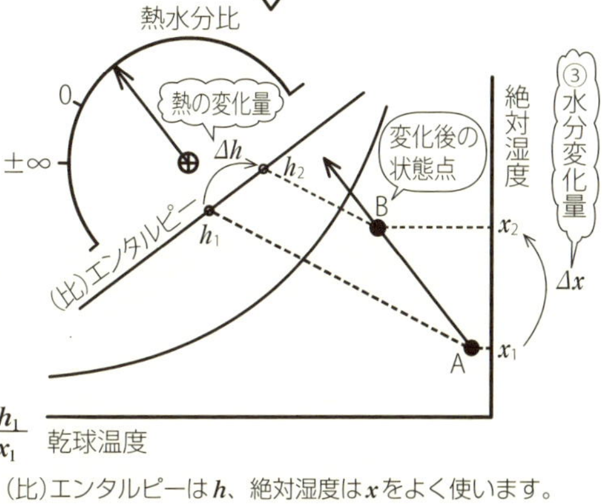

- 記号は熱水分比は u、(比)エンタルピーは h、絶対湿度は x をよく使います。
- ±∞（無限大）：水分が0で水平になると、熱/水分の分母が0となって無限大となります。

答え ▶ ○

★ R013 ○×問題

Q 湿り空気において、
1. 顕熱とは、水蒸気量を変え、乾球温度を変化させない熱である。
2. 潜熱とは、水蒸気量を変えず、乾球温度を変化させる熱である。
3. 空気線図で顕熱比（SHF）が1の状態変化は、水平線上の変化となる。

A 顕熱（けんねつ）とは目に見える熱で、温度変化で表にあらわれる熱です（1は×）。正確には、状態変化（湿り空気では水蒸気量の変化）をさせずに、温度だけ変化させる熱です。一方、潜熱（せんねつ）とは目に見えずに潜んでいる熱で、温度変化をさせずに状態変化だけさせる熱です（2は×）。全体の熱（全熱）＝顕熱＋潜熱で、全熱に対する顕熱の割合が顕熱比です。

--- Point ---

顕熱（けんねつ）→ 目に見える熱 → 温度だけ変える熱
潜熱（せんねつ）→ 目に見えない熱 → 水蒸気量だけ変える熱

$$顕熱比 = \frac{顕熱}{全熱} = \frac{顕熱}{顕熱 + 潜熱}$$

顕熱比は、空気線図では熱水分比と同様に円弧のグラフで示され、その傾きが顕熱/全熱となります。円弧状のグラフに、熱水分比と同様に目盛りがとられています。
顕熱比が1とは、熱がすべて乾球温度変化に使われるということです。空気線図では水平の状態移動（点A→点Bの移動）となります（3は○）。

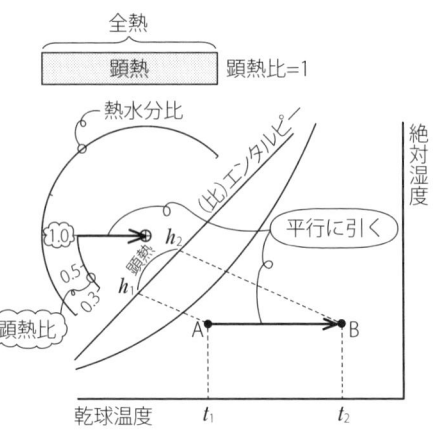

状態点を決める要素 その5

顕熱比0.5とは、全熱量のうち乾球温度変化に使われる熱量が半分ということです（点A→点Bの変化）。残りの半分の熱は水蒸気の増加（点B→点Cの変化）に使われます。
顕熱比のグラフで0.5の位置と中心を結び、その同角度の線をAから引きます。

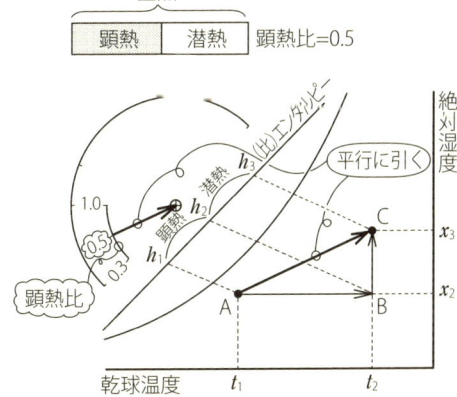

顕熱比=0とは、乾球温度の変化には熱は使われず、全熱量は水蒸気を増やすことに使われるということです。グラフは水蒸気量（絶対湿度）の増加のみの垂直の変化（点B→点Cの変化）となります。

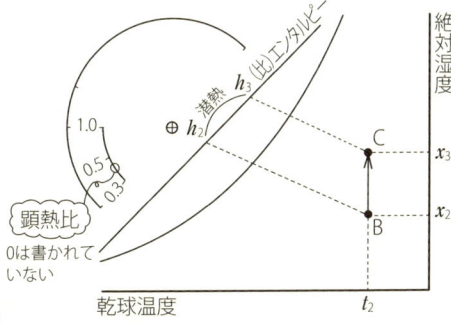

顕熱は水平移動、潜熱は垂直移動よ！

― スーパー記憶術 ―

横にシフト（SHIFT）するけんね！
　　　　　SHF　　　　顕熱比

SHF : Sensible Heat Factor（温度に感じる熱の要素）

答え ▶ 1. × 2. × 3. ○

R014 ○×問題　状態点を決める要素　その6

Q 乾球温度と湿球温度が決まれば、その空気の相対湿度、絶対湿度、水蒸気圧、（比）エンタルピーが決まる。

A 乾球温度と湿球温度から、空気線図上の状態点が求まります。そこから相対湿度、絶対湿度、水蒸気圧、（比）エンタルピーも決まります。絶対湿度と水蒸気圧は縦軸の同じ位置なので、その2つを決めても状態点は定まりません。しかしほかの要素では2つが決まれば状態点が決まり、状態点から各要素が決まります（答えは○）。相対湿度は曲線、各要素は角度をもった直線群です。空気線図は、先人たちの知恵の詰まった不思議なグラフです。このグラフ1枚で湿り空気の状態を表してしまいます。右脳にグラフの形を焼き付けておきましょう！

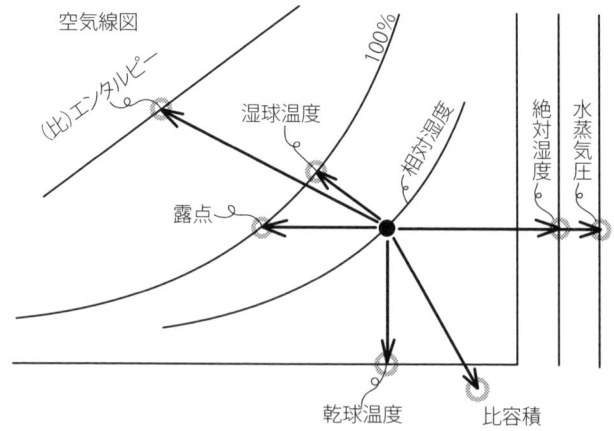

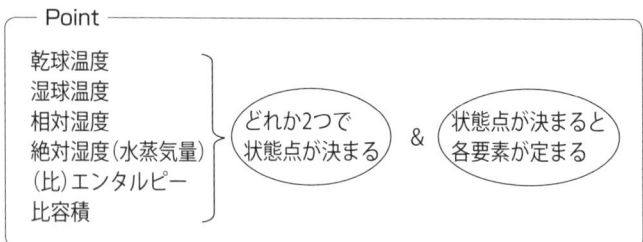

答え ▶ ○

★ R015 ○×問題　空気の加熱・冷却　その1

Q 相対湿度を一定に保ったまま乾球温度を上昇させるためには、加熱と除湿を同時に行う必要がある。

A 空気線図を思い浮かべれば、すぐにわかる問題です。下図で点Aから加熱だけして乾球温度を19℃上昇させると、状態点は水平に右に移動して点Cとなります。加熱だけすると、相対湿度は50%から15%に下がってしまいます。点Aの相対湿度50%を維持したままで19℃加熱するには、水蒸気を0.009kg/kg(DA)増やさねばなりません。相対湿度を一定に保ったまま乾球温度を上げるには、加熱と加湿を同時に行う必要があります（答えは×）。

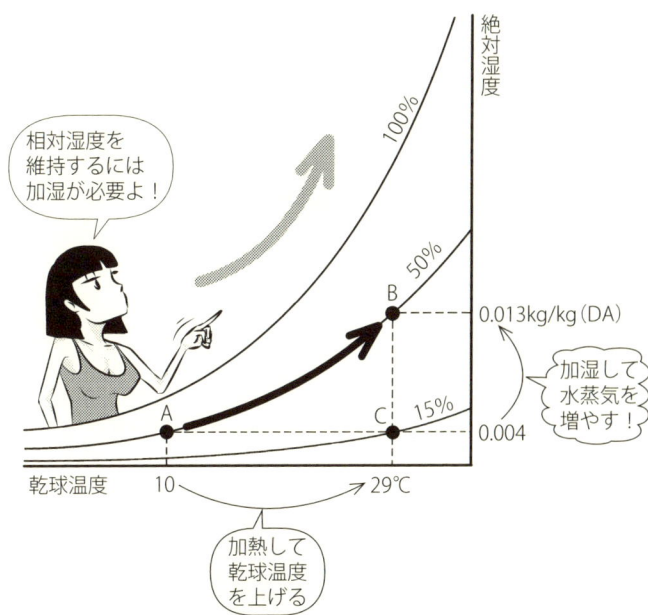

答え ▶ ×

★ R016 ○×問題　　空気の加熱・冷却　その2

Q 乾球温度が一定の場合、相対湿度が低くなると露点温度も低くなる。

A 露点とは結露がはじまる点で、相対湿度100％の飽和水蒸気曲線と、ある水蒸気量を示す水平線の交点で求まります。

右の上図で相対湿度70％の点Aの露点は、点Aから左に水平線をのばして100％ラインと交わる点Bです。
右の下図で点Aと同じ乾球温度で、相対湿度が50％の点Cを考えます。点Cの露点は、左に水平線をのばして100％ラインとぶつかるところ、点Dとなります。点Dは点Bより左側、乾球温度が低い側にあります（答えは○）。

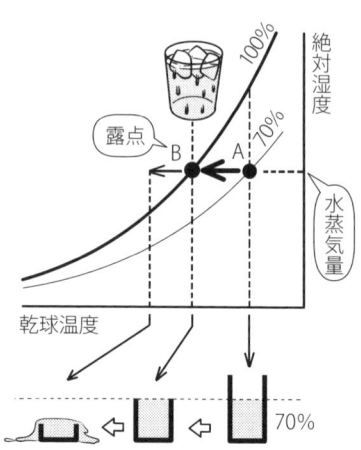

相対湿度が下がると露点が左に行くのか

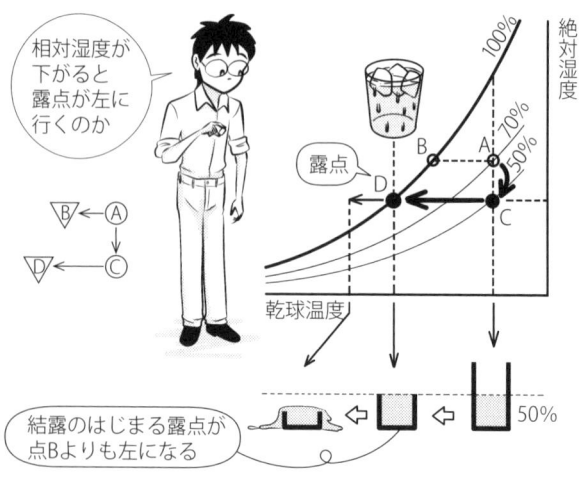

結露のはじまる露点が点Bよりも左になる

答え ▶ ○

R017 ○×問題　空気の加熱・冷却　その3

Q 図に示す点A（乾球温度25℃、相対湿度70%）を乾球温度14℃まで冷却した後、乾球温度を22℃まで加熱すると、相対湿度は約60%になる。

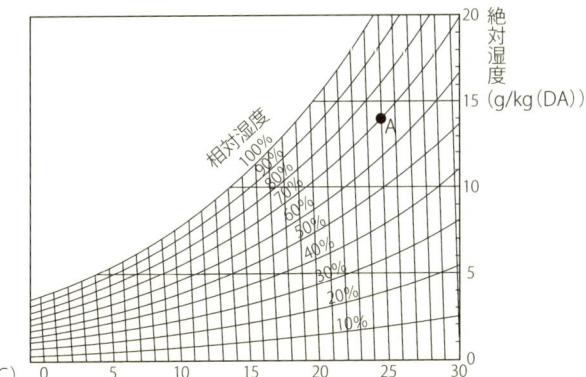

A 点Aを14℃まで冷却すると、途中で相対湿度100%の飽和水蒸気曲線にぶつかります（点B）。そこが露点で、さらに冷やすと、湿り空気中の水蒸気が液体の水となって出てきます（結露）。点Bから冷却を進めると、結露し続けて100%ラインに沿って移動し、14℃では点Cとなります。次に点Cを22℃まで加熱すると、右に水平移動して点Dとなります（答えは○）。

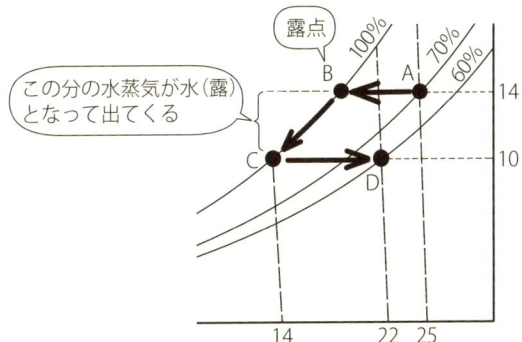

- 絶対湿度の単位は、kg/kg(DA)が一般的ですが、設問のようにg/kg(DA)とすることもあります。
- 乾球温度の縦線は、正確に描くと上に向かって扇状に開く形となります。45℃あたりを垂直にすると、10℃あたりはかなり左側に傾いた直線となります。

答え ▶ ○

★ R018 まとめ　空気の加熱・冷却　その4

除湿の仕組みは重要なので、ここでまとめておきます。点Aの湿り空気を乾球温度を変えずに除湿する場合、一旦冷却して相対湿度100%ラインにぶつかるまで水平に移動させて、その後100%ラインにそって結露させ、その後に加熱して点Bまで水平に移動させます。除湿には冷却が必要で、温度を変えない場合は加熱も必要です。エアコンで温度一定で除湿する場合、冷やして除湿するよりも電力が必要になることがありますが、ヒーターで加熱する過程があるからです（再熱除湿）。

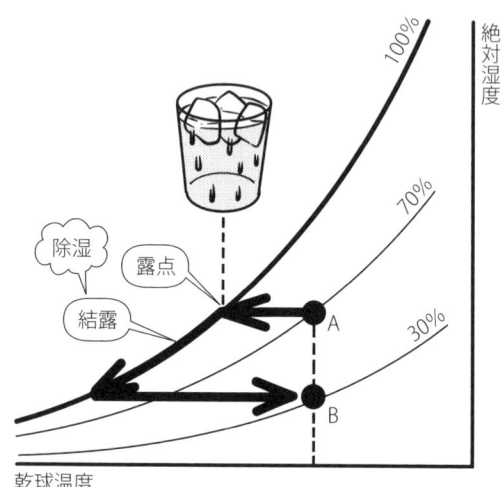

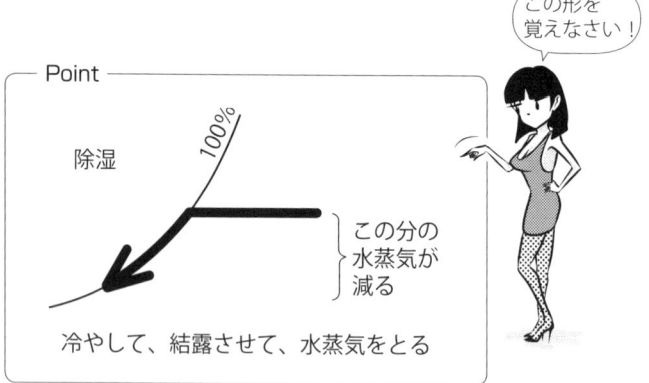

R019 ○×問題　空気の加熱・冷却　その5

Q 図中の点A（乾球温度20℃、相対湿度40%）の空気が表面温度10℃の窓ガラスに触れると、窓ガラスの表面で結露する。

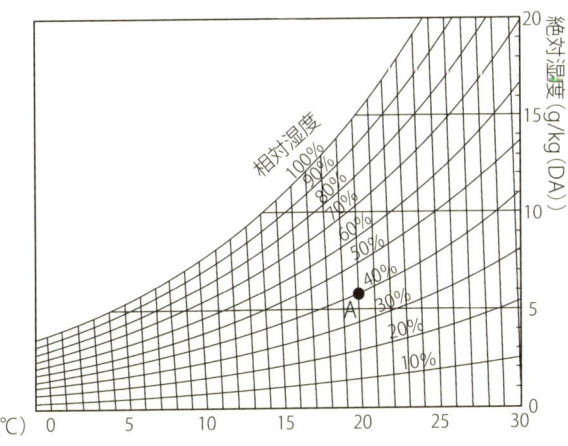

A 点Aの湿り空気を冷やすと、状態点は左に移動し、約6℃の点Cで相対湿度100%のラインにぶつかり、それ以上水蒸気を含めなくなります。すなわち約6℃の点Cが露点、結露がはじまる温度となり、10℃の点Bではまだ結露しないことになります（答えは×）。

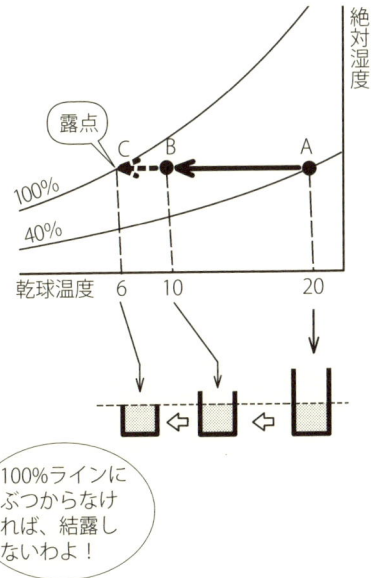

100%ラインにぶつからなければ、結露しないわよ！

答え ▶ ×

R020 ○×問題　空気の混合　その1

Q 点Aの空気と点Bの空気を同じ量だけ混合すると、「乾球温度20℃、相対湿度55%」の空気となる。

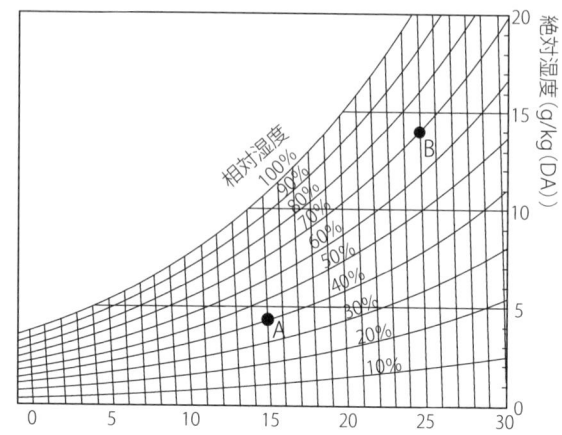

A A、Bの量が同じなので、混合後の空気Cは、ABを1:1に内分する点となります。縦線はほぼ平行線（正確には上に向かって開く形）なので、乾球温度は$(15+25)/2=20℃$ となります。

高さは絶対湿度なので、$(4+14)/2=9g/kg(DA)$ となります。その位置での相対湿度は、約65%です（答えは×）。相対湿度は右上がりの曲線群なので、曲線の上の数値（%）で内分すると$(70\%+40\%)\div2=55\%$と違ってしまいます。

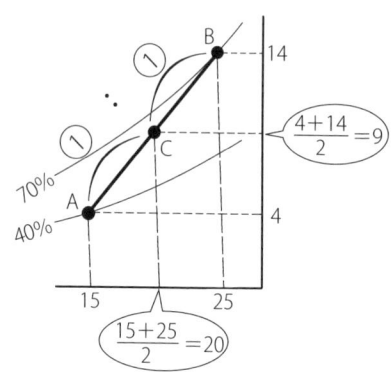

― Point ―

内分するには
絶対湿度で！
（相対湿度で内分は×）

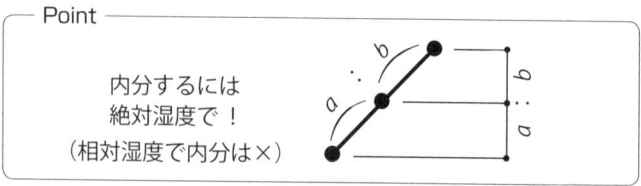

答え ▶ ×

R021 ○×問題　空気の混合　その2

Q 前問の図における点Aの空気90m³と点Bの空気30m³を混ぜた場合、混合後の状態点は空気線上では点Aと点Bを3対1に内分する点である。

A AとBの容積比は3：1となります。Aの方がBより3倍容積が大きいので、混合後の状態点はAの側の影響が大きく、Aの側に寄るはずです。3対1に内分した点だとBの側に寄っているのでおかしいとわかります（答えは×）。混合後の状態点は容積比3：1とは逆の1：3の内分点となります。一般に容積比 $a:b$ の混合後の状態点は、元の状態点を $b:a$ に内分した点となります。

容積比3：1の逆の1：3に内分するのよ！

$(x_1、y_1)$、$(x_2、y_2)$ を $a:b$ に内分すると、

$$\left(\frac{bx_1+ax_2}{a+b},\ \frac{by_1+ay_2}{a+b}\right)$$

$\frac{b×□+a×○}{a+b}$ とたすきがけのようになる

乾球温度

$$\frac{3×15+1×25}{1+3}=17.5℃$$

絶対湿度

$$\frac{3×4+1×14}{1+3}=6.5\text{g/kg(DA)}$$

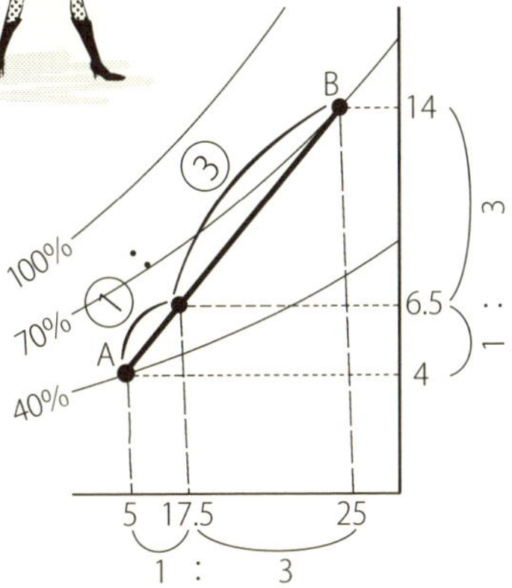

--- Point ---

Aの空気 am³ とBの空気 bm³ を混合する ⇒ ABを $b:a$ に内分する点

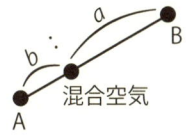
混合空気

答え ▶ ×

R022 ○×問題

Q 下図は、ある事務室の定風量単一ダクト方式による空気調和設備の模式図を示している。空気線図上の空気の状態変化に関する次の記述の正誤を判定せよ。

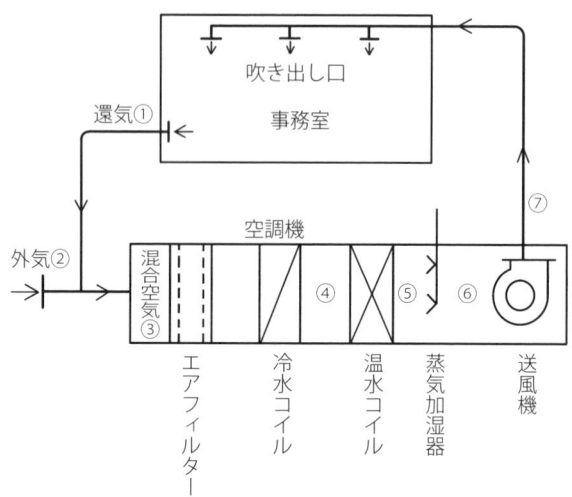

1. 暖房時において、混合空気③を温水コイル（送水温度45℃）によって加熱（③→⑤）すると、乾球温度の上昇に伴い絶対湿度は減少する。
2. 暖房時において、蒸気加湿器によって加湿（⑤→⑥）すると、絶対湿度は上昇するが、乾球温度はほとんど上昇しない。
3. 暖房時において、事務室に送風される空調機出口の空気⑦の乾球温度は、一般に、蒸気加湿器出口の空気⑥の乾球温度より高くなる。

A 加熱すると状態点は右に水平に移動します。空気中の水蒸気の質量は変わらないので、絶対湿度は一定です（1は×）。相対湿度100％ライン（飽和水蒸気曲線）は右上がりの曲線なので、その高さの80％にある80％ライン、50％の高さにある50％ラインも右上がりの曲線です。状態点が右に移動すると、80％→70％→60％と相対湿度のグラフを横切ることになり、相対湿度は下がります。

― Point ―

乾球温度だけ上昇 ⇒ 絶対湿度　一定 / 相対湿度　減少

空調と空気線図 その1

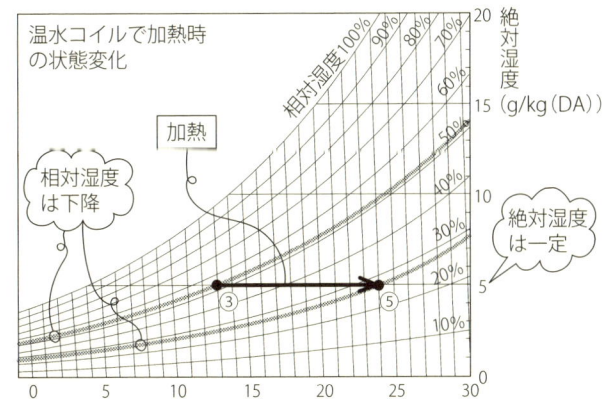

蒸気加湿器は、100℃近くでつくられた水蒸気を空気に吹き込むので、水蒸気量（絶対湿度）が増加すると同時に、乾球温度も少しだけ上がります。吹き込む水蒸気は容積にすると空気に比べてわずかなので、温度変化も1℃未満が普通です（2は○）。送風はファンの動力エネルギーを空気の流れや熱エネルギーに変えるので、乾球温度も上昇（注）します（3は○）。

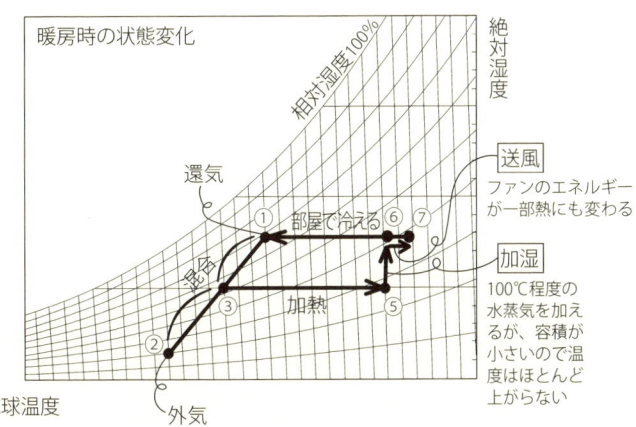

注：気体の状態方程式 $PV = nRT$ から $T = \dfrac{PV}{nR}$ で、空気はダクトの方へ開放されているので容積 V はあまり変わらず、ファンの力で気圧 P が大きくなるので、絶対温度 T も上昇します。

答え ▶ 1. × 2. ○ 3. ○

★ R023 ○×問題

Q 下図は、ある事務室の定風量単一ダクト方式による空気調和設備の模式図を示している。空気線図上の空気の状態変化に関する次の記述の正誤を判定せよ。

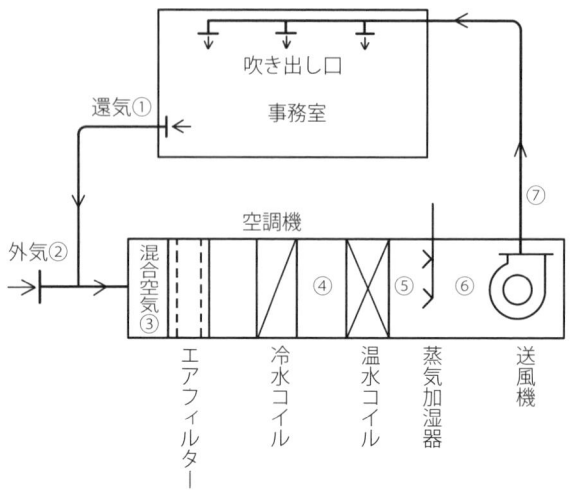

1. 冷房時において、混合空気③を冷水コイル（送水温度7℃）によって露点温度以下まで冷却（③→④）すると、冷水コイル表面で結露が発生し、空気中の水分は減少する。
2. 混合空気③の状態点は、湿り空気線図の還気①と外気②のそれぞれの空気の状態点を結んだ直線上において、それらの質量流量（kg(DA)/h）の逆の比に内分する点である。

...

A コイル（coil）とは、冷温水を通す管をグネグネと曲げて、空気との接触面を多くした熱を交換する部分です。らせん状に「グルグル巻く」が原義で、電気部品でもよく使われています。

湿り空気は冷却すると、相対湿度100%ライン（飽和水蒸気曲線）のところで結露がはじまります（露点）。さらに冷却すると100%ラインに沿って移動し、冷却が終わるところまで結露が続いて、除湿されることになります（1は○）。冷却と除湿が同時に起こるわけです。

③→④の過程は、左に水平に移動して100%ラインにぶつかり、そこから100%ラインに沿って下がる変化です。この過程を省略して右図のように、最初と最後の状態点を直線で結ぶ描き方も多くされます。

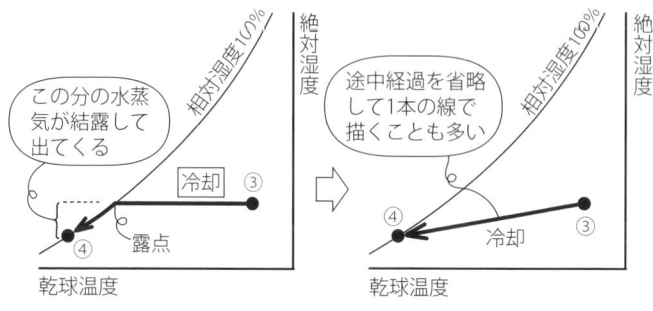

冷却された空気④は送風時に温度が少し上がり（⑦）、部屋に吹き出されて冷房に使われます。部屋で暖められた空気①が空調機に戻ります（還気）。新鮮な外気②と混合しますが、その混合の比 $a:b$ の逆の比 $b:a$ に内分した点が、混合空気の状態点です（2は○）。混合比は正確には質量で計算しますが、湿り空気はどの状態点でも $1kg ≒ 1m^3$ なので、容積比で計算することが多いです。

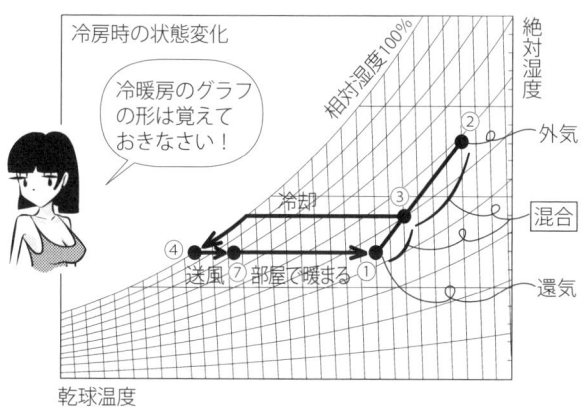

答え ▶ 1. ○ 2. ○

 ○×問題　　　　　　　　　　　　　　温熱6要素　その1

Q 温熱6要素とは、温度、湿度、気流、放射熱、代謝量、着衣量のことである。

A 人が感じる快・不快を表す物理量を、6つに整理したものです（答えは○）。気流があると蒸発や対流（空気の流れとともに熱も流れる現象）も促進され、体感温度は下がります。壁、床、天井などの面から、熱放射も受けています。太陽の熱が真空の宇宙空間でも伝わるのは、熱放射があるからです。人体が発する代謝熱や着衣量も、温熱感に影響します。

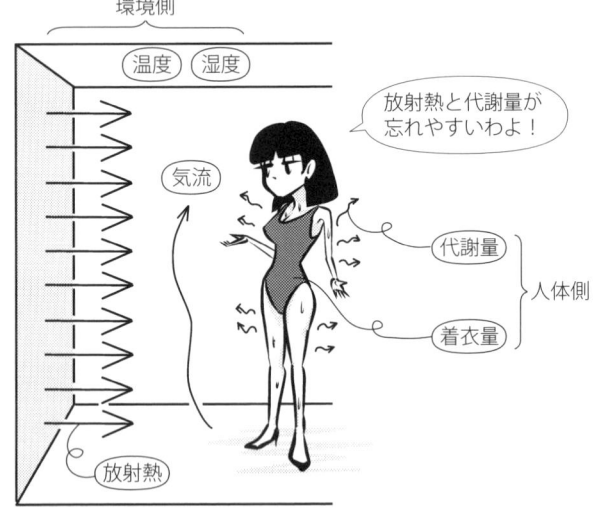

温熱6要素 ｛ 環境側…温度、湿度、気流、放射熱（温熱4要素）
　　　　　　人体側…代謝量、着衣量

答え ▶ ○

★ R025 ○×問題　温熱6要素　その2

Q 1. 椅座安静時における標準的な体格の成人の発熱量は、100W/人である。
2. 椅座安静時のエネルギー代謝量を1としたときの、各作業時の代謝量をエネルギー代謝率といい、単位はMetで表す。

A 椅座（いざ）安静時の発熱量（エネルギー代謝量）は、成人で約100Wです。代謝とは栄養分を消費して仕事と熱（両方ともエネルギー）を発生させることです。身体を形づくる物質をつくる作用も代謝に含まれますが、環境工学で扱う代謝は、熱を発生させる代謝です。椅座安静時の代謝量を基準（1Met）として、他の作業時のエネルギー代謝を表したのが、エネルギー代謝率です（1、2は○）。

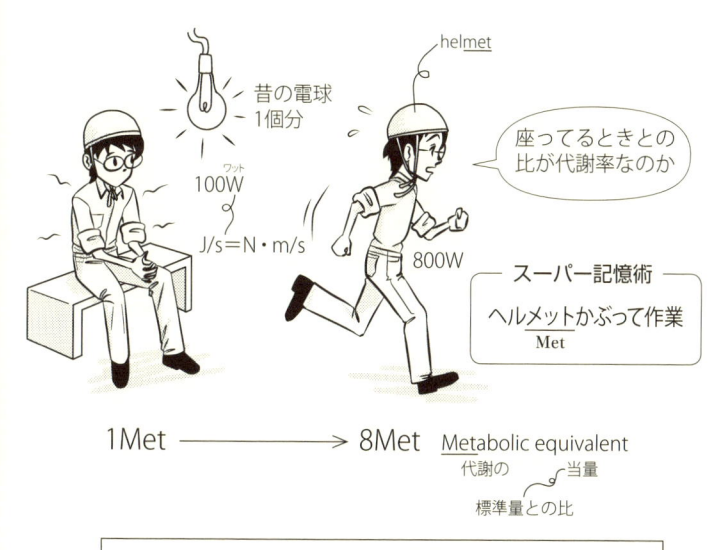

昔の電球 1個分
100W
J/s＝N・m/s

helmet
800W

座ってるときとの比が代謝率なのか

スーパー記憶術
ヘル**メット**かぶって作業

1Met ──────→ 8Met　Metabolic equivalent
代謝の　　当量
標準量との比

$$エネルギー代謝率（Met）＝\frac{ある作業時のエネルギー代謝量}{椅座安静時のエネルギー代謝量}$$

答え ▶ 1. ○　2. ○

★ R026 ○×問題　　温熱6要素　その3

Q 作業の程度に応じて代謝量が増えるにつれて、人体からの総発熱量に占める顕熱発熱量の比率は増加する。

A 体から外へ発せられる総発熱量（代謝量）は、顕熱発熱量と潜熱発熱量の総和です。体表面から対流、放射によって放出される熱は、温度変化をともなう熱で、顕熱です。一方、汗の蒸発によって放出される熱は、水蒸気量を増やして温度は変化させない潜熱です。空気線図上で、顕熱は状態点を右に水平移動させ、潜熱は上へ垂直移動させます。

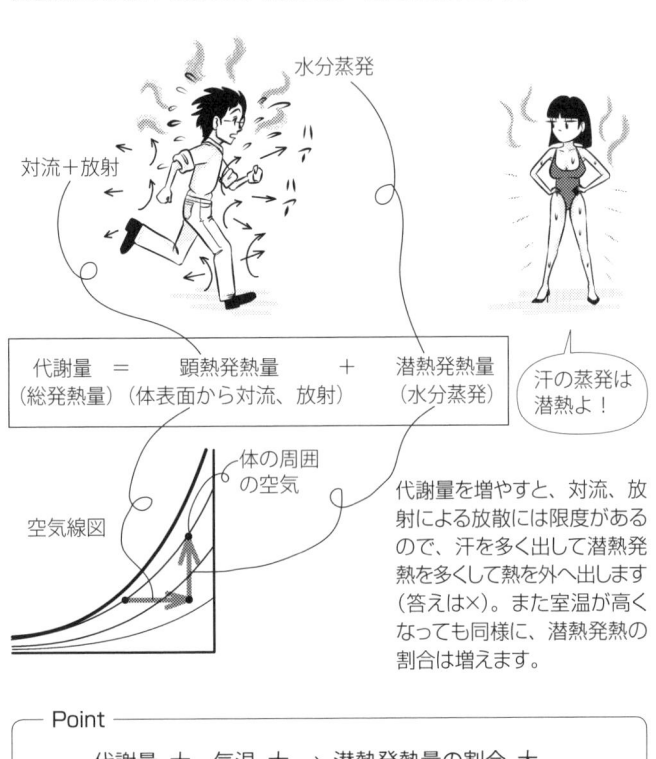

水分蒸発

対流＋放射

代謝量　＝　　顕熱発熱量　　　＋　　潜熱発熱量
（総発熱量）（体表面から対流、放射）　　（水分蒸発）

汗の蒸発は潜熱よ！

空気線図

体の周囲の空気

代謝量を増やすと、対流、放射による放散には限度があるので、汗を多く出して潜熱発熱を多くして熱を外へ出します（答えは×）。また室温が高くなっても同様に、潜熱発熱の割合は増えます。

- Point

代謝量 大、気温 大 → 潜熱発熱量の割合 大
　　　　　　　（汗の蒸発による熱の放散）

答え ▶ ×

★ R027　〇×問題　　　　温熱6要素　その4

Q 着衣による断熱性能には、クロ（clo）という単位が用いられる。

A 温熱6要素のひとつ、着衣量を表すのにクロ（clo）を使います（答えは〇）。スーツが1cloで基準とされ、スーツの上にコートを着ると2clo、スーツの上着を脱ぐと0.5cloです。cloは断熱性能、熱抵抗であり、正確には1clo＝$0.155m^2K/W$とされています。

温熱6要素
- 環境側…温度、湿度、気流、放射熱
- 人体側…代謝量、着衣量

代謝量 → Met値で表す
着衣量 → clo値で表す

clo値は低い方がいいな！
0cloは裸！

― スーパー記憶術 ―
衣服 ⇒ <u>clothes</u>
　　　　クローズ

| シャツ＋ズボン | スーツ | コート＋スーツ |

0.1clo　　0.5clo　　1clo　　2clo

スーツが基準よ！

答え ▶ 〇

★ R028 ○×問題　　　熱放射　その1

Q 熱放射は真空中においても、ある物体から他の物体へ直接伝達される熱移動現象である。

A 熱の伝わり方には、伝導、対流、放射の3種があります。伝導は物体の中を伝わること、対流は空気の流れに乗って伝わること、放射は電磁波で伝わることです。太陽の熱が真空の宇宙を通って地球に伝わるのは、電磁波による放射のためです（答えは○）。熱放射はグローブ温度計などで測定します。

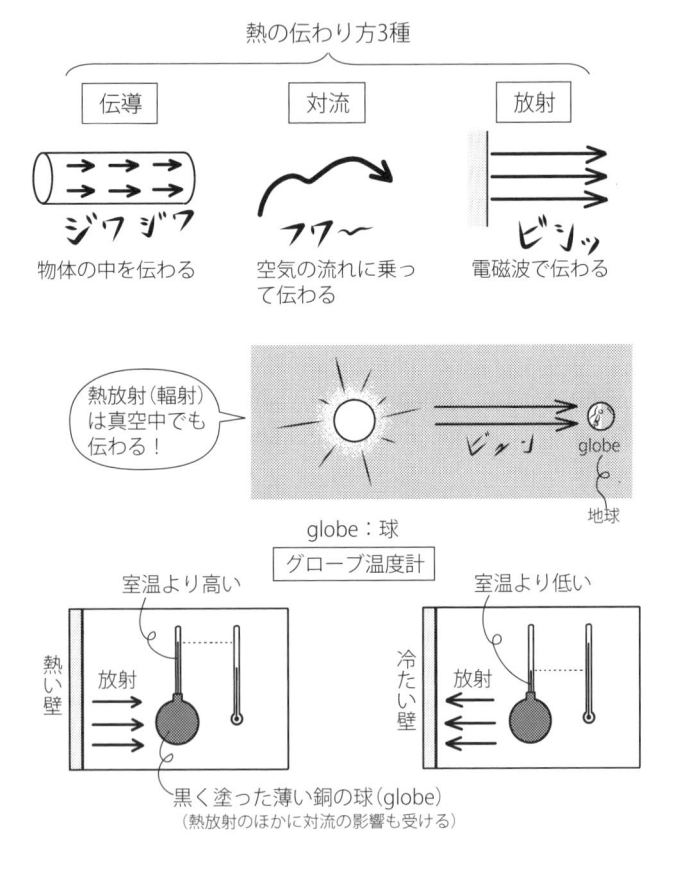

熱の伝わり方3種

伝導	対流	放射
ジワジワ	フワ〜	ビシッ
物体の中を伝わる	空気の流れに乗って伝わる	電磁波で伝わる

熱放射（輻射）は真空中でも伝わる！

globe：球

グローブ温度計

- 室温より高い／熱い壁／放射／黒く塗った薄い銅の球（globe）（熱放射のほかに対流の影響も受ける）
- 室温より低い／冷たい壁／放射

答え ▶ ○

★ R029　○×問題　　　　　　　　　　　　　熱放射　その2

Q 空気温度が同じであれば、気流が速いほど、また室内の表面温度が低いほど、体感温度は下がる。

A 同じ空気温度でも、気流と壁などの表面温度によって、体感温度は大きく変わります。気流が速いほど汗が蒸発しやすくなり、体温は下がります。また周壁の表面温度が低いほど、熱放射が少なくなり、体感温度は下がります（答えは○）。冬の室内では、いくら暖房で空気温度を上げても、周壁の表面温度が低いと、寒さを感じます。特に窓のガラス面は冷えているので、ガラス面に近いところでは、体感温度は下がります。コンクリートは熱を保ちやすい（熱容量が大きい）ので、外側に断熱材を付けて（外断熱）コンクリートの温度を上げておくと、熱放射が大きいところで安定して、体感温度を高めに保つことができます。

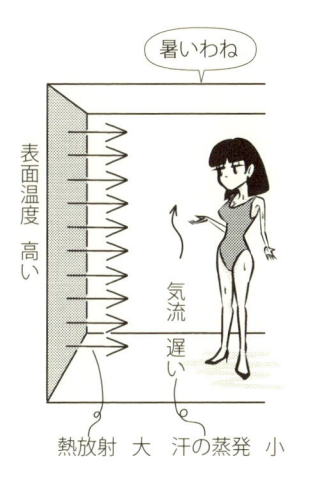

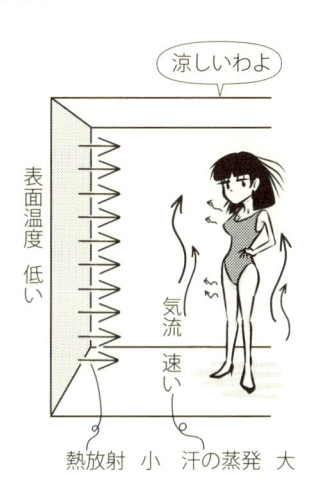

答え ▶ ○

★ R030 ○×問題　熱放射　その3

Q
1. 熱放射のエネルギー量は、物質の温度に関係する。
2. 物体の表面から放出されるエネルギーの放射量は、物体表面の絶対温度を2倍にすると16倍になる。

A あらゆる周波数（振動数）の電磁波（可視光線も含まれる）を100%吸収する物質を黒体といいます。ブラックホールのような完全な黒体は地球上には存在しませんが、木炭、グラファイト、白金などの粉末は、黒体に近い性質をもちます。また内部が空洞で小さい穴をあけた物体をつくると、穴から入った電磁波は反射を繰り返すうちに内部の壁に吸収されるため、黒体に近いものとなります。

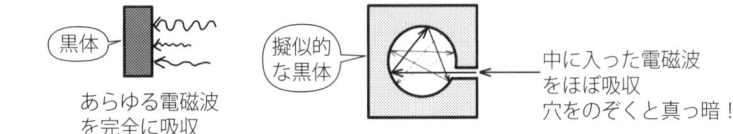

電磁波をすべて吸収する黒体でも、ある温度をもつと、黒体から電磁波が放出されています。それを黒体放射といいます。反射しているわけではなく、自分で出しているというのが黒体を持ち出した理由です。

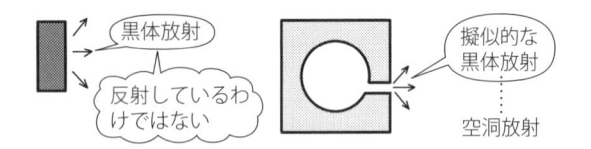

黒体放射のエネルギーは、絶対温度 T の4乗に比例することが知られています。物質の分子運動は－273℃で止まり、そこを基準にしたのが絶対温度です。摂氏 t ℃とすると、絶対温度 $T = t + 273 \mathrm{K}$（ケルビン）となります。

― Point ―

黒体放射のエネルギー ＝ □ × T^4
一般物質の放射エネルギー ＝ ○ × 材料の放射率 × T^4

【4畳半は壁が近い】
　4乗　　　放射

一般物質の場合は、係数に材料の放射率が設定されます。設問の絶対温度が2倍のケースでは、放射のエネルギー量は 2^4 倍＝16倍となります（1、2は○）。

【　】内スーパー記憶術

答え ▶ 1. ○　2. ○

★ R031 ○×問題　　　熱放射　その4

Q 平均放射温度（MRT）は、グローブ温度、空気温度、および気流から求められる。

A 室内のある点が受ける熱放射を平均した温度を、平均放射温度（MRT）といいます。MRTは周囲からの熱放射だけを扱います。

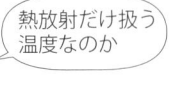

熱放射だけ扱う温度なのか

平均　放射の　温度
Mean Radiant Temperature

平均熱放射（MRT）
ある点が全周囲から受ける熱放射を平均化した温度

$MRT = \sqrt[4]{t_s^4 \times 放射面からある点への形態係数}$ の平均

放射面（surface）の温度

― スーパー記憶術 ―

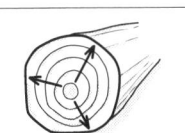

丸太の年輪は放射状
MRT　　　　放射熱

グローブ温度計は、熱放射だけでなく、気温t_aと気流vにも影響されます。グローブ温度t_gからMRTを求めるには、t_aとvの影響を取り除く必要があります（答えは○）。

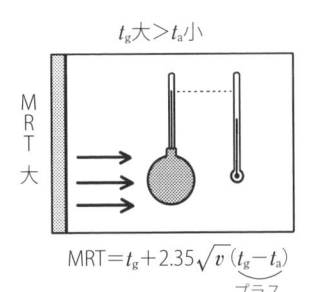

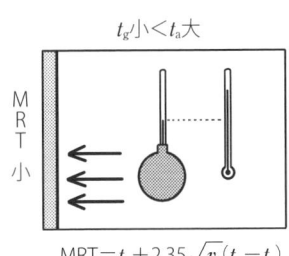

t_g大 > t_a小　　　　　　　　　　t_g小 < t_a大

MRT大　　　　　　　　　　　　MRT小

$MRT = t_g + 2.35\sqrt{v}\,(t_g - t_a)$　　$MRT = t_g + 2.35\sqrt{v}\,(t_g - t_a)$
　　　　　　　　プラス　　　　　　　　　　　　　　　　マイナス

g：globe　a：air　v：velocity

答え ▶ ○

★ R032 ○×問題　　　熱放射　その5

Q 静穏な気流（0.2m/s以下）のとき、室内の作用温度（OT）はグローブ温度とほぼ一致する。

A 作用温度（OT：Operative Temperature）とは、人体に作用する、実際に効果のある（Operative）温度（Temperature）です。気温と放射温度を複合したもので、効果温度ともいいます。静穏な気流の下では、空気温度と平均放射温度を足して2で割った値となり、グローブ温度とほぼ一致します（答えは○）。

> 静穏な気流（0.2m/s以下）では、
>
> 作用温度OT≒ $\dfrac{気温＋平均放射温度（MRT）}{2}$ ≒グローブ温度

0.2m/sを超える気流下では単純平均ではなく、空気温度と平均放射温度それぞれに重みをつけて平均をとります。

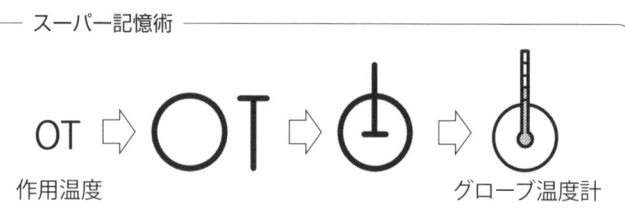

（玉（globe）の感じる温度とほぼ同じよ！）

平均放射温度（MRT）

空気温度

― スーパー記憶術 ―

OT ⇨ OT ⇨ ⊕ ⇨ 🌡

作用温度　　　　　　　　　　　　グローブ温度計

答え ▶ ○

★ R033 ○×問題　　　熱放射　その6

Q 作用温度は、空気温度、放射温度および湿度から求められる。

A 作用温度（OT）は、下のように、空気温度と放射温度をその寄与分の重みをつけて加重平均した温度です。湿度を考えない、単純な温熱指標といえます（答えは×）。

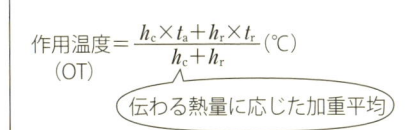

$$\text{作用温度(OT)} = \frac{h_c \times t_a + h_r \times t_r}{h_c + h_r} \text{ (℃)}$$

伝わる熱量に応じた加重平均

h_c：対流熱伝達量
h_r：放射熱伝達量
t_a：空気温度
t_r：平均放射温度（MRT）

c：convection（対流）　　h：heat（熱）　　a：air（空気）
r：radiation（放射、輻射）　　t：temperature（温度）

例：空気温度 t_a =9℃、平均放射温度24℃、h_c：h_r =1：2の時、

$$\text{作用温度} = \frac{1}{1+2} \times 9℃ + \frac{2}{1+2} \times 24℃ = 3℃ + 16℃ = 19℃$$

対流の寄与する比率　　放射の寄与する比率

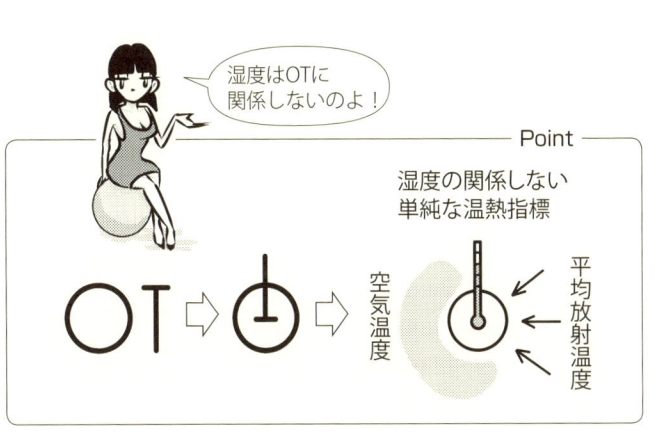

湿度はOTに関係しないのよ！

― Point ―

湿度の関係しない単純な温熱指標

OT ⇨ ⊕ ⇨ 空気温度　平均放射温度

答え ▶ ×

★ R034 ○×問題　　不快指数（DI）

Q 不快指数（DI）は夏の蒸し暑さを表す指標で、乾球温度と相対湿度から求められる。

A 不快指数（DI）は、蒸し暑さを表す指数としてアメリカで考案されたものですが、日本でも広く使われています。下表のように5刻みに体感と対応させる、大ざっぱですがわかりやすい指標です。気流、熱放射、代謝量、着衣量は考慮されていません。

DI	体感
85〜	暑くてたまらない
80〜85	暑くて汗が出る
75〜80	やや暑い
70〜75	暑くない
65〜70	快い
60〜65	何も感じない
55〜60	肌寒い
〜55	寒い

DIを求める式はいくつかありますが、下の式が一般に使われています。h に0.01をかけているのは、たとえば相対湿度80%を0.8にするためです。$t \times h$ の項があるので、不快指数は気温と湿度の組み合わせで表されていることがわかります（答えは○）。

$$DI = 0.81t + 0.01h(0.99t - 14.3) + 46.3$$

Discomfort Index
不快　指数　　　　t：乾球温度　h：相対湿度
　　　　　　　　　　（temperature）（humidity）

気温 $t=30℃$、湿度80%では、
$DI = 0.81 \times 30 + 0.01 \times 80(0.99 \times 30 - 14.3) + 46.3$
　　$= 82.92 \rightarrow$ 暑くて汗が出る（不快）

― スーパー記憶術 ―

痔　は　不快　　はれると汗が出る
DI　　不快指数　　（腫れ）80〜

答え ▶ ○

★ R035 ○×問題　　　　　　　　　　　　　　　有効温度　その1

Q 有効温度（ET）20℃には、気温、湿度、気流の3要素の組み合わせが無数にあるが、湿度100%で無風ならば気温20℃である。

A 気温、湿度、気流の3要素を同時に表すものとして、有効温度（ET）があります。下図で、左の箱は湿度100%、気流0m/sに固定し、気温だけ変えます。右の箱は気温、湿度、気流の3要素をそれぞれ変え、いろいろな環境をつくり出します。左右の箱に入った人間が、同じ体感であった場合の、左の箱の気温を有効温度とします。多くの人間によって実験を繰り返し、3要素を決めればひとつの有効温度と対応させるグラフがつくられました。有名なヤグロー氏の実験です。設問の有効温度20℃とは、湿度100%、気流0m/sで20℃と体感が同じ環境を指します。ET20℃の時の3要素の組み合わせは無数にありますが、ETはひとつで、[20℃、100%、0m/s]です（答えは○）。

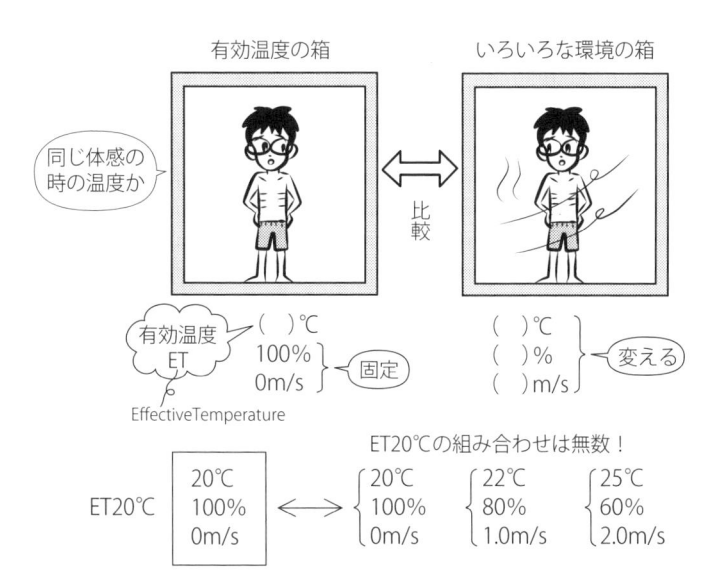

2　温熱環境指標

有効温度の箱　　　　　　　　いろいろな環境の箱

同じ体感の時の温度か

有効温度 ET
EffectiveTemperature

(　)℃
100%　　固定
0m/s

(　)℃
(　)%　　変える
(　)m/s

比較

ET20℃の組み合わせは無数！

ET20℃ ｛ 20℃ / 100% / 0m/s ｝ ⟷ ｛ 20℃ / 100% / 0m/s ｝ ｛ 22℃ / 80% / 1.0m/s ｝ ｛ 25℃ / 60% / 2.0m/s ｝

答え ▶ ○

★ R036 ○×問題　有効温度　その2

Q 修正有効温度（CET）とは、気温、湿度、気流に加えて放射の影響も考慮した体感指標である。

A 有効温度ETでは気温は乾球温度で測るため、周壁からの放射熱の影響が考慮されていません。そこでETを修正（correct）して、グローブ温度で放射熱の影響も考慮に入れて体感指標としたのが、修正有効温度（CET）です（答えは○）。

- 有効温度 ET (Effective Temperature) ⟶ 気温、湿度、気流
- 修正有効温度 CET (Corrected Effective Temperature) ⟶ 気温、湿度、気流、熱放射

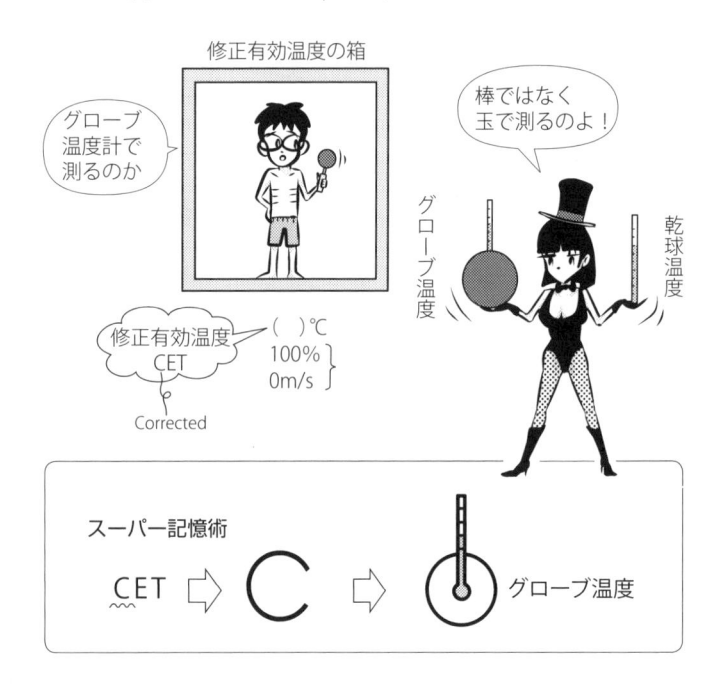

修正有効温度の箱

グローブ温度計で測るのか

棒ではなく玉で測るのよ！

グローブ温度　　乾球温度

修正有効温度 CET　（　）℃　100%　0m/s

Corrected

スーパー記憶術

CET ⇨ C ⇨ ○ グローブ温度

答え ▶ ○

★ R037 ○×問題　　　　　　　　　　　　　　　有効温度　その3

Q 1. 新有効温度（ET*）は、気温、湿度、気流、放射熱の室内側温熱4要素に、代謝量（Met値）と着衣量（clo値）を加えた体感指標である。
2. 新有効温度（ET*）は、人体の熱負荷に基づき、熱的中立に近い状態の人体の温冷感を示す指標である。

A ETは温熱3要素、CETは4要素、ET*は6要素すべてを考えに入れた体感を表す温度です（1は○）。ET、CETは湿度100%でしたが、ET*では50%とされています。
熱的中立とは暑くも寒くもないということで、ET、CET、ET*は暑い、寒いを感じるあらゆる環境を扱う指標です（2は×）。2の記述は、PMV（R042参照）の説明です。

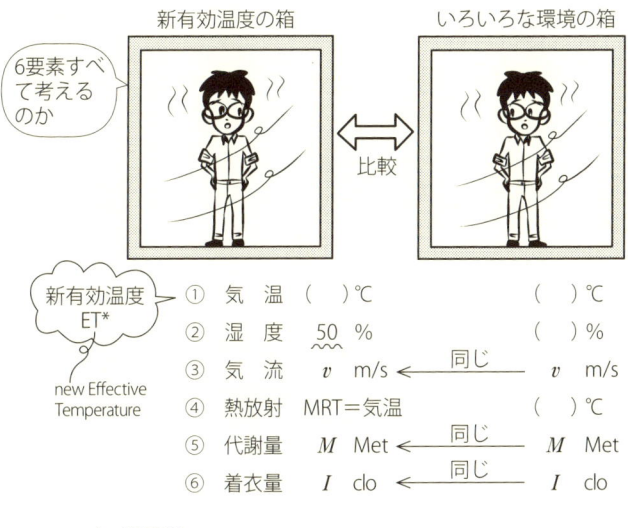

　　　　　　　　新有効温度の箱　　　　　　　いろいろな環境の箱

（6要素すべて考えるのか）

　　　　　　　　　　　　　　　　　　　比較

新有効温度 ET*
new Effective Temperature

① 気　温　（　）℃　　　　　　　　（　）℃
② 湿　度　 50 %　　　　　　　　　（　）%
③ 気　流　v m/s ← 同じ → v m/s
④ 熱放射　MRT＝気温　　　　　　　（　）℃
⑤ 代謝量　M Met ← 同じ → M Met
⑥ 着衣量　I clo ← 同じ → I clo

スーパー記憶術

すべての条件そろう　新しい　スターでも成功率は半々
　　6要素　　　　　新有効温度　 *　　　　　　　　50%

答え ▶ 1. ○　2. ×

★ R038 ○×問題　　　　　　有効温度　その4

Q 標準新有効温度（SET*）は、湿度50%、気流0.1m/s、椅子に座った状態の代謝量（1Met）、着衣量（0.6clo）に標準化した体感指標である。

A 新有効温度（ET*）では、気流、代謝量、着衣量が変数となっており、その3要素を評価対象と同じにして測りました。標準新有効温度（SET*）では、気流を0.1m/s、代謝量を1Met、着衣量を0.6cloに標準化して比較したものです（答えは○）。ET*、SET*は両者とも温熱6要素を考慮した指標ですが、SET*では一部の要素を固定して、標準化しています。標準新有効温度は、新をとって標準有効温度ともいいます。

Point

Corrected ET→修正有効温度　　Standard ET*→標準新有効温度

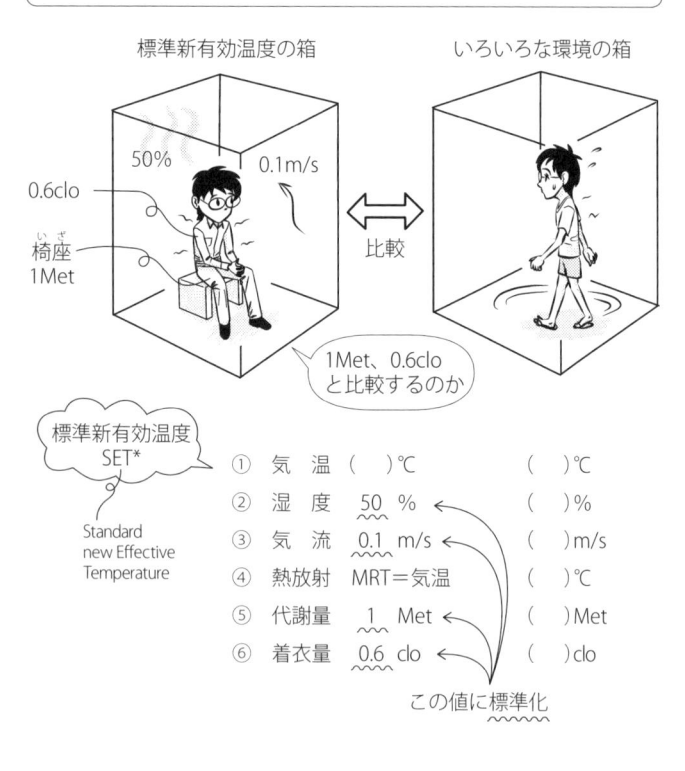

標準新有効温度の箱　　　　　いろいろな環境の箱

50%　0.1m/s
0.6clo
椅座 1Met

比較

1Met、0.6cloと比較するのか

標準新有効温度
SET*

Standard
new Effective
Temperature

		標準		環境
①	気　温	(　)℃		(　)℃
②	湿　度	50 % ←		(　)%
③	気　流	0.1 m/s ←		(　)m/s
④	熱放射	MRT＝気温		(　)℃
⑤	代謝量	1 Met ←		(　)Met
⑥	着衣量	0.6 clo ←		(　)clo

この値に標準化

答え ▶ ○

48

★ R039 ○×問題　　　　　有効温度　その5

Q 1. 標準新有効温度（SET*）が24℃の場合、温冷感は「快適、許容できる」の範囲内とされている。
2. 標準新有効温度（SET*）が20℃の場合、温冷感は「快適、許容できる」の範囲内とされている。

A ASHRAE（アメリカ暖房冷凍空調学会）では、「快適、許容できる」SET*を22.2℃〜25.6℃としています（1は○、2は×）。$24\pm\alpha$℃と覚えておきましょう。SET*の値が等しい点を空気線上にとると、下図の破線のように、斜めの直線となります。その線上では、温冷感が等しくなります。

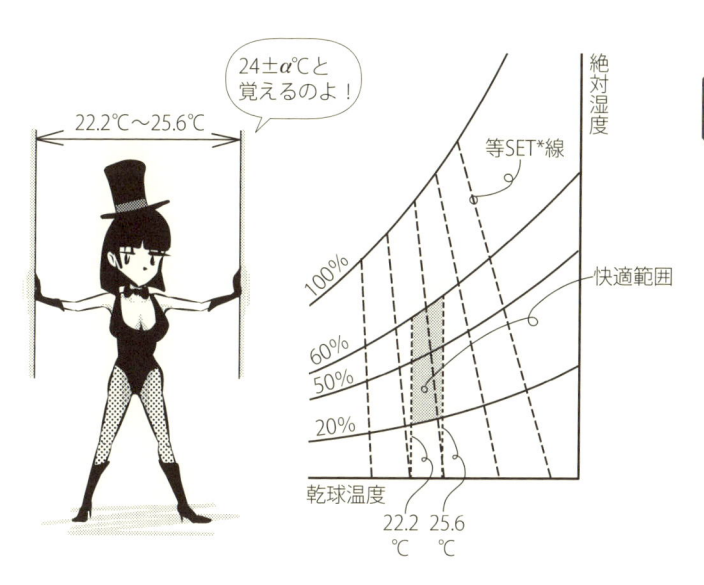

（図：22.2℃〜25.6℃、$24\pm\alpha$℃と覚えるのよ！、絶対湿度、等SET*線、快適範囲、100%、60%、50%、20%、乾球温度、22.2℃、25.6℃）

― スーパー記憶術 ―
　　スタンダード　は　西（西洋）から来た
　　　S　　ET*　　　　$24\pm\alpha$℃

- 【RCは西（西洋）から来た】で、RC（鉄筋コンクリート）の比重2.4（水の重さの2.4倍、2.4tf/m^3 = 24kN/m^3）とコンクリートの標準的強度24N/mm^{2}を覚えられます。一緒に記憶しておきましょう。

答え ▶ 1. ○　2. ×

★ R040 ○×問題　　有効温度　その6

Q 無風（$v=0.1\text{m/s}$）、周壁面のMRT＝室温、軽作業（1Met）、軽装（0.6clo）の時、標準新有効温度（SET*）は乾球温度と相対湿度から空気線図を使って求めることができる。

A 下図の状態点AのSET*を求めるには、点Aでの等SET*線をたどります。等SET*線上にない場合は、近くの等SET*線に平行な点Aを通る線を引きます。等SET*線と相対湿度50％の曲線の交点を求めると、その点の乾球温度が点AのSET*となります（答えは○）。SET*は相対湿度50％における乾球温度なので、50％ラインまで移動したわけです。周壁の平均放射温度MRT≠乾球温度の時は、空気線図の横軸を作用温度（OT）とすることもあります。

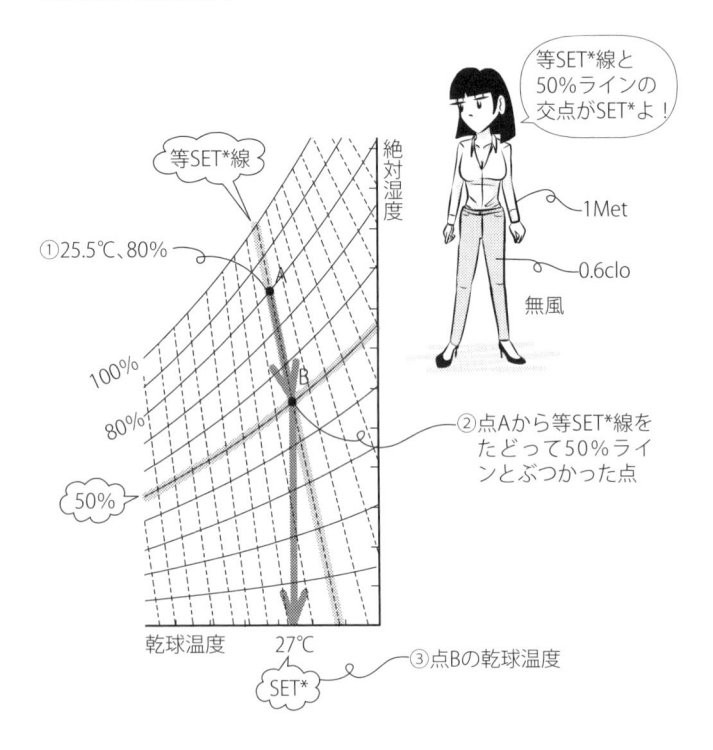

等SET*線と50％ラインの交点がSET*よ！

等SET*線

絶対湿度

①25.5℃、80％

1Met
0.6clo
無風

100％
80％
50％

②点Aから等SET*線をたどって50％ラインとぶつかった点

乾球温度　27℃
SET*

③点Bの乾球温度

答え ▶ ○

★ R041 まとめ　　有効温度　その7

4種類の有効温度をまとめておきますので、覚え直しておきましょう。

有効温度 ET (Effective Temperature)
　気温　湿度　気流 …… 3要素
　（100%、0m/s）

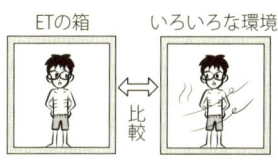

ETの箱 ⇔ いろいろな環境（比較）

⇩

修正有効温度 CET (Corrected Effective Temperature)
　気温　湿度　気流　放射 …… 4要素
　（グローブ温度、100%、0m/s）

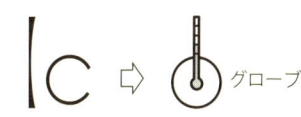

C ⇨ グローブ温度

⇩

新有効温度 ET* (new Effective Temperature)
　気温　湿度　気流　放射　代謝　着衣 …… 6要素
　（MRT、50%、0.1m/s）

【すべての条件そろう　新しい　スターでも成功率は半々】
　　　6要素　　　　新有効温度　　*　　　　50%

⇩

標準新有効温度 SET* (Standard new Effective Temperature)
　気温　湿度　気流　放射　代謝　着衣 …… 6要素
　（50%、0.1m/s、MRT、1Met、0.6clo）

【スタンダード　は　西（西洋）から来た】
　　S　　ET*　　$24±α℃$
　　　　　　　　快適範囲

★ R042 ○×問題　予測平均温冷感申告（PMV）　その1

Q
1. 予測平均温冷感申告（PMV）は、気温、湿度、気流、熱放射の4つの温熱要素に加え、代謝量（作業量）と着衣量を考慮した温熱指標のことである。
2. 予測平均温冷感申告（PMV）は、主に均一な環境に対する温熱指標であるため、不均一な放射環境、上下温度分布が大きな環境および通風環境に対しては適切に評価できない場合がある。

A デンマーク工科大学のファンガー氏が1300人の被験者に温冷感についてのアンケートをとって（申告させて）完成させたのがPMVです。温熱6要素を変化させて、表1の申告をしてもらい、－3～+3を横軸に、不快と感じる人の割合を縦軸にしてグラフ化したのが下の図です（1は○）。ファンガー氏の快適方程式と対応しています。多数の被験者から得た、温熱6要素から求める温冷感は、ほかの人の申告と同じと予測できるとしています。

PMVの適用範囲は、オフィスや住宅などの比較的快適な室内環境を評価する指標です。温度や湿度などの分布が比較的均一な環境を扱い、部分的な気流、部分的熱放射などによって不均一となった環境には向きません（2は○）。

PMVの適用範囲

温熱6要素
① 気　温　　10～30℃
② 湿　度　　30～70%
③ 気　流　　0～1m/s
④ 熱放射　　10～40℃
⑤ 代謝量　　0.8～4Met
⑥ 着衣量　　0～2clo

表1

+3	Hot	非常に暑い
+2	Warm	暑い
+1	Slightly warm	やや暑い
0	Neutral	どちらでもない
－1	Slightly cool	やや寒い
－2	Cool	寒い
－3	Cold	非常に寒い

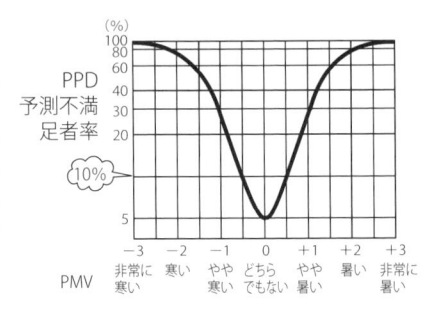

答え ▶ 1. ○　2. ○

R043 ○×問題　予測平均温冷感申告（PMV）その2

Q 予測平均温冷感申告（PMV）において、その値が0の時は、中立で暑くも寒くもない熱的状態と予測される。

A 予測平均温冷感申告（PMV）は、温度、湿度、気流、熱放射、代謝量、着衣量の6要素を考慮した温熱体感指標です。温冷感を「どちらでもない（0）」を中心として、「非常に暑い（+3）」から「非常に寒い（-3）」までの7段階で理論的に予測したものです。0から離れるほど、予測不満足者率（PPD）は高くなります。PMV＝0の時は、暑くも寒くもない快適な状態です（答えは○）。

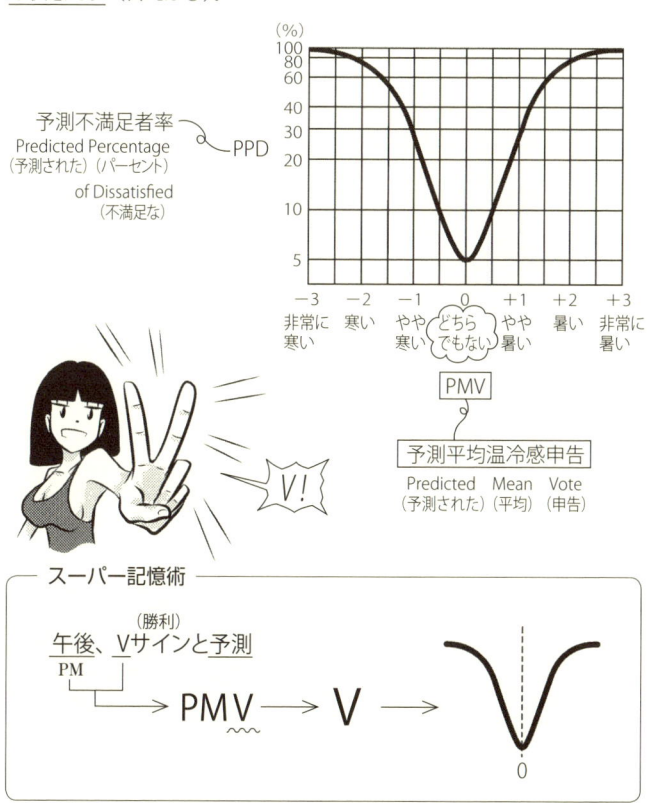

予測不満足者率
Predicted Percentage
（予測された）（パーセント）
of Dissatisfied
（不満足な）
―PPD

-3 非常に寒い　-2 寒い　-1 やや寒い　0 どちらでもない　+1 やや暑い　+2 暑い　+3 非常に暑い

PMV
予測平均温冷感申告
Predicted Mean Vote
（予測された）（平均）（申告）

― スーパー記憶術 ―

午後、Vサインと予測
PM　（勝利）

→ PMV → V →

答え ▶ ○

★ R044 ○×問題　予測平均温冷感申告（PMV）　その3

Q ISO（国際標準化機構）では、予測平均温冷感申告（PMV）による快適範囲として、−0.5＜PMV＜＋0.5を推奨している。

A ISO（International Organization for Standardization：イソ、アイソ、アイ・エス・オー）はスイスのジュネーヴに本部を置く、工業分野の標準化機構です。PMVが±0.5の範囲ならば、不快と感じる人が10%以下となる快適範囲としています（答えは○）。満足者率を縦軸にすると正規分布に近い山形のグラフとなり、±0.5の範囲では90%以上の人が満足するとなります。

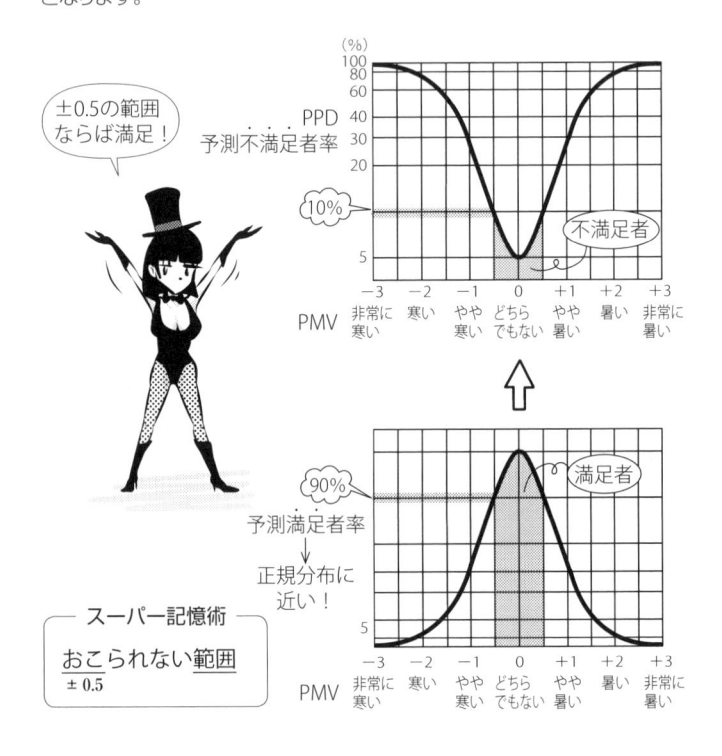

±0.5の範囲ならば満足！

PPD 予測不満足者率

10%　不満足者

PMV　−3 非常に寒い　−2　−1 やや寒い　0 どちらでもない　+1 やや暑い　+2 暑い　+3 非常に暑い

予測満足者率
↓
正規分布に近い！

90%　満足者

PMV　−3 非常に寒い　−2　−1 やや寒い　0 どちらでもない　+1 やや暑い　+2 暑い　+3 非常に暑い

― スーパー記憶術 ―
おこられない範囲
± 0.5

答え ▶ ○

R045 ○×問題　予測平均温冷感申告（PMV）その4

Q 1. 予測平均温冷感申告（PMV）は、熱的中立に近い状態の人体の温冷感を表示する指標である。
2. 新有効温度（ET*）は、熱的中立に近い状態の人体の温冷感を表示する指標である。

A PMVは、比較的快適な、暑くも寒くもない熱的に中立な人体の温冷感指標です（1は○）。一方、ET、CET、ET*、SET*は温熱要素を自由に変えて、ある一定条件下の環境と比較した体感指標です（2は×）。灼熱から極寒まで、どんな環境でも、ひとつの温度として表示します。

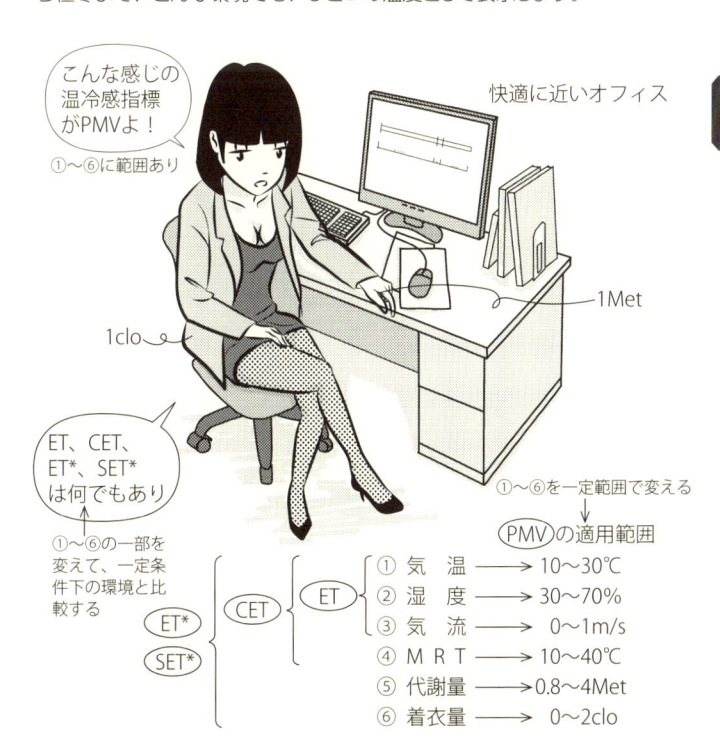

こんな感じの温冷感指標がPMVよ！
①～⑥に範囲あり

快適に近いオフィス

1Met

1clo

ET、CET、ET*、SET*は何でもあり
①～⑥の一部を変えて、一定条件下の環境と比較する

ET*
CET
SET*
ET

①～⑥を一定範囲で変える
PMVの適用範囲

① 気　温　→　10～30℃
② 湿　度　→　30～70%
③ 気　流　→　0～1m/s
④ M R T　→　10～40℃
⑤ 代謝量　→　0.8～4Met
⑥ 着衣量　→　0～2clo

答え ▶ 1. ○　2. ×

R046 ○×問題　予測平均温冷感申告（PMV）　その5

Q 横軸を作用温度（OT）、縦軸を予測不満足者率（PPD）としたときの予測平均温冷感申告（PMV）のグラフは、夏と冬で同じである。

A PMVは集団の平均的な温冷感申告を予測する指標で、予測の根拠となるのは膨大な数のアンケート（申告）です。不満足者が10%以下と予測される範囲を快適域として、空調の目標を設定します。下図はオフィスでの不満足者の予測で、作用温度を横軸にすると、V字カーブが冬と夏ではずれたグラフとなります（答えは×）。冬では夏よりも低い温度で、90%以上の人が満足すると予測されています。

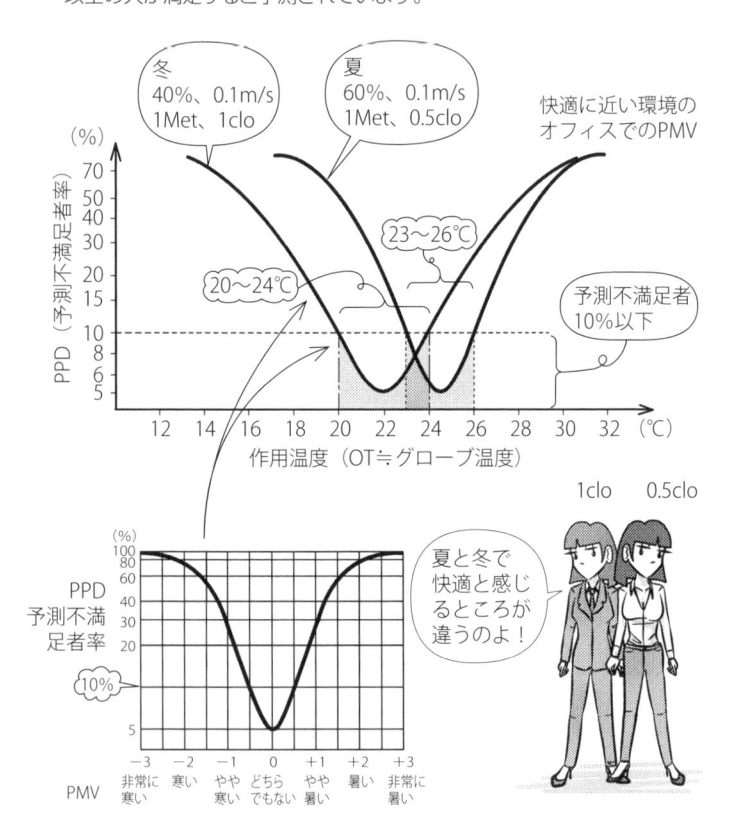

冬　40%、0.1m/s　1Met、1clo

夏　60%、0.1m/s　1Met、0.5clo

快適に近い環境のオフィスでのPMV

23〜26℃

20〜24℃

予測不満足者10%以下

PPD（予測不満足者率）

作用温度（OT≒グローブ温度）

PPD 予測不満足者率

PMV: −3 非常に寒い　−2 寒い　−1 やや寒い　0 どちらでもない　+1 やや暑い　+2 暑い　+3 非常に暑い

夏と冬で快適と感じるところが違うのよ！

1clo　0.5clo

答え ▶ ×

★ **R047** ○×問題　　気流・温度差による不快感　その1

Q 空気拡散性能指数（ADPI）はドラフト感の指標であり、室容積に対する快適域内容積の割合である。

A ドラフト（draft）とは、不快な局所気流のことです。室内の空気が均一な温度、湿度ではなくなり、局部温冷感による不快が生じます。冬の窓で冷やされて重くなった空気が下降する局所気流は、コールドドラフトといいます。コールドドラフトを防ぐには、暖房の放熱器を窓の下に置くのが有効です。空気がどれくらい均一に拡散しているか、ドラフトの影響がないかの指標がADPIです。快適域の容積の全室容積に対する割合で求めます（答えは○）。

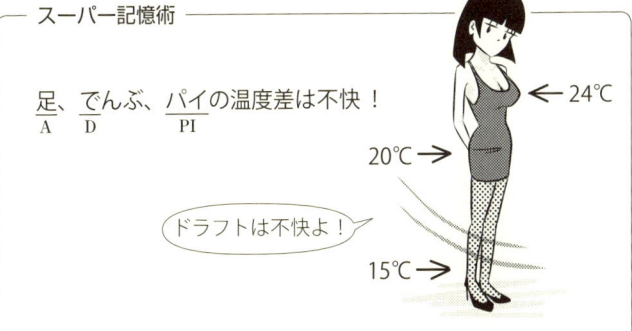

冷えて収縮重くなる

空気　拡散　性能　指数
Air Diffusion Performance Index

$$\frac{快適な空気の容積}{全室容積} = ADPI$$

気流の乱れが大きいと、風速が弱くても不快に感じることがあります。

コールドドラフト
Cold　draft
冷たい　風

― スーパー記憶術 ―

足、でんぶ、パイの温度差は不快！
A　　D　　　PI

← 24℃

20℃ →

ドラフトは不快よ！

15℃ →

答え ▶ ○

★ R048 ○×問題　気流・温度差による不快感　その2

Q 1. 椅座時の場合、くるぶし（床上0.1m）と頭（床上1.1m）との上下温度差は、5℃以内が望ましい。
2. 床暖房時の床表面温度は、29℃以下が望ましい。

A 空気は冷えると収縮して重くなって下降するので、床面に近い空気は冷えています。また床下がピロティで外部であったり、断熱材が入れられていない場合、熱が下へ抜けやすくなって床面が冷え、それによって床面に近い空気も冷えてしまいます。頭寒足熱で快適と感じる人体構造と相まって、冬に床と床に近い空気が冷えているのは不快感の大きな原因となります。ISOでは床上と頭との温度差を、3℃以下としています（1は×）。また床暖房が足と床上の空気を暖めるのに効果的ですが、暑すぎても不快や低温やけどの原因となり、ISOでは29℃以下としています（2は○）。

冷えて重くなった空気

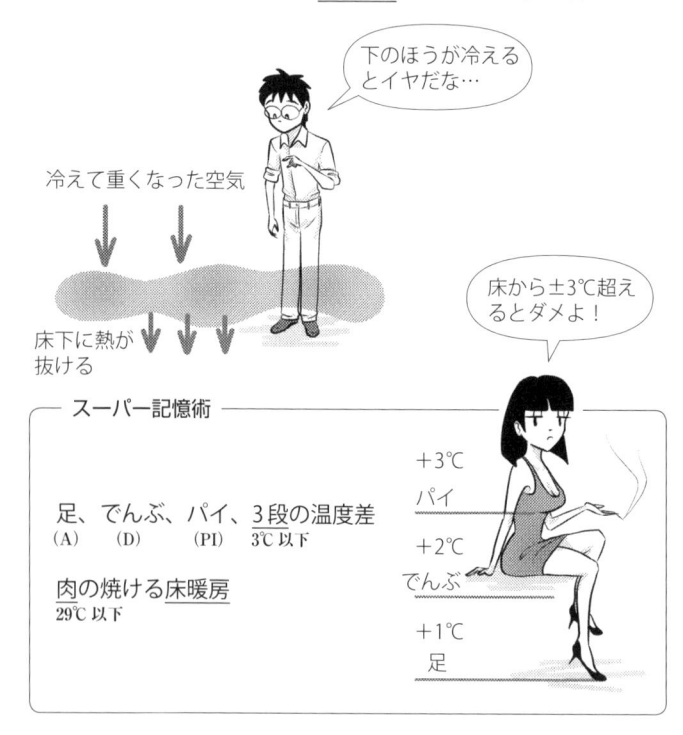

下のほうが冷えるとイヤだな…

床下に熱が抜ける

床から±3℃超えるとダメよ！

― スーパー記憶術 ―

足、でんぶ、パイ、3段の温度差
(A)　(D)　(PI)　3℃ 以下

肉の焼ける床暖房
29℃ 以下

+3℃ パイ
+2℃ でんぶ
+1℃ 足

答え ▶ 1. ×　2. ○

★ **R049** ○×問題　　気流・温度差による不快感　その3

Q 冷たい窓や冷たい壁面に対する放射の不均一性（放射温度差）は、10℃以下である。

A 冬には、断熱のあまり効いていないガラス面が周壁面に比べて冷えています。その放射温度の差は、ISOでは10℃以下とされています（答えは○）。また暖まった空気が上に上がって天井が暖められます。天井が暖かく、周壁は冷えています。その放射温度の差は、ISOでは5℃以下とされています。窓壁が10℃以下、天井が5度以下なのは、暖かい天井の放射不均一性が及ぼす不快感の方が大きいからです。

放射の不均一性 { 窓とその他の放射温度差……10℃以下
　　　　　　　　 天井とその他の放射温度差…5℃以内　← 不快度大のため

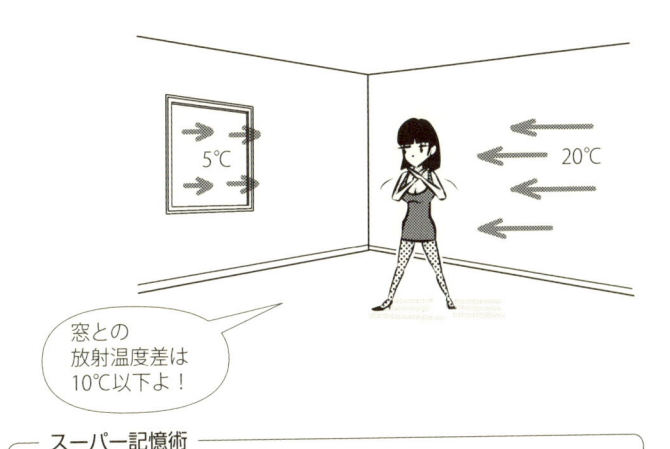

窓との放射温度差は10℃以下よ！

― スーパー記憶術 ―

冷たい窓 で 凍死 する！
　　　　　　差が10℃以下

- 放射温度は、赤外線のエネルギー量を測って温度に換算して計測します。黒体放射を基準とし、各物質の放射率によって補正します。結果的に、表面温度に近い値となります。平均放射温度（MRT）は、その放射温度をある点から見た立体角で加重平均したものです。

答え ▶ ○

★ R050 まとめ

	温度	湿度	気流	放射	代謝量	着衣量
DI 不快指数 Discomfort Index	○	○	×	×	×	×
ET 有効温度 Effective Temperature	○	○	○	×	×	×
CET 修正有効温度 Corrected ET	○	○	○	○	×	×
ET* 新有効温度 new ET	○	○	○	○	○	○
SET* 標準新有効温度 Standard new ET	○	○	○	○	○	○
PMV 予測平均温冷感申告 Predicted Mean Vote	○	○	○	○	○	○

温熱環境指標のまとめ

【 】内スーパー記憶術

蒸し暑さを表す指標

【痔 は 不快　はれると汗が出る】
　 DI　　不快指数　 80〜

$DI = 0.81t × 0.01h (0.99t − 14.3) + 46.3$　　t：乾球温度 (temperature)　h：相対湿度 (humidity)

温度、湿度、気流を組み合わせた体感を表す指標

ET　　いろいろな環境の箱
ET( )℃　　　　　　( )℃
100%　　　　　　　( )%
0m/s　　　　　　　( )m/s

グローブ温度計で放射も考慮に入れたET

【C ⇒ グローブ温度】
　CET

6要素すべてを考慮に入れたET

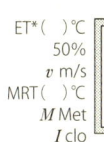

ET
ET*( )℃
50%
v m/s
MRT( )℃
M Met
I clo

いろいろな環境の箱
( )℃
( )%
v m/s
MRT( )℃
M Met
I clo

【すべての条件そろう　新しい　スター　でも成功率は半々】
　　6要素　　　　　新有効温度　 *　　　　　　　　50%

6要素すべてを変数としたET

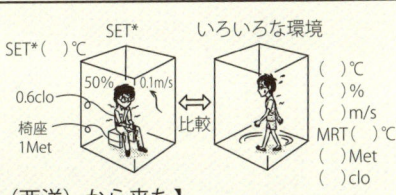

SET*
SET*( )℃
50%　0.1m/s
0.6clo
椅座
1Met

いろいろな環境
( )℃
( )%
( )m/s
MRT( )℃
( )Met
( )clo

比較

【スタンダード は 西（西洋）から来た】
　 S　　ET*　　24±α℃

6要素からの温冷感を不快と感じる人の割合を予測する指標

【午後、Vサインと予測
　PM
→ PMV → V → ⌵
　　　　　　　　0】

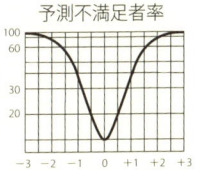

予測不満足者率
−3 −2 −1 0 +1 +2 +3

★ R051 ○×問題　　　燃焼器具　その1

Q 1. 室内の酸素濃度は18%近くに低下しても人体に対して生理的に大きな影響を与えることはないが、開放型燃焼器具の不完全燃焼をもたらす。
2. 室内の酸素濃度が18%近くに低下すると、多数の人が息苦しさを感じはじめ、開放型燃焼器具の不完全燃焼をもたらす危険性が増大する。

A 図のように、部屋の空気を使って燃焼し、排気もそのまま部屋に出す器具を、開放型燃焼器具といいます。燃焼部分がそのまま部屋に開放された形です。排気だけ直接外に出す器具を半密閉型、給排気ともに外とつなぐのが密閉型です。

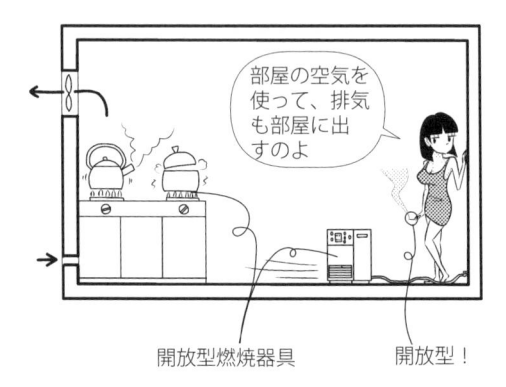

「部屋の空気を使って、排気も部屋に出すのよ」

開放型燃焼器具　　　開放型！

完全燃焼とは、燃料中の炭素（C）と空気中の酸素（O_2）が化合して、二酸化炭素（CO_2）となることです。酸素が乏しくて一酸化炭素（CO）となるのが不完全燃焼です。一酸化炭素は人体に有害で、中毒を起こして死に至る事故となることもあります。

完全燃焼	不完全燃焼
$C + O_2 \rightarrow CO_2$ 二酸化炭素	$C + \frac{1}{2} O_2 \rightarrow CO$ 一酸化炭素

石油、ガス、炭 などの燃料
（少ないと）

空気中の酸素濃度は約21%あり、18%程度に減少すると人体に大きな影響はなくても、不完全燃焼の危険があります（1は○、2は×）。

--- スーパー記憶術 ---

酸欠でイヤなのは不完全燃焼
18%以下

答え ▶ 1. ○　2. ×

★ R052 ○×問題　　　　　　　　　　　燃焼器具　その2

Q 密閉型燃焼器具においては、室内空気を燃焼用として用いない。

A 給湯器、暖房器などで、給排気を室内で行わず、外で行う方式を、<u>密閉型燃焼器具</u>といいます（答えは○）。給気のみ室内空気で行い、排気を室外に出す方式が、<u>半密閉型燃焼器具</u>です。

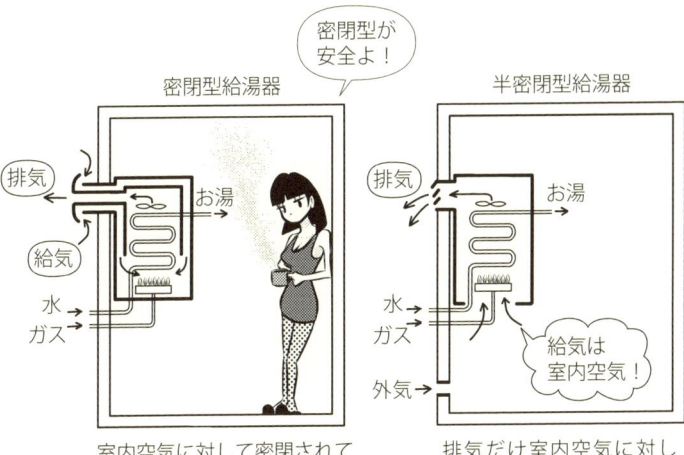

密閉型給湯器

室内空気に対して密閉されている。

半密閉型給湯器

排気だけ室内空気に対して密閉されている。室内のO_2が不足して不完全燃焼になり、COが発生するおそれあり。

密閉型が安全よ！

給気は室内空気！

- Point

密閉型燃焼器具 ⇨ 室内空気から燃焼部を密閉！

答え ▶ ○

★ R053　○×問題　　　　　浮遊粉じん量

Q 1. 中央管理方式の空気調和設備を用いた居室においては、浮遊粉じんの量を 0.15mg/m^3 以下とする。

2. 喫煙によって生じる空気汚染に対する必要換気量は、COやCO$_2$ではなく、浮遊粉じんの発生量により決まる。

A 右図のように、1カ所（中央管理室）で全体を管理する中央管理方式の空調では、建築基準法によって汚染空気の基準を定めています。浮遊粉じん（塵）の量は、0.15mg/m^3以下とされています（1は○）。

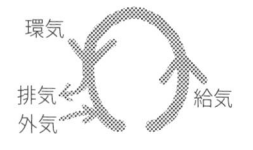

CO、CO$_2$の基準もありますが、喫煙の場合は煙の粉じんの方が際立って多くなります。したがって必要換気量も粉じんで決まります（2は○）。

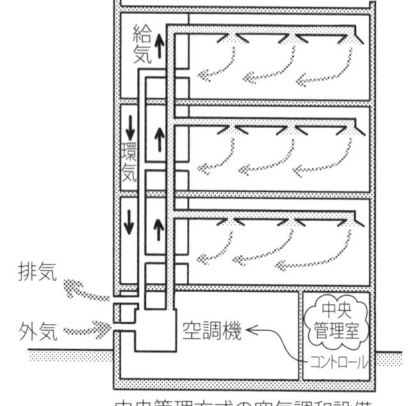

中央管理方式の空気調和設備

CO、CO$_2$よりも煙の粉じんで必要換気量が決まる

粉じんはいやね！

スーパー記憶術

<u>おい</u>こら！<u>煙</u>を立てるな！
0.15mg/m^3

答え ▶ 1. ○　2. ○

R054 ○×問題　CO、CO_2濃度

Q 1. 中央管理方式の空気調和設備を用いた居室においては、CO、CO_2の濃度は、それぞれ10ppm以下、1000ppm以下とする。
2. 室内のCO_2濃度は、5%程度であれば人体への影響はない。

A 建築基準法では、中央管理方式の空気調和設備を用いた居室ではCOは10ppm以下、CO_2は1000ppm以下とされています。ppmとは容積比で100万分の1を意味します（1は○）。1000ppmを%表示にすると、下のように0.1%となります。この10ppm、1000ppmは中央管理方式のみならず、一般の室内にも適用できます（2は×）。

parts per million
百万 ← ミリオネア（百万長者）のミリオン

$$ppm = 100万分の1 = \frac{1}{1000000} = \frac{1}{10^6}$$

CO：10ppm以下　　　CO_2：1000ppm以下

$$1000ppm = 10^3 \times \frac{1}{10^6} = \frac{1}{10^3} = \frac{1}{10} \times \frac{1}{10^2} = 0.1 \times \frac{1}{100} = 0.1\%$$

―― スーパー記憶術 ――

銭湯 で 屁 をする
1000　10ppm以下

答え ▶ 1. ○　2. ×

★ R055 ○×問題　シックハウス症候群

Q 1. 揮発性有機化合物（VOC）は、シックハウス症候群の原因となることがある。
2. ホルムアルデヒド、アスベスト繊維、ラドンは産業活動などで生じるものであり、室内環境では汚染物質となることはない。

A 建物の気密化が進み、室内空気汚染による頭痛、のどの痛み、吐き気、めまいなどの健康不良が問題となり、シックハウス症候群（Sick house syndrome）またはシックビルディング症候群と呼ばれるようになりました。接着剤などで使われるホルムアルデヒドなどの揮発性有機化合物（VOC）、セメント製品の割れを防ぐためなどに混入するアスベスト（石綿：現在は使用禁止）、放射線を出すラドン、クロルピリホスなどの有機リン系殺虫剤、ダニなど、多種の原因物質があります（1は○、2は×）。シックハウス症候群を防ぐために、住宅の24時間換気が建築基準法で義務付けられました。

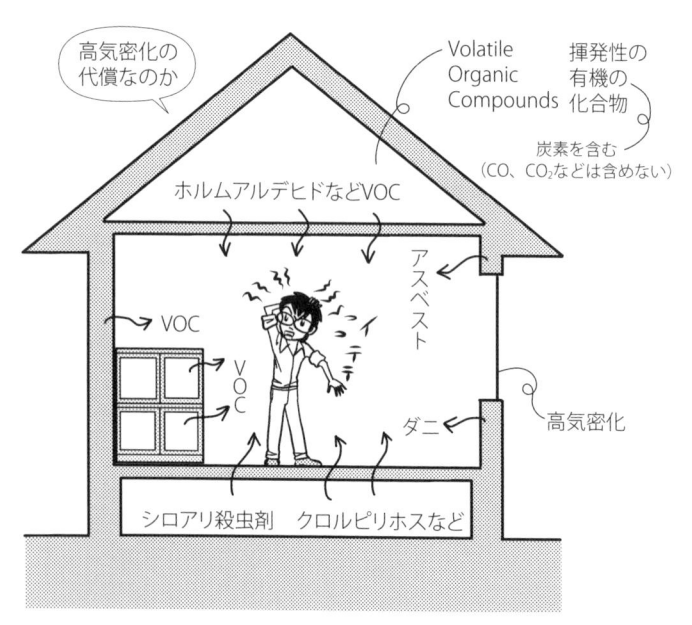

（高気密化の代償なのか）

Volatile Organic Compounds — 揮発性の有機の化合物

炭素を含む（CO、CO₂などは含めない）

ホルムアルデヒドなどVOC
アスベスト
VOC
ダニ
高気密化
シロアリ殺虫剤　クロルピリホスなど

答え ▶ 1. ○　2. ×

★ **R056** ○×問題　　　　　　　　　　　　　　　換気方式　その1

Q ホルムアルデヒドを発散する材料を使用した天井裏からの汚染物質を抑制するためには、常時、居室内を第2種機械換気とすることが有効である。

A 薄い板（単板：たんぱん）や小さな木片、繊維を張り合わせて人工的な板をつくるときに、接着剤が多く使われます。またビニールクロスや薄い化粧材を貼る際にも、接着剤は使われます。接着剤や塗料にはVOCが多く含まれ、シックハウス症候群の原因となります。ホルムアルデヒドの発散量に応じて、F☆〜F☆☆☆☆までの表示が製品に付けられ、星の数が多い方が発散量は少なく優れています（JIS、JAS）。第2種機械換気は給気のみを機械でする方法で、室内の気圧を高め、外からのVOCや汚染物質の侵入を防ぎます（答えは○）。手術室、無菌室もこの第2種機械換気方式が採用されます。

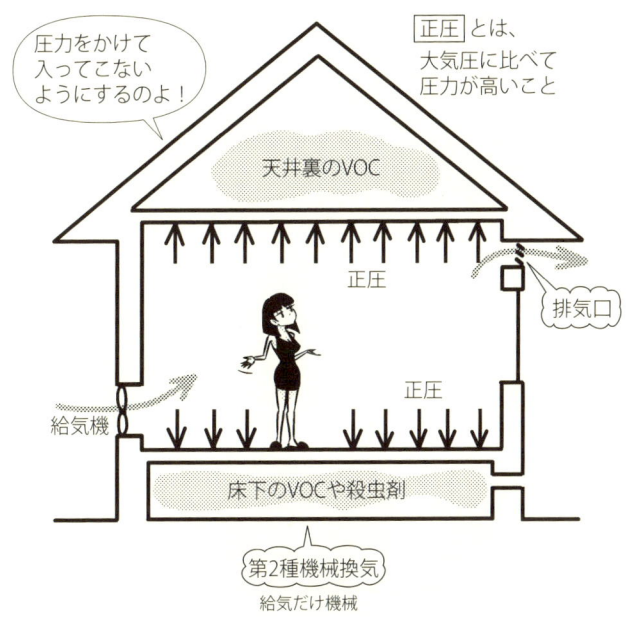

（圧力をかけて入ってこないようにするのよ！）

正圧 とは、大気圧に比べて圧力が高いこと

天井裏のVOC

正圧

排気口

給気機

正圧

床下のVOCや殺虫剤

第2種機械換気
給気だけ機械

--- スーパー記憶術 ---

<u>ニス</u> の臭いを入れない
　2種換気

- ニスはワニスの略で、透明被膜をつくる塗料。油性塗料はVOCを多く含みます。

答え ▶ ○

★ **R057** ○×問題　　　　　　　　　　　　　換気方式　その2

Q 風呂のように大量に水蒸気を出す部屋、トイレのように臭気を出す部屋には、第3種機械換気が適する。

A 機械換気は、以下のように3つに分類されています。

- 第1種機械換気：給気機＋排気機…圧力は任意
- 第2種機械換気：給気機……正圧
  （押し込み式）
- 第3種機械換気：排気機……負圧
  （吸い出し式）

水蒸気、臭気、煙をほかの部屋に入れずに外に出すためには、室内を負圧とする第3種機械換気が適します（答えは○）。

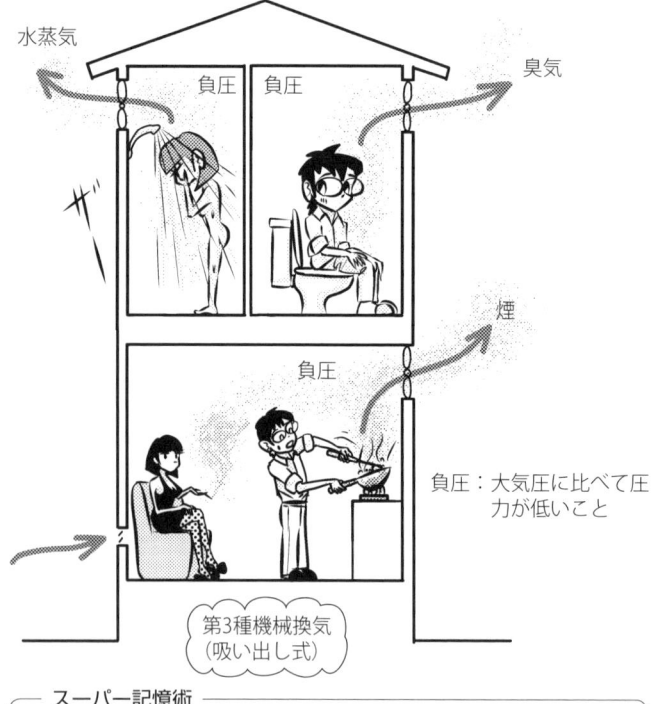

負圧：大気圧に比べて圧力が低いこと

第3種機械換気
（吸い出し式）

― スーパー記憶術 ―
水場（みずば）＝風呂、洗面、トイレ、キッチン
3種換気

答え ▶ ○

★ R058 ○×問題　　　　　　　　　　　　　　　換気方式　その3

Q 住宅における全般換気とは、局所換気と対をなす用語であり、居間、食堂、寝室、子供室などの一般居室を中心に、住宅全体を対象とした換気のことである。

A ガスコンロのまわりだけ、あるいはトイレだけを換気するなどの部分的な換気を局所換気、建物全体を換気することを全般換気といいます。住宅を24時間換気したり、中央の換気装置に熱交換機（R060を参照）を付けて住宅全体の熱損失を少なくするなどの場合に使われます（答えは○）。

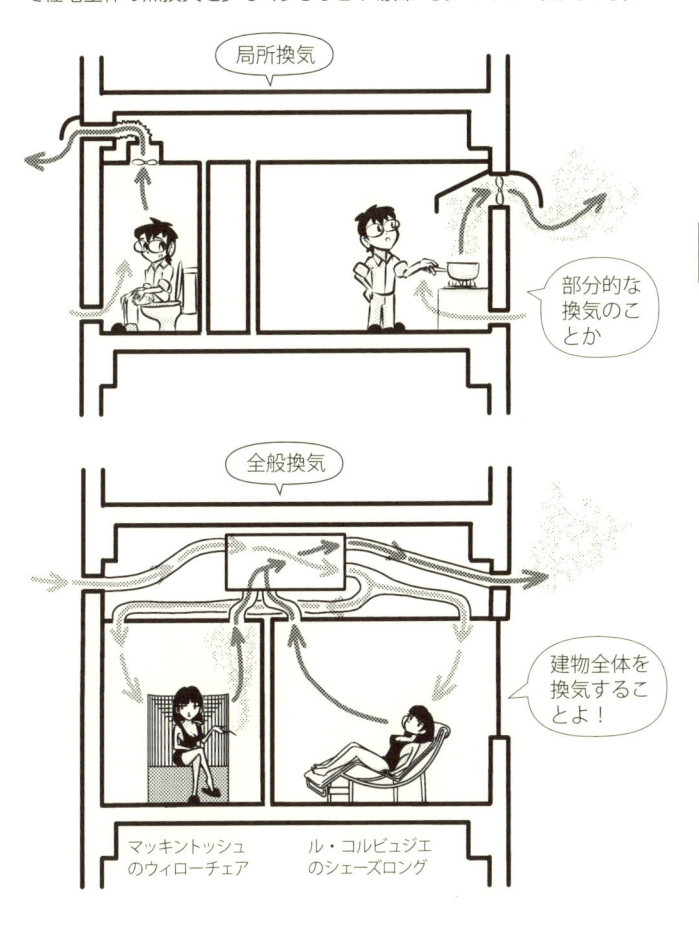

局所換気

部分的な換気のことか

全般換気

建物全体を換気することよ！

マッキントッシュのウィローチェア　　ル・コルビュジエのシェーズロング

答え ▶ ○

★ R059 ○×問題　　換気方式　その4

Q 住宅の常時機械換気設備として浴室の排気ファンを用いる場合、
1. 給気口が設けられた各居室の換気経路を確保するため、扉にがらりやアンダーカットを設けた。
2. 給気口が設けられた各居室の必要換気量を安定的に確保するため、気密性を低くした。

A 住宅の居室では、24時間換気が義務付けられています。1時間で全容積の半分以上を入れ換えなければなりません。シックハウス症候群対策です。浴室換気扇などを常時動かし、各居室に給気口、居室のドアには右図のようながらりやアンダーカットを付けて換気経路を確保します。排気量が一定のため、気密性の低いところがあるとそこだけ多くの空気が入って、換気が安定しなくなります(1は○、2は×)。

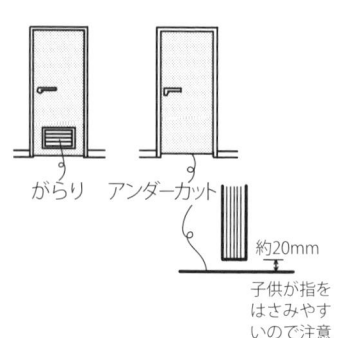

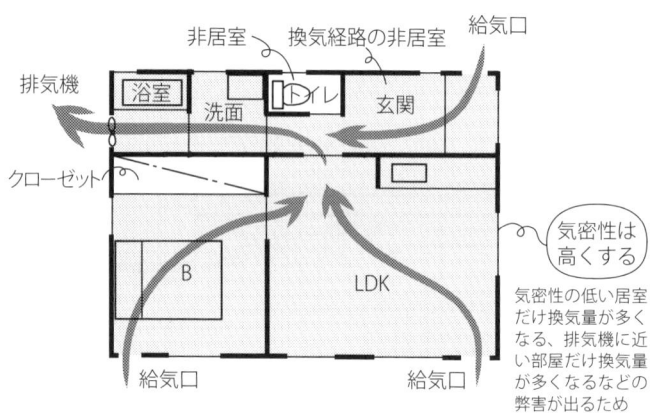

がらり　アンダーカット

約20mm
子供が指をはさみやすいので注意

非居室　換気経路の非居室　給気口
排気機
浴室　洗面　トイレ　玄関
クローゼット

B　LDK

給気口　　給気口

気密性は高くする

気密性の低い居室だけ換気量が多くなる、排気機に近い部屋だけ換気量が多くなるなどの弊害が出るため

「居室および換気経路となる非居室」は24時間換気の対象

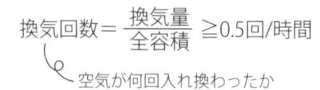

$$換気回数 = \frac{換気量}{全容積} \geq 0.5回/時間$$

空気が何回入れ換わったか

答え ▶ 1. ○　2. ×

★ R060 ○×問題　　　　　換気方式　その5

Q 換気設備に全熱交換型のものを使用すると、外気負荷を低減することができる。

A せっかく暖めた空気の熱を換気で逃がすのはエネルギーの損失ですが、熱交換機を用いると50〜70%のエネルギーを回収して再利用できます。熱と水蒸気だけを通す紙の細い通路に排気を流し、その上に同様の通路を重ねて給気を流して、熱と水蒸気を取り戻します。水蒸気を通すか否かで、全熱、顕熱の種別があります。外気を入れたときの熱負荷を、熱交換機によって低減することができます（答えは○）。

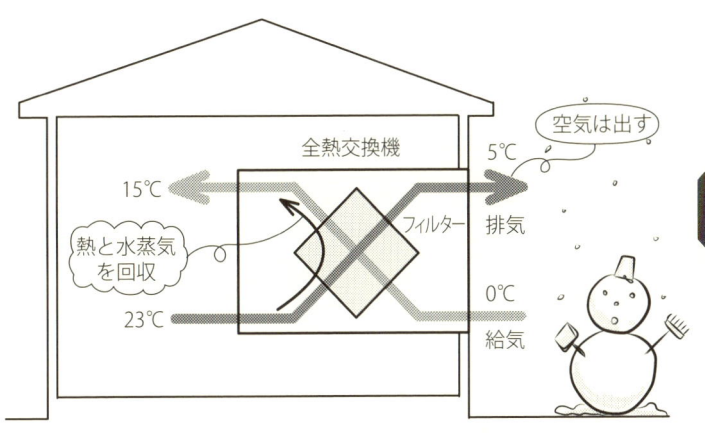

{ 全熱交換…顕熱と潜熱（水蒸気）を交換
{ 顕熱交換…顕熱を交換

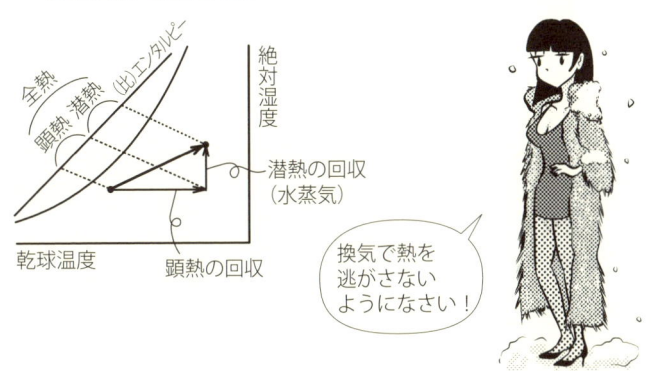

換気で熱を逃がさないようになさい！

答え ▶ ○

★ R061 ○×問題　　　　換気方式　その6

Q 置換換気（ディスプレイスメント・ベンチレーション）は、室内空気の積極的混合を避けるため、設定温度よりもやや低温の空気を室下部から吹き出し、居住域で発生した汚染物質を室上部から排出するものである。

A 新鮮空気を室内に給気すると、普通は古い汚れた空気と混合されます（混合換気）。混合させずに置き換える（displace）方が換気効率は良くなります。それが置換換気です。室温よりやや低温で床面近くに給気することにより、室内の人や機械で暖まった古い空気は上昇、新鮮空気と混じらずに上から外へと出ていきます（答えは○）。

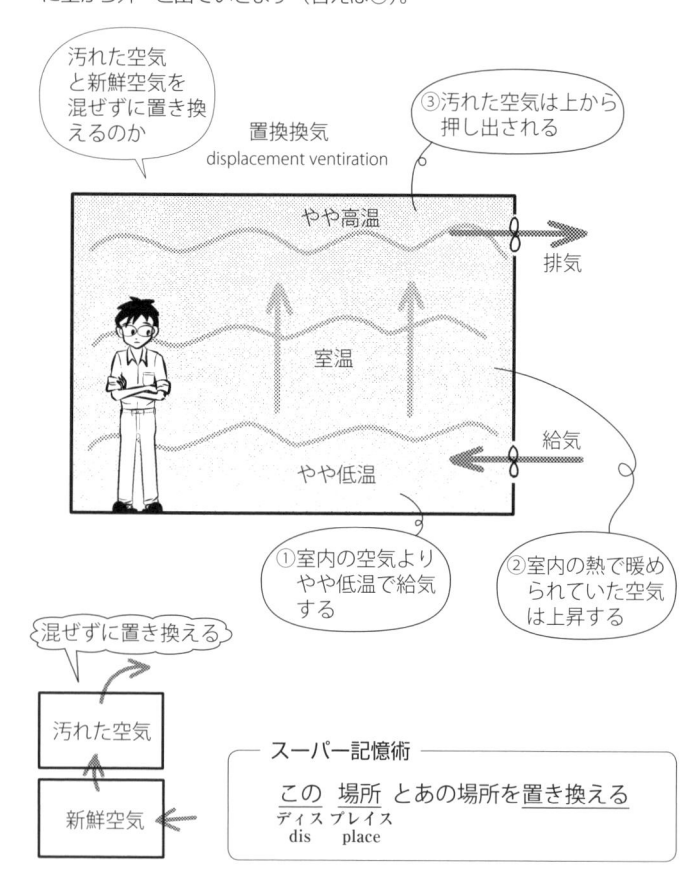

置換換気
displacement ventiration

- 汚れた空気と新鮮空気を混ぜずに置き換えるのか
- ③汚れた空気は上から押し出される
- やや高温 → 排気
- 室温
- やや低温 ← 給気
- ①室内の空気よりやや低温で給気する
- ②室内の熱で暖められていた空気は上昇する

混ぜずに置き換える
汚れた空気 ← 新鮮空気

― スーパー記憶術 ―

この　場所　とあの場所を置き換える
ディス　プレイス
dis　place

答え ▶ ○

★ R062 ○×問題　　　必要換気量　その1

Q 必要換気量は、「単位時間当たりの室内の汚染物質発生量」を「室内の汚染物質濃度の許容値と外気の汚染物質濃度との差」で除して（割って）求める。

A 汚染物質濃度が許容値を超えた場合、換気は必ず必要となり、その量は下の式で求まります。1時間（hour）当たり何 m^3 の外気と室内空気を交換するかが換気量です。外気と $1m^3$ 交換すると、汚染物質は何 g（m^3）削減できるかの、換気 $1m^3$ 当たりの削減量で1時間当たりの発生量を割れば、1時間当たりの換気量が出ます。$1m^3$ 当たりの削減量は、(許容値)−(外の濃度)とします。許容値は最も多い汚染物質量なので、実際にはより少ない空気の入れ換えで、汚染物質が除かれる可能性もあります。分子の汚染物質量が許容濃度となった場合に、分母の削減量で割って換気量を出すという仕組みです。実際は汚染物質は許容濃度にいたらない場合もあるので、最も空気が汚れた場合の換気量となります（答えは○）。

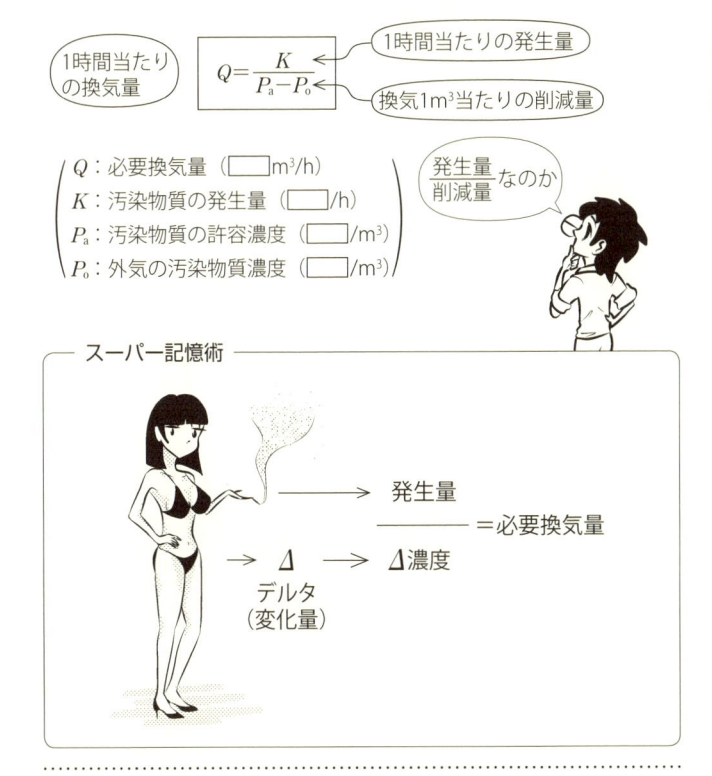

$$Q = \frac{K}{P_a - P_o}$$

- 1時間当たりの換気量
- 1時間当たりの発生量
- 換気 $1m^3$ 当たりの削減量

Q：必要換気量（□m^3/h）
K：汚染物質の発生量（□/h）
P_a：汚染物質の許容濃度（□/m^3）
P_o：外気の汚染物質濃度（□/m^3）

発生量／削減量 なのか

― スーパー記憶術 ―

$$\frac{発生量}{Δ濃度} = 必要換気量$$

Δ　デルタ（変化量）

答え ▶ ○

★ R063 計算問題　必要換気量　その2

Q 気体の汚染物質が発生する室において、イ〜ニの条件における汚染物質濃度からみた必要換気量を求めよ。

　条件　イ．室容積：$25m^3$
　　　　ロ．室内の汚染物質発生量：$1500\mu g/h$
　　　　ハ．大気中の汚染物質濃度：$0\mu g/m^3$
　　　　ニ．室内空気中の汚染物質許容濃度：$100\mu g/m^3$

A μ（マイクロ）とは$10^{-6}=1/10^6=0.000001$、100万分の1を意味します。ppmも100万分の1ですが、こちらは主に容積比、容積の濃度を表す際に使います。μg（マイクログラム）は$10^{-6}g$のことですが、計算中はμgのまま残しておくと計算が早いことが多いです。

> $1\mu g$（マイクログラム）：$10^{-6}g=$100万分の1g
> ppm：$10^{-6}=$100万分の1（濃度）

$1m^3$の空気を外気と入れ換えた（換気した）場合、汚染物質の削減量は$1m^3$中の許容量$100\mu g$から外気中の量$0\mu g$を引いた$100\mu g$となります。

$1m^3$を外気と入れ換えた場合の削減量 $= \underset{(許容量)}{100\mu g/m^3} - \underset{(外気中の量)}{0\mu g/m^3} = 100\mu g/m^3$

汚染物質は1時間に$1500\mu g$発生するので、それを外気と同じレベルにするには、$1500\mu g/h \div 100\mu g/m^3 = 15m^3/h$で1時間に$15m^3$の空気を内外で入れ換える（換気する）必要があります。物理の計算では、単位を付けたまま計算すると、間違いがありません。

$$必要換気量 = \frac{1時間当たりの発生量}{換気1m^3当たりの削減量} = \frac{1500\mu g/h}{100\mu g/m^3 - 0\mu g/m^3}$$

$$= \frac{1500\mu g/h}{100\mu g/m^3} = 15m^3/h$$

$1m^3$当たり$100\mu g$の削減を$15m^3$、1時間当たり行えば、許容量$100\mu g/m^3$を超えることはなくなります。なお、条件にある室容積$25m^3$は計算に出てきませんが、（室全体の発生量）/（換気$25m^3$当たりの削減量）という計算式にしても、分母分子に同じ数25が出て、約分されてなくなり同じ結果となります。

答え ▶ $15m^3/h$

R064 計算問題　必要換気量　その3

Q 粉じんが発生する室において、イ〜ニの条件における粉じん量からみた<u>必要換気量</u>を求めよ。
　条件　イ．室容積：$25m^3$
　　　　ロ．室内の粉じん発生量：$15mg/h$
　　　　ハ．大気中の粉じん量：$0.05mg/m^3$
　　　　ニ．室内空気中の粉じん許容量：$0.15mg/m^3$

A 設問では1時間に$15mg$の粉じんが出ます。粉じんの許容値が空気$1m^3$に対して$0.15mg$で、外気中にある粉じんは$0.05mg/m^3$です。許容値分の粉じんが含まれた内部空気$1m^3$と外気を交換すると、$0.15-0.05=0.1mg/m^3$分の粉じんが削減されます。$15mg$の粉じんを削減するには、$15÷0.1=150m^3$の空気を交換する必要があります。許容値は最も多い粉じん量なので、実際には$150m^3$より少ない空気の入れ換えで、$15mg$が削減される可能性もあります。

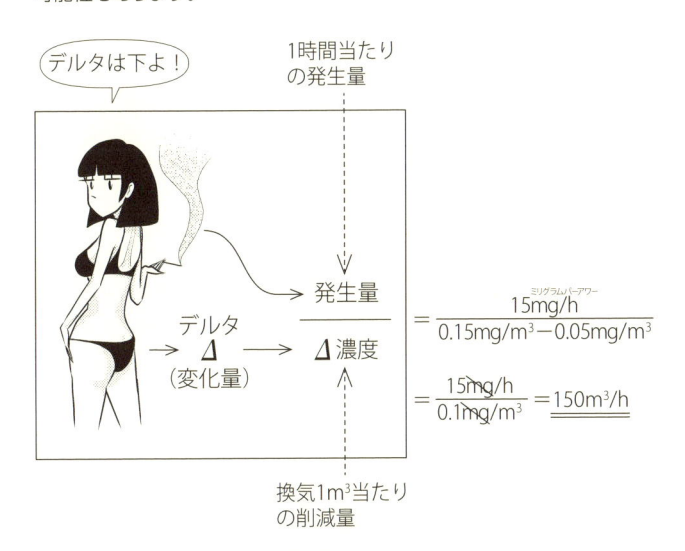

$$\frac{発生量}{\Delta 濃度} = \frac{15mg/h}{0.15mg/m^3 - 0.05mg/m^3} = \frac{15mg/h}{0.1mg/m^3} = \underline{150m^3/h}$$

デルタは下よ！
デルタ Δ （変化量）
1時間当たりの発生量
換気$1m^3$当たりの削減量

答え ▶ $150m^3/h$

★ R065 計算問題　必要換気回数　その1

Q 気体の汚染物質が発生する室において、イ〜ニの条件における汚染物質濃度からみた必要換気回数を求めよ。

条件　イ．室容積：25m³
　　　ロ．室内の汚染物質発生量：1500μg/h
　　　ハ．大気中の汚染物質濃度：0μg/m³
　　　ニ．室内空気中の汚染物質許容濃度：100μg/m³

A 部屋の空気全体を1時間に何回交換するか、室容積の何杯分を交換するかが換気回数で、換気量÷室容積で計算します。

$$\text{必要換気量} = \frac{\text{1時間当たりの発生量}}{\text{換気1m}^3\text{当たりの削減量}} = \frac{1500\mu g/h}{100\mu g/m^3 - 0\mu g/m^3}$$

$$= \frac{1500\mu g/h}{100\mu g/m^3} = 15m^3/h$$

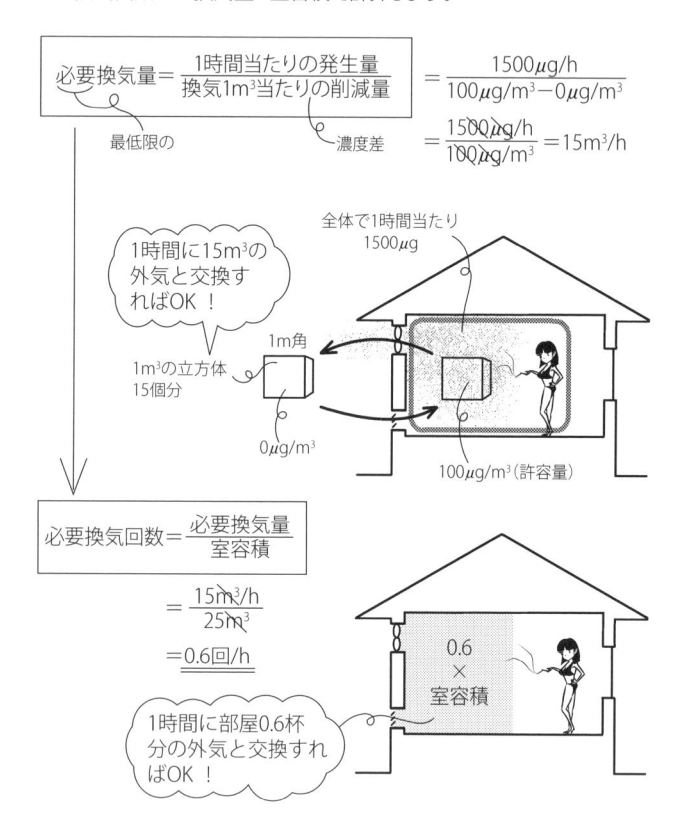

最低限の　　　　　　　　濃度差

1時間に15m³の外気と交換すればOK！

1m³の立方体 15個分

1m角　0μg/m³

全体で1時間当たり 1500μg

100μg/m³（許容量）

$$\text{必要換気回数} = \frac{\text{必要換気量}}{\text{室容積}}$$

$$= \frac{15m^3/h}{25m^3}$$

$$= \underline{0.6\text{回/h}}$$

1時間に部屋0.6杯分の外気と交換すればOK！

0.6 × 室容積

答え ▶ 0.6回/h

★ R066 計算問題　必要換気回数　その2

Q 粉じんが発生する室において、イ〜ニの条件における粉じん量からみた必要換気回数を求めよ。

条件　イ．室容積：$25m^3$
　　　ロ．室内の粉じん発生量：$15mg/h$
　　　ハ．大気中の粉じん量：$0.05mg/m^3$
　　　ニ．室内空気中の粉じん許容量：$0.15mg/m^3$

A 前問と同様に、必要換気量を発生量÷削減量（濃度差）で出し、次に必要換気回数を必要換気量÷全容積で出します。

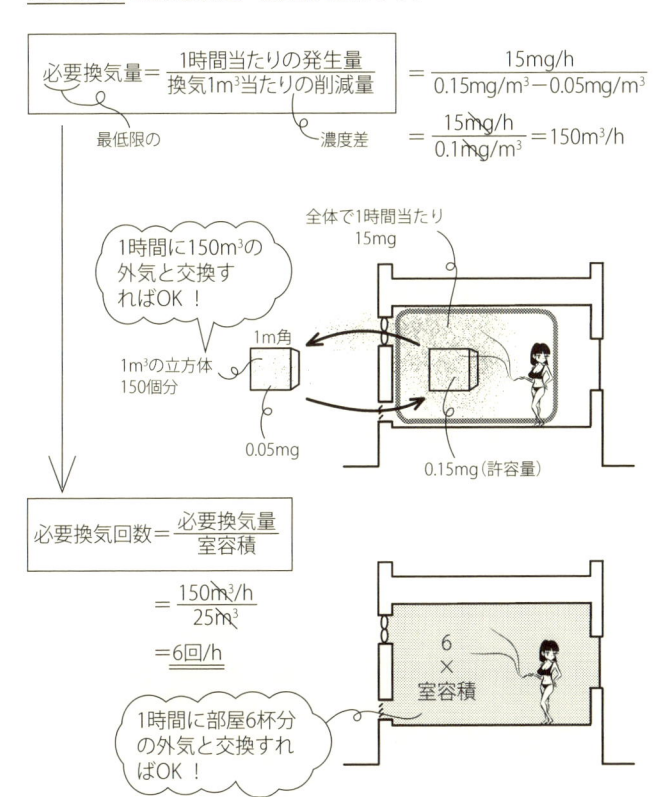

$$必要換気量 = \frac{1時間当たりの発生量}{換気1m^3当たりの削減量} = \frac{15mg/h}{0.15mg/m^3 - 0.05mg/m^3}$$

最低限の　　　　　濃度差

$$= \frac{15mg/h}{0.1mg/m^3} = 150m^3/h$$

1時間に$150m^3$の外気と交換すればOK！

$1m^3$の立方体 150個分

1m角

全体で1時間当たり 15mg

0.05mg

0.15mg（許容量）

$$必要換気回数 = \frac{必要換気量}{室容積}$$

$$= \frac{150m^3/h}{25m^3}$$

$$= \underline{6回/h}$$

1時間に部屋6杯分の外気と交換すればOK！

6 × 室容積

答え ▶ $6回/h$

★ R067 計算問題　必要換気回数　その3

Q 室容積25m³の居室に3人の在室者がいるとき、CO_2濃度からみた必要換気回数を求めよ。だたし、吐き出されるCO_2はすぐに室全体に一様に拡散するものとし、1人当たりの呼吸によるCO_2排出量は0.02m³/h、大気中のCO_2濃度は400ppm、室内空気中のCO_2許容濃度は1000ppmとする。

A 400ppmとは1m³当たり100万分の400m³のCO_2が入っているということ。(100万分の1000)－(100万分の400)＝(100万分の600) m³が、1m³の換気でのCO_2削減量です。発生量を100万分の600で割れば、必要換気量が出ます。

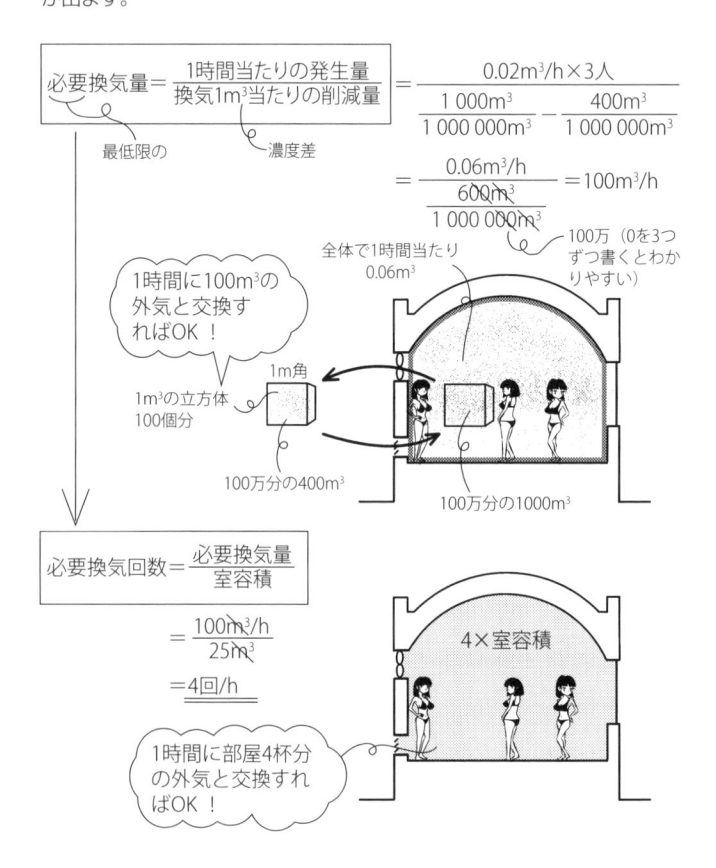

必要換気量 ＝ 1時間当たりの発生量 / 換気1m³当たりの削減量

$$= \frac{0.02 \text{m}^3/\text{h} \times 3\text{人}}{\frac{1000\text{m}^3}{1000000\text{m}^3} - \frac{400\text{m}^3}{1000000\text{m}^3}}$$

$$= \frac{0.06 \text{m}^3/\text{h}}{\frac{600\text{m}^3}{1000000\text{m}^3}} = 100 \text{m}^3/\text{h}$$

最低限の　濃度差

100万（0を3つずつ書くとわかりやすい）

全体で1時間当たり0.06m³

1時間に100m³の外気と交換すればOK！

1m³の立方体 100個分　1m角
100万分の400m³
100万分の1000m³

必要換気回数 ＝ 必要換気量 / 室容積

$$= \frac{100 \text{m}^3/\text{h}}{25 \text{m}^3}$$

＝4回/h

4×室容積

1時間に部屋4杯分の外気と交換すればOK！

答え ▶ 4回/h

★ R068　計算問題　　必要換気回数　その4

Q 容積が100m³の室において、室内の水蒸気発生量が0.6kg/h、換気回数が1.0回/hの時、十分に時間が経過した後の室内空気の絶対湿度を求めよ。ただし、室内の水蒸気はすぐに室全体に一様に拡散するものとし、外気の絶対湿度を0.01kg/kg(DA)、乾き空気の密度を1.2kg/m³とする。

A 絶対湿度とは、水蒸気と乾き空気(Dry Air＝DA)を分離した場合の、乾き空気1kgに対する水蒸気のkg数です。空気の密度は1.2kg/m³ですが、それは乾き空気1m³は1.2kgであることを意味し、乾き空気であることを(DA)と表示すると、1m³当たりの乾き空気の質量は1.2kg(DA)/m³となります。室内の絶対湿度を$x$kg/kg(DA)とすると、乾き空気1kgに対し水蒸気は$x$kgとなります。乾き空気1m³は1.2kgなので、1m³中の水蒸気量は$1.2 \times x$kgとなります。同様に絶対湿度0.01kg/kg(DA)の1m³中の水蒸気は1.2×0.01kgです。

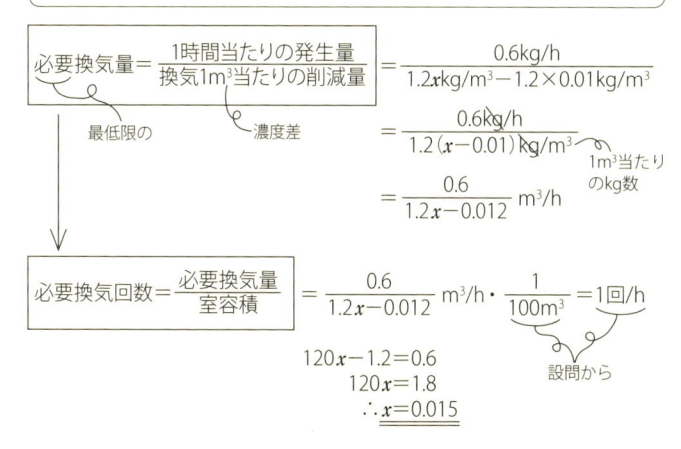

--- Point ---

	乾き空気	水蒸気
絶対湿度 $x$kg/kg(DA) →	1 kg	x kg
乾き空気 1m³ →	1.2kg (密度)	1.2kg×$x$kg

必要換気量 ＝ $\dfrac{1時間当たりの発生量}{換気1m^3当たりの削減量}$ ＝ $\dfrac{0.6\text{kg/h}}{1.2x\text{kg/m}^3 - 1.2 \times 0.01\text{kg/m}^3}$

（最低限の）（濃度差）

$= \dfrac{0.6\text{kg/h}}{1.2(x-0.01)\text{kg/m}^3}$ （1m³当たりのkg数）

$= \dfrac{0.6}{1.2x - 0.012}$ m³/h

必要換気回数 ＝ $\dfrac{必要換気量}{室容積}$ ＝ $\dfrac{0.6}{1.2x - 0.012}$ m³/h ・ $\dfrac{1}{100\text{m}^3}$ ＝ 1回/h

（設問から）

$120x - 1.2 = 0.6$
$120x = 1.8$
∴ $\underline{x = 0.015}$

答え ▶ **0.015kg/kg(DA)**

★ R069 計算問題 — 必要換気回数 その5

Q 容積が200m³の室において、室内の水蒸気発生量が0.6kg/hの時、室内空気の絶対湿度を0.01kg/kg(DA)に保つための必要換気量と必要換気回数を求めよ。ただし、水蒸気はすぐに室全体に一様に拡散するものとし、外気の絶対湿度を0.005kg/kg(DA)、乾き空気の密度を1.2kg/m³とする。

A 絶対湿度が$x$kg/kg(DA)とは、乾き空気1kgに水蒸気$x$kgが入っているということです。乾き空気1.2kgでは、水蒸気は1.2$x$kgとなります。乾き空気は1m³で1.2kg(密度)なので、乾き空気1m³には1.2$x$kgの水蒸気があります。

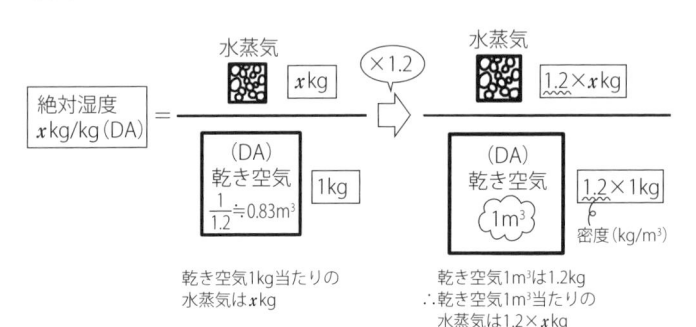

$$\text{絶対湿度 } x\text{kg/kg(DA)} = \frac{\text{水蒸気 } x\text{kg}}{\text{(DA)乾き空気 1kg } \frac{1}{1.2}\fallingdotseq 0.83\text{m}^3} \xRightarrow{\times 1.2} \frac{\text{水蒸気 } 1.2\times x\text{kg}}{\text{(DA)乾き空気 1m}^3\ 1.2\times 1\text{kg}}$$

乾き空気1kg当たりの水蒸気は$x$kg

乾き空気1m³は1.2kg
∴乾き空気1m³当たりの水蒸気は1.2×$x$kg

密度(kg/m³)

--- Point ---

乾き空気 1m³ 当たりの水蒸気の質量 = 1.2 × 絶対湿度

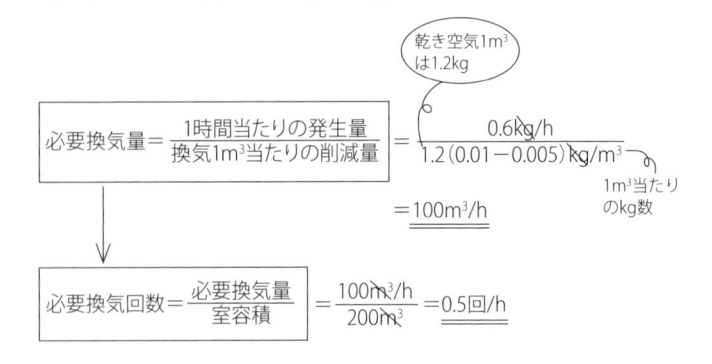

$$\text{必要換気量} = \frac{1時間当たりの発生量}{換気1\text{m}^3当たりの削減量} = \frac{0.6\text{kg/h}}{1.2(0.01-0.005)\text{kg/m}^3} = \underline{100\text{m}^3/\text{h}}$$

(乾き空気1m³は1.2kg / 1m³当たりのkg数)

$$\text{必要換気回数} = \frac{必要換気量}{室容積} = \frac{100\text{m}^3/\text{h}}{200\text{m}^3} = \underline{0.5\text{回/h}}$$

答え ▶ 100m³/h、0.5回/h

★ R070 ○×問題　　必要換気回数　その6

Q 容積の異なる2つの室において、室内のCO_2発生量（m^3/h）および換気回数（回/h）が同じ場合、定常状態（注）での室内のCO_2濃度（%）は、容積が小さい室より大きい室の方が高くなる。

A 換気回数×室容積の分だけ、室内の空気は1時間で交換されます。換気回数が等しければ、室容積の大きい方がより多く交換され、濃度は低くなります。そのことを下図の室Aと室B（$V_A > V_B$）の例で計算してみました。

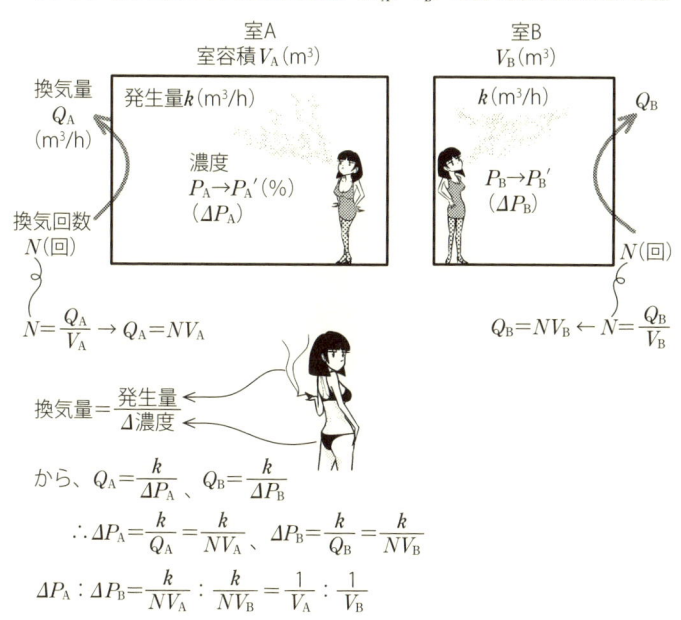

室A　　　　　　　　　　　　　室B
室容積V_A(m^3)　　　　　　　V_B(m^3)

換気量Q_A(m^3/h)　発生量k(m^3/h)　　　k(m^3/h)　Q_B

濃度 $P_A \rightarrow P_A'$(%) （ΔP_A）　　　$P_B \rightarrow P_B'$ （ΔP_B）

換気回数 N(回)　　　　　　　　　　　N(回)

$$N = \frac{Q_A}{V_A} \rightarrow Q_A = NV_A \qquad Q_B = NV_B \leftarrow N = \frac{Q_B}{V_B}$$

$$換気量 = \frac{発生量}{\Delta 濃度}$$

から、$Q_A = \dfrac{k}{\Delta P_A}$、$Q_B = \dfrac{k}{\Delta P_B}$

$$\therefore \Delta P_A = \frac{k}{Q_A} = \frac{k}{NV_A}、\Delta P_B = \frac{k}{Q_B} = \frac{k}{NV_B}$$

$$\Delta P_A : \Delta P_B = \frac{k}{NV_A} : \frac{k}{NV_B} = \frac{1}{V_A} : \frac{1}{V_B}$$

$V_A > V_B$なので$\Delta P_A < \Delta P_B$となり、室Aの方が濃度変化は小さく、室容積が大きい室Aの方が濃度は低くなります（答えは×）。

注：定常状態：開口面積、流速、密度が一定で、安定して空気や熱などが流れている状態のこと。

答え ▶ ×

★ R071 ○×問題　流体の質量保存則

Q 1. 定常状態（注）において、外部から室内へ流入する空気の質量は、室内から外部へ流出する質量と等しい。
2. 室内外の空気の密度が同じ場合、すき間を含めたすべての開口部からの給気量と排気量は同じになる。

A 右のような流体の管を考えます。換気の流れも、このような流体力学の基礎理論から導かれています。管の側面に吸着されたり、途中で漏れない限り、入ったものは出ていきます（1、2は○）。

1秒間に入った空気の体積は、1秒間に v_1 m 動くので、$A_1 \times v_1 \text{m}^3$ となります。体積に密度をかけると質量が出るので、入った空気の質量は

$\rho_1 \times (A_1 \times v_1) \text{kg}$

となります。同様に出る空気の質量は

$\rho_2 \times (A_2 \times v_2) \text{kg}$

となります。
入口と出口で質量が等しいはずなので、

$\rho_1 A_1 v_1 = \rho_2 A_2 v_2$

となります。この式は<u>質量保存則とか連続の式</u>と呼ばれています。

流体の管（Stream tube）

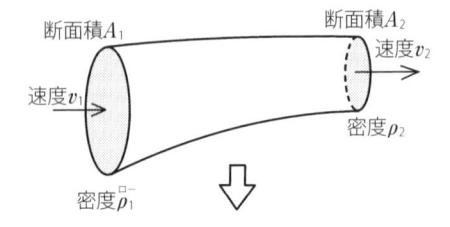

断面積 A_1、速度 v_1、密度 ρ_1
断面積 A_2、速度 v_2、密度 ρ_2

⇩

1秒間に流れる体積

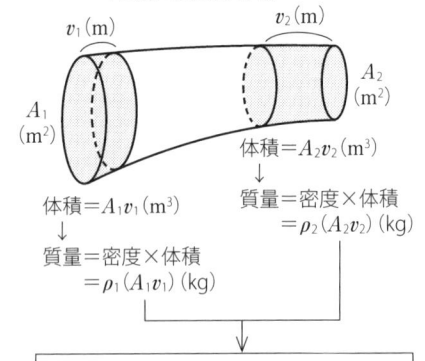

v_1 (m)、A_1 (m^2)
体積 = $A_1 v_1$ (m^3)
↓
質量 = 密度 × 体積
　　 = $\rho_1 (A_1 v_1)$ (kg)

v_2 (m)、A_2 (m^2)
体積 = $A_2 v_2$ (m^3)
質量 = 密度 × 体積
　　 = $\rho_2 (A_2 v_2)$ (kg)

質量は一定（質量保存則、連続の式）
$\rho_1 A_1 v_1 = \rho_2 A_2 v_2$

$\rho_1 = \rho_2$（非圧縮性）の時は $A_1 v_1 = A_2 v_2$
（体積が同じ）

注：定常状態：A、v、ρ が一定で、安定して流れている状態のこと。

答え ▶ 1. ○　2. ○

★ R072 ○×問題　　　　　　　　　　　　　　　　　流量係数

Q 一般的な窓の開口の流量係数は、ベルマウス形の流量係数に比べて小さい値である。

A 開口を通過する空気の流量 Q は、下の式で表せます。

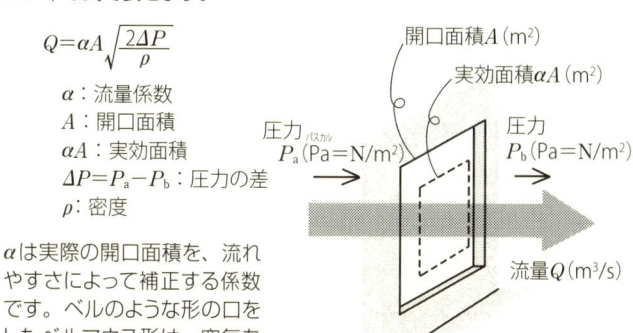

$$Q = \alpha A \sqrt{\frac{2\Delta P}{\rho}}$$

- α：流量係数
- A：開口面積
- αA：実効面積
- $\Delta P = P_a - P_b$：圧力の差
- ρ：密度

開口面積 A (m²)
実効面積 αA (m²)
圧力 パスカル P_a (Pa＝N/m²)
圧力 P_b (Pa＝N/m²)
流量 Q (m³/s)

αは実際の開口面積を、流れやすさによって補正する係数です。ベルのような形の口をしたベルマウス形は、空気を渦をつくらずに流し、通過後の流れの断面積の縮小が少なく、$\alpha \fallingdotseq 1$ となります。通常の窓は、通過後の流れの断面積が、通過前の **0.6 ～ 0.7倍**となり、**$\alpha = 0.6 \sim 0.7$** となります（答えは○）。

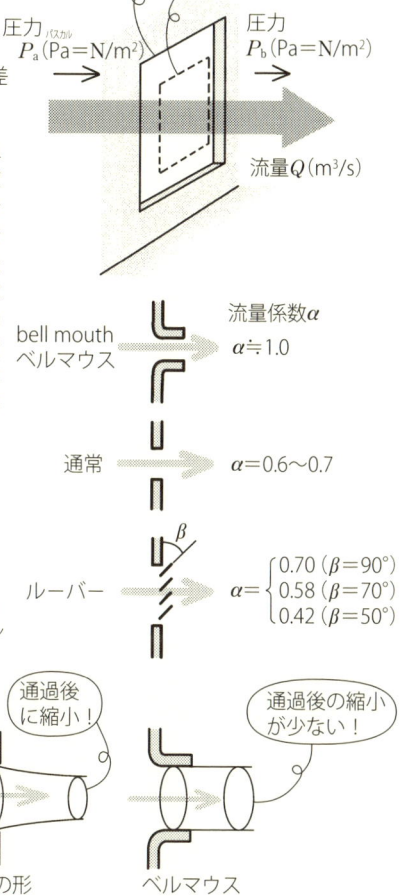

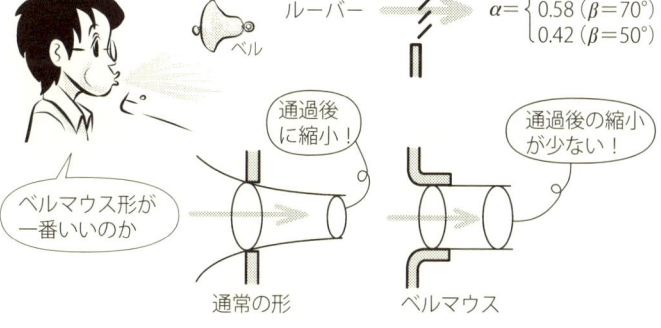

bell mouth ベルマウス　→　流量係数 α　$\alpha \fallingdotseq 1.0$

通常　→　$\alpha = 0.6 \sim 0.7$

ルーバー　→　$\alpha = \begin{cases} 0.70 \ (\beta = 90°) \\ 0.58 \ (\beta = 70°) \\ 0.42 \ (\beta = 50°) \end{cases}$

ベルマウス形が一番いいのか

ベル

通過後に縮小！
通常の形

通過後の縮小が少ない！
ベルマウス

答え ▶ ○

★ **R073** ○×問題　　　　　　　　　　　　　　　　すき間の漏気量

Q 建具まわりのすき間から流入・流出する漏気量は、すき間前後の圧力差の $1/n$ 乗に比例し、n は $1～2$ の値をとる。

A 開口を通過する空気の流量 Q は下の式となります（R072参照）。Q は圧力の差 ΔP の平方根、$\sqrt{\Delta P}$ に比例します。

$$Q = \alpha A \sqrt{\frac{2\Delta P}{\rho}}$$

$\begin{pmatrix} \alpha：流量係数 \\ A：開口面積 \\ \alpha A：実効面積 \\ \Delta P：圧力の差 \\ \rho：密度 \end{pmatrix}$

↓

$\boxed{Q は \sqrt{\Delta P} に比例}$

上の式は開口が大きい場合で、窓サッシやドア（建具と総称される）のすき間や壁のクラック（亀裂）のような微細開口では、次式が使われています（答えは○）。

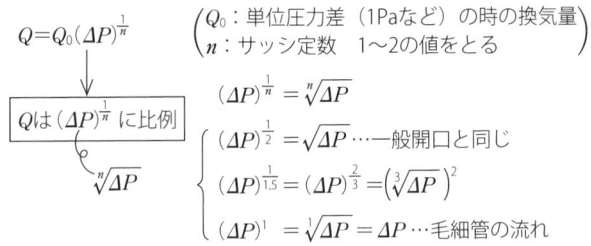

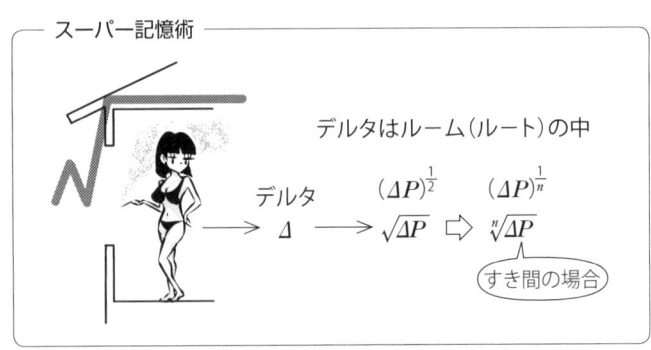

$$Q = Q_0 (\Delta P)^{\frac{1}{n}}$$

$\begin{pmatrix} Q_0：単位圧力差（1\text{Pa}など）の時の換気量 \\ n：サッシ定数　1～2の値をとる \end{pmatrix}$

$\boxed{Q は (\Delta P)^{\frac{1}{n}} に比例}$

$\sqrt[n]{\Delta P}$

$(\Delta P)^{\frac{1}{n}} = \sqrt[n]{\Delta P}$

$\begin{cases} (\Delta P)^{\frac{1}{2}} = \sqrt{\Delta P} \cdots 一般開口と同じ \\ (\Delta P)^{\frac{1}{1.5}} = (\Delta P)^{\frac{2}{3}} = \left(\sqrt[3]{\Delta P}\right)^2 \\ (\Delta P)^1 = \sqrt[1]{\Delta P} = \Delta P \cdots 毛細管の流れ \end{cases}$

── スーパー記憶術 ──

デルタはルーム（ルート）の中

デルタ　　$(\Delta P)^{\frac{1}{2}}$　　$(\Delta P)^{\frac{1}{n}}$

→ Δ ⟶ $\sqrt{\Delta P}$ ⇨ $\sqrt[n]{\Delta P}$

（すき間の場合）

答え ▶ ○

★ R074 ○×問題　温度差換気　その1

Q 温度差換気において、外気温度が室内温度よりも高い時、中性帯よりも上側の開口から外気が流入する。

A 温度差換気は重力換気とも呼ばれ、温度による単位体積当たりの空気の重さの違いにより起こります。設問のように外気温度が高い時、室内は低温で空気が収縮しているため重くなり、外は逆に高温のため軽くなります。部屋の内面に働く気圧は下図のように、下は外気より圧力が強く（正圧）、上は弱く（負圧）なり、開口から外気が流入します（答えは○）。どこかに外気と同じ圧力となる中性帯があります。部屋の内面がゴムでできていると仮定すると、下がふくれ、上がしぼみ、中性帯ではふくれもしぼみもしない変形となります。

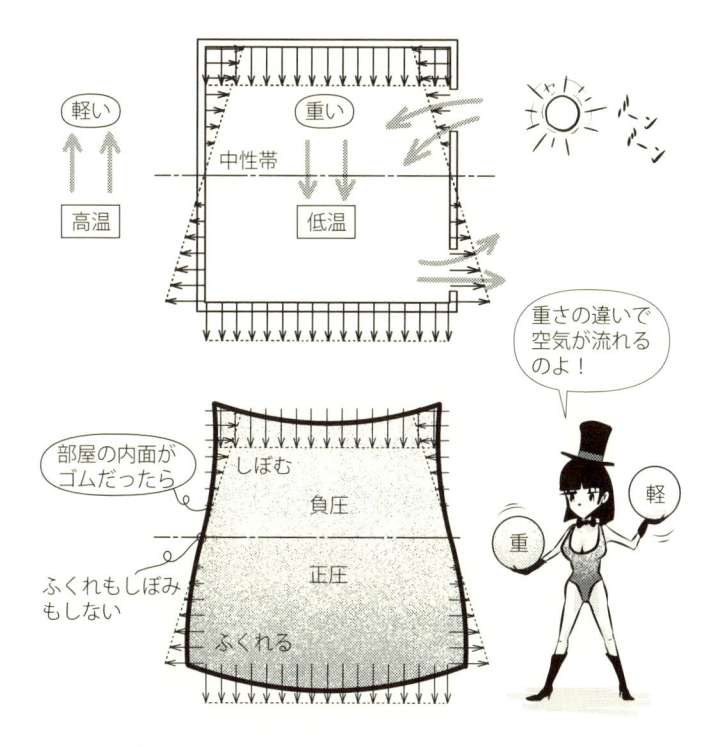

答え ▶ ○

★ / **R075** / ○×問題　　　　　　　　　　　　温度差換気　その2

Q 温度差換気において、室内温度が外気温度よりも高い時、中性帯よりも下側の開口から室内空気が流出する。

A 前問は夏の冷房時、この設問は冬の暖房時です。暖められた空気は軽くなって上昇し、部屋の上の方では外よりも気圧が高くなり（正圧）、下の方では低くなります（負圧）。正圧でも負圧でもない中性帯の高さは、上下の窓の大きさによって変わります。部屋の内面がゴムでできていると仮定して変形を大げさに表現すると、下の図のように上がふくれて下がしぼんだ形となります。空気はふくれた方から出て、しぼんだ方から入ってきます（答えは×）。

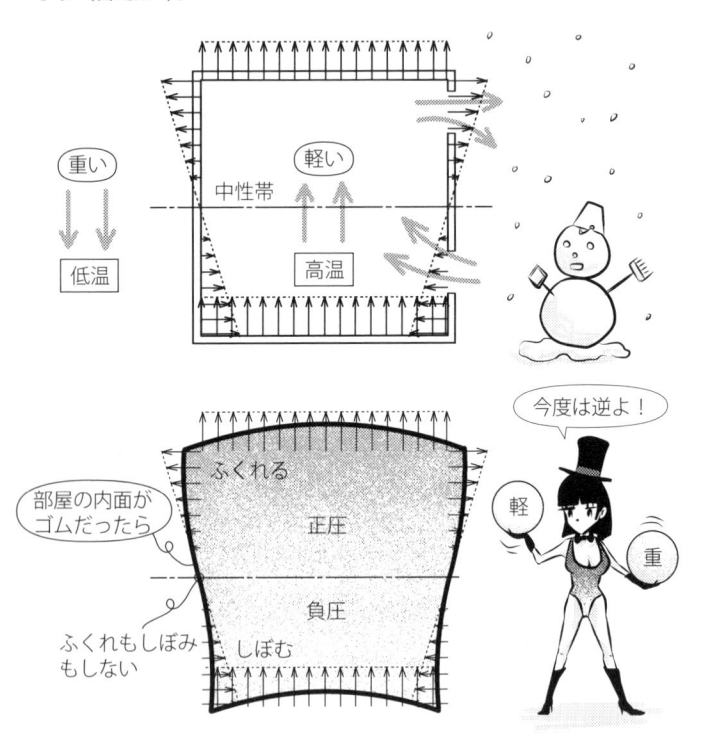

答え ▶ ×

★ R076 ○×問題　　　　　温度差換気　その3

Q 上下に大きさの異なる2つの開口部がある室において、無風の条件で温度差換気を行う場合、中性帯の高さは、小さい開口部よりも大きい開口部の方に近づく。

A 上下の開口に大小があっても、入る空気と出る空気の流量は同じです。違うのは内外の圧力差です。大きい開口では内外圧力差は小さくなり、小さい開口では大きくなります。内外圧力差のない中性帯は、内外圧力差の小さい方、大きい開口の方に近づきます（答えは○）。中性帯は内外圧力差がないので、中性帯に開口があっても空気は流れません。

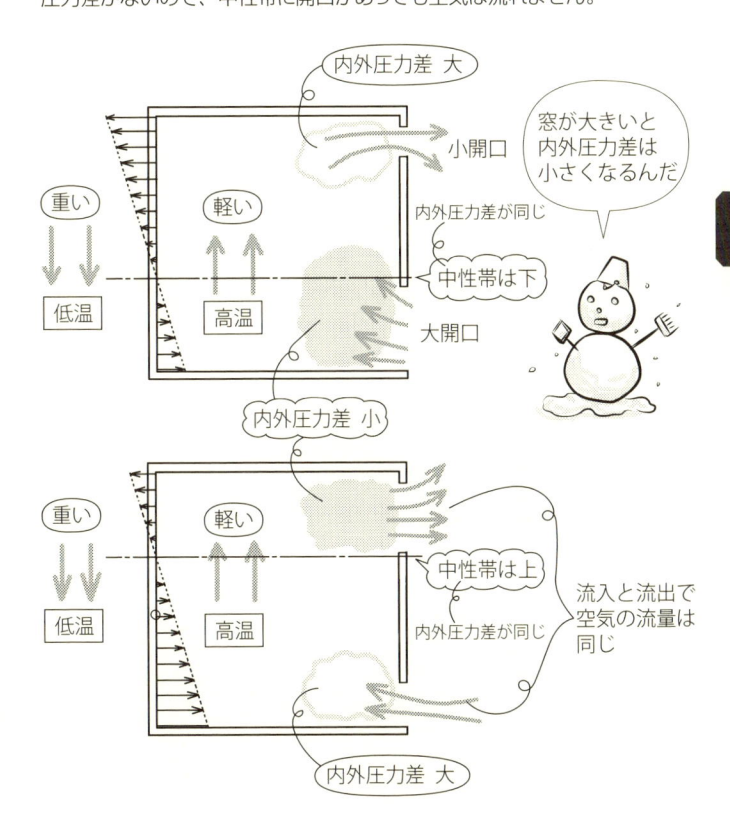

答え ▶ ○

★ **R077** ○×問題　　　　　　　　　　　　　温度差換気　その4

Q 無風状態における温度差換気の換気量は、上下の開口部の中心間垂直距離に比例する。

A 温度差換気の換気量 Q の式は、下のようになります。開口中心間距離 Δh の平方根に比例します（答えは×）。

温度差換気量

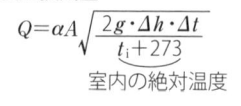

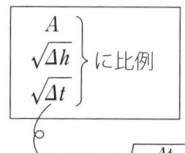

$$Q = \alpha A \sqrt{\frac{2g \cdot \Delta h \cdot \Delta t}{t_i + 273}}$$

室内の絶対温度

$$\left. \begin{array}{c} A \\ \sqrt{\Delta h} \\ \sqrt{\Delta t} \end{array} \right\} に比例$$

正確には $\sqrt{\dfrac{\Delta t}{t_i + 273}}$ に比例だが、+273が t_i に比べて大きいので、Δt にほぼ比例する。

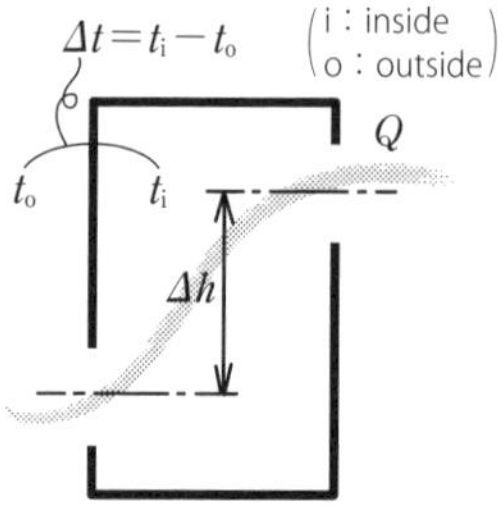

$\Delta t = t_i - t_o$ （i : inside / o : outside）

- α：流量係数
- A：開口面積
- g：重力加速度
- Δh：高さの差
- Δt：内外温度差
- t_o：室外温度
- t_i：室内温度

Δh と Δt はルートの中よ！　A はルートの外

―― スーパー記憶術 ――

ルーム（ルート）の中

デルタ
Δ 　Δh 高さの差
　　　Δt 温度の差

A

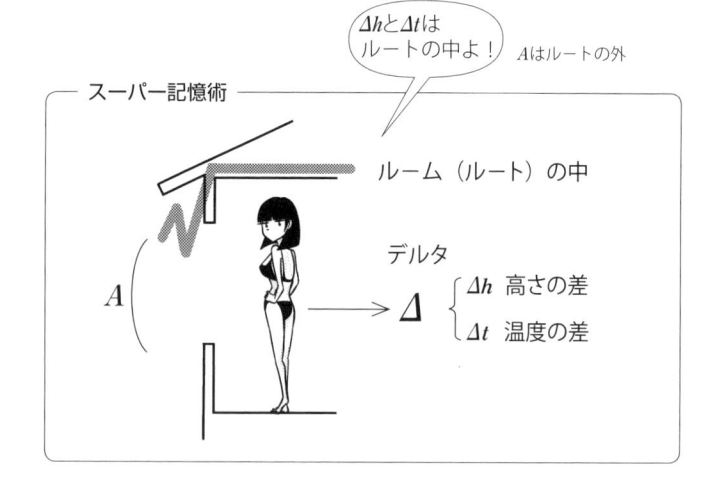

答え ▶ ×

R078 ○×問題　　　温度差換気　その5

Q 無風状態における温度差換気の換気量は、温度差の2乗に比例する。

A 温度差換気の換気量は、前項にあるように、A、$\sqrt{\Delta h}$、$\sqrt{\Delta t}$に比例します。この設問のΔt^2に比例するは誤りです。なお正確には$\sqrt{\Delta t}$ではなく、$\sqrt{\Delta t/(t_i+273)}$に比例します。　般に室内温度$t_i$は20℃前後ですから$t_i+273=293$℃前後となり、$t_i$による変化は小さくなります。よって換気量は$\sqrt{\Delta t}$にほぼ比例します（答えは×）。

前項の温度差換気量の式の由来を考えてみます。面積1m²で高さがh(m)の、右図のような空気の柱を考えます。密度ρ_oで1m³の質量はρ_o、重量は$\rho_o g$、h(m³)では$\rho_o gh$となります。室外と室内の空気の重さはそれぞれ$\rho_o gh$、$\rho_i gh$となり、その差が内外圧力差ΔPとなります。

$$\Delta P = \rho_o gh - \rho_i gh$$
$$= gh(\rho_o - \rho_i) \cdots ①$$

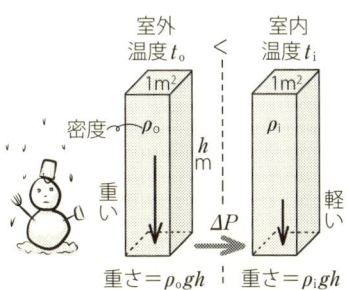

(g：重力加速度)

気体の状態方程式$PV=nRT$から$\dfrac{n}{V}=\dfrac{P}{RT}$となり、$\dfrac{n}{V}$と比例する密度は絶対温度$T$に反比例します。温度が高いと膨張して、密度は低くなるわけです。

$$\rho_o : \rho_i = \frac{1}{t_o+273} : \frac{1}{t_i+273} \quad \text{より} \quad \frac{\rho_o}{t_i+273} = \frac{\rho_i}{t_o+273} = \alpha \text{とおくと}$$

$\rho_o = \alpha(t_i+273)$、$\rho_i = \alpha(t_o+273)$　　∴ $\rho_o - \rho_i = \alpha(t_i - t_o) \cdots ②$

ある孔を通過する流体の式は、以下のように表せることが流体力学から知られています。

$$Q = \alpha A \sqrt{\frac{2\Delta P}{\rho}} \cdots ③ \quad \begin{pmatrix} \alpha：流量係数\cdots孔の形で決まる \\ A：孔の面積 \\ \Delta P：圧力差 \\ \rho：流体の密度 \end{pmatrix}$$

③のρをρ_oとして、①、②を③に代入して整理すると、

$$Q = \alpha A \sqrt{\frac{2gh(\rho_o - \rho_i)}{\rho_o}} = \alpha A \sqrt{\frac{2gh\alpha(t_i - t_o)}{\alpha(t_i+273)}} = \alpha A \sqrt{\frac{2gh(t_i - t_o)}{t_i+273}}$$

と、温度差換気の式が導かれます。

答え ▶ ×

★ R079 計算問題

Q 外気温5℃、無風の条件のもとで、図のような上下に開口部を有する断面の室A、B、Cがある。室温がいずれも20℃、開口部の中心間の距離がそれぞれ1m、2m、4m、上下各々の開口面積がそれぞれ0.8m²、0.4 m²、0.3m²であるとき、換気量の大小関係を求めよ。

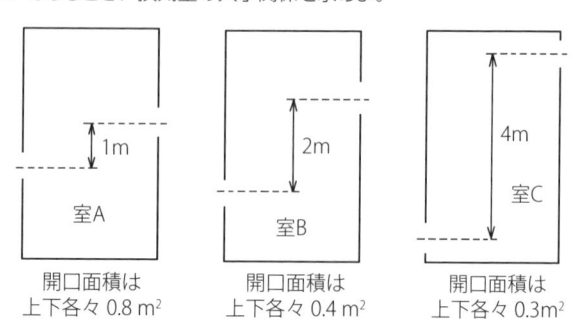

室A	室B	室C
1m	2m	4m
開口面積は 上下各々 0.8 m²	開口面積は 上下各々 0.4 m²	開口面積は 上下各々 0.3m²

A 温度差換気の換気量の式を再度覚え直しましょう。Qが何に比例するかだけ先に記憶してしまうと、問題に対応できます。

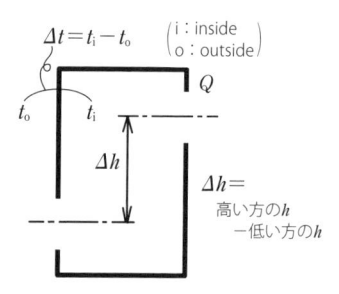

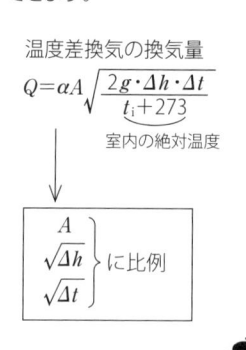

温度差換気の換気量

$$Q = \alpha A \sqrt{\frac{2g \cdot \Delta h \cdot \Delta t}{t_i + 273}}$$

室内の絶対温度

↓

$\dfrac{A\sqrt{\Delta h}}{\sqrt{\Delta t}}$ に比例

$\Delta t = t_i - t_o$ (i : inside / o : outside)

$\Delta h = $ 高い方のh − 低い方のh

- α：流量係数
- A：開口面積
- g：重力加速度
- Δh：高さの差
- Δt：内外温度差
- t_i：室内温度

Δh：窓中心の高さの差
床面からの高さが$h=3$mと$h=1$mの差$\Delta h = 3$m$- 1$m$= 2$m。Qの式ではΔhをhとすることも多い。

これを覚えればいいのか

温度差換気 その6

A、Δh、Δtがルートの中か外かをしっかりと頭に入れておきましょう。

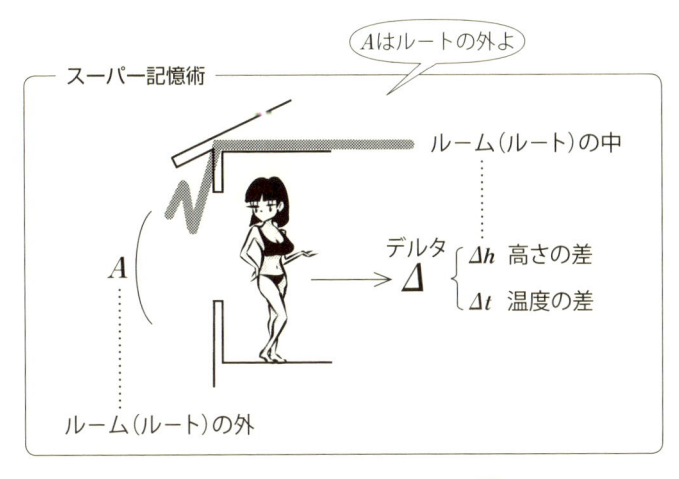

―― スーパー記憶術 ――――――――――――――――――――

Aはルートの外よ

ルーム(ルート)の中

デルタ Δ $\begin{cases} \Delta h & 高さの差 \\ \Delta t & 温度の差 \end{cases}$

A

ルーム(ルート)の外

―――――――――――――――――――――――――――――

A、B、Cは内外温度差Δtが等しいので、Qは$A \times \sqrt{\Delta h}$の比となります。

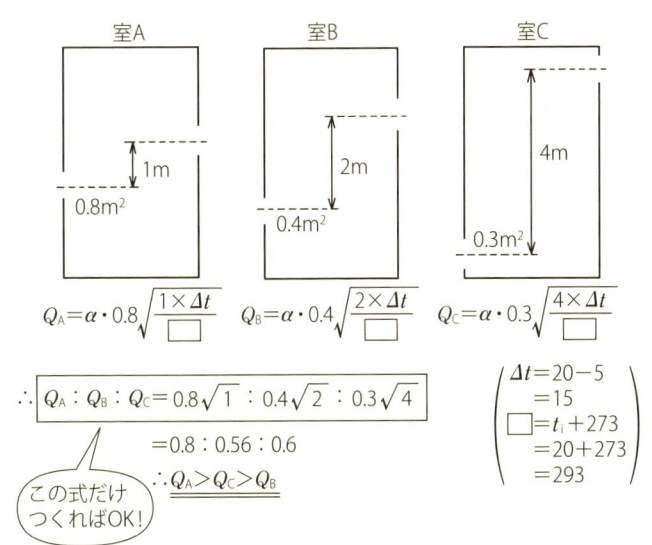

室A / 1m / 0.8m² 　　室B / 2m / 0.4m² 　　室C / 4m / 0.3m²

$Q_A = \alpha \cdot 0.8 \sqrt{\dfrac{1 \times \Delta t}{\square}}$ 　　$Q_B = \alpha \cdot 0.4 \sqrt{\dfrac{2 \times \Delta t}{\square}}$ 　　$Q_C = \alpha \cdot 0.3 \sqrt{\dfrac{4 \times \Delta t}{\square}}$

$$\boxed{\therefore Q_A : Q_B : Q_C = 0.8\sqrt{1} : 0.4\sqrt{2} : 0.3\sqrt{4}}$$

$\begin{pmatrix} \Delta t = 20 - 5 \\ \quad = 15 \\ \square = t_1 + 273 \\ \quad = 20 + 273 \\ \quad = 293 \end{pmatrix}$

$= 0.8 : 0.56 : 0.6$

この式だけつくればOK!

$\therefore Q_A > Q_C > Q_B$

- 正確には入と出の開口面積Aが等しい場合、合成開口面積は$A/\sqrt{2}$となる。大小比較の場合はAが等しいとして、そのまま計算してもOK。

答え ▶ 室A > 室C > 室B

R080 ○×問題　風力換気　その1

Q 風力換気による換気量は、風圧係数の差に比例する。

A 風圧係数（風力係数）Cとは、建物の形と風向きによって決まる係数です。人工的に風をつくる洞窟状の部屋に横型を入れて調べる風洞実験などによって、事前に求められています。風速vは建物がないところでの風本来の速度です、風力換気による換気量Qは下のような式になります。風圧係数の差ΔCの平方根にQは比例します（答えは×）。R078の温度差換気の項でも使った、$Q=\alpha A\sqrt{2\Delta P/\rho}$の式から導かれているので、$\Delta P$に関係する$\Delta C$がルートの中に出てきます。

風力換気による換気量
$$Q=\alpha Av\sqrt{\Delta C}$$

$\begin{Bmatrix} A \\ v \\ \sqrt{\Delta C} \end{Bmatrix}$ に比例

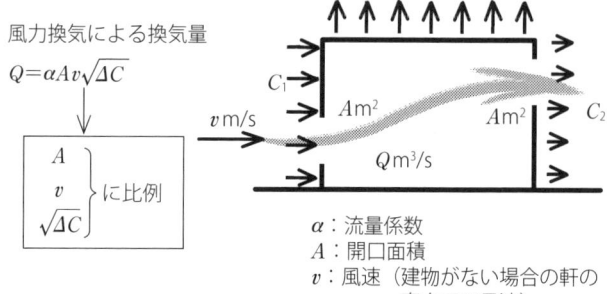

α：流量係数
A：開口面積
v：風速（建物がない場合の軒の高さでの風速）
$\Delta C = C_1 - C_2$：風圧係数の差
C_1：風上側風圧係数
C_2：風下側風圧係数

風圧（風力）係数C

ピュー

$\sqrt{\Delta C}$に比例するのよ！

答え ▶ ×

★ R081 ○×問題　風力換気　その2

Q 風力換気による換気量は、
1. 風速の平方根に比例する。
2. 開口面積に比例する。

A 風力換気による換気量は、開口面積A、風速vに比例し、風圧係数の差ΔCの平方根$\sqrt{\Delta C}$に比例します（1は×、2は○）。
温度差換気、風力換気の比例関係を下にまとめておきます。ルートの中に入るのは、ΔC、Δh、Δt、すなわち変化量、差で、ルートの外はAとvです。

風力換気による換気量
$$Q = \alpha A v \sqrt{\Delta C} \quad \longrightarrow \quad \boxed{A、v、\sqrt{\Delta C} に比例}$$

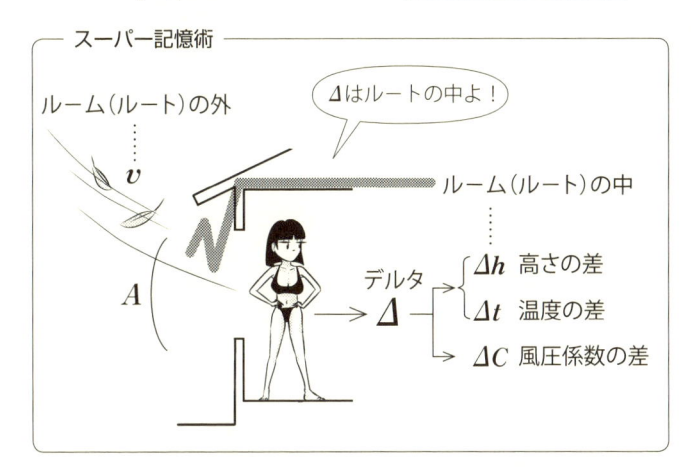

温度差換気による換気量
$$Q = \alpha A \sqrt{\frac{2g \cdot \Delta h \cdot \Delta t}{t_i + 273}} \quad \longrightarrow \quad \boxed{A、\sqrt{\Delta h}、\sqrt{\Delta t} に比例}$$

― スーパー記憶術 ―

ルーム（ルート）の外 …… v
ルーム（ルート）の中 ……
A

Δはルートの中よ！

デルタ Δ ─ Δh 高さの差
　　　　　　└ Δt 温度の差
　　　　　└→ ΔC 風圧係数の差

答え ▶ 1. ×　2. ○

R082 計算問題

Q 図は、ある風向における建築物の平面の風圧係数分布を示したものである。この建築物に開口部を設ける場合、最も通風量の多いものは次のうちどれか。ただし開口部は同じ高さに設けるものとし、流量係数は同じ値とする。

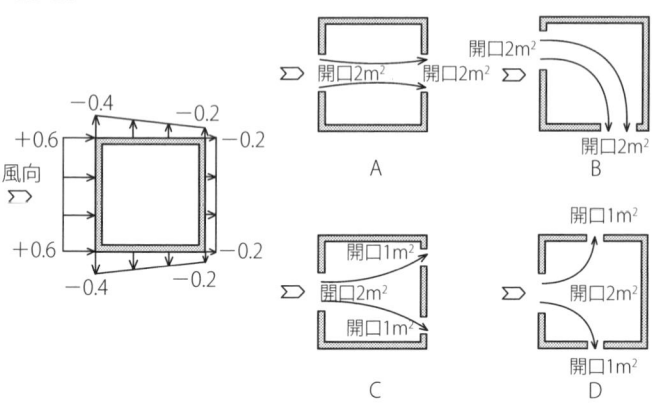

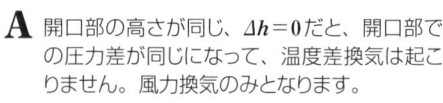

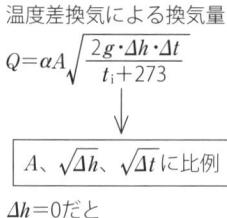

A 開口部の高さが同じ、$\Delta h = 0$ だと、開口部での圧力差が同じになって、温度差換気は起こりません。風力換気のみとなります。

$\Delta h = 0$ だと温度差換気はゼロよ！

温度差換気による換気量

$$Q = \alpha A \sqrt{\frac{2g \cdot \Delta h \cdot \Delta t}{t_i + 273}}$$

A、$\sqrt{\Delta h}$、$\sqrt{\Delta t}$ に比例

$\Delta h = 0$ だと

$$Q = \alpha A \sqrt{\frac{2g \cdot 0 \cdot \Delta t}{t_i + 273}} = 0$$

風力換気　その3

出口の開口面積は並列で足し算でき、どれも開口面積Aは2m^2で同じ。風速vも同じなので、換気量の大小は風圧係数の差ΔCの大小で決まります。

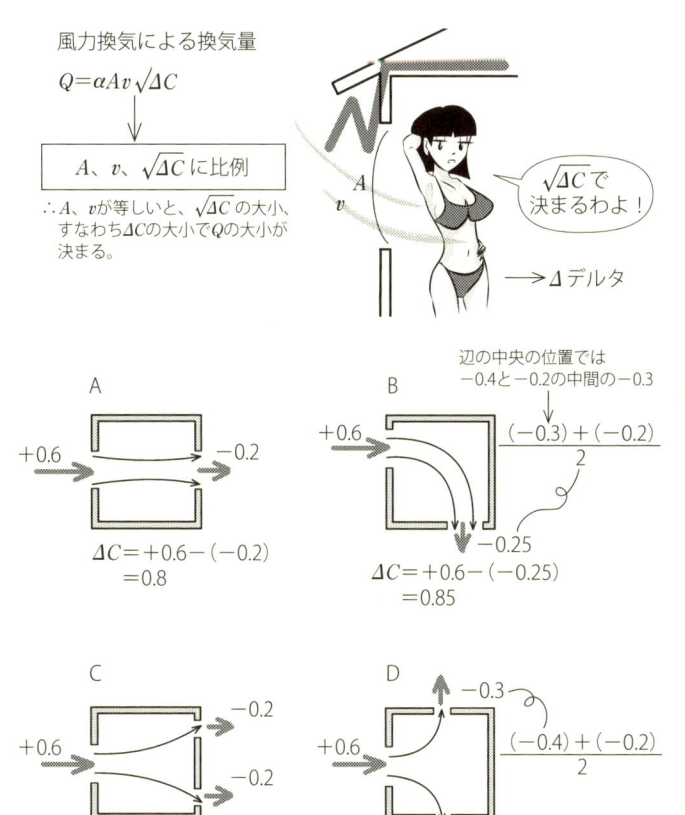

風力換気による換気量

$$Q = \alpha A v \sqrt{\Delta C}$$

↓

A、v、$\sqrt{\Delta C}$ に比例

∴ A、vが等しいと、$\sqrt{\Delta C}$の大小、すなわちΔCの大小でQの大小が決まる。

$\sqrt{\Delta C}$で決まるわよ！

→ Δ デルタ

A
+0.6 → → −0.2
$\Delta C = +0.6 - (-0.2)$
$= 0.8$

B
+0.6 → −0.25
辺の中央の位置では
−0.4と−0.2の中間の−0.3
$\dfrac{(-0.3)+(-0.2)}{2}$
$\Delta C = +0.6 - (-0.25)$
$= 0.85$

C
+0.6 → −0.2
     → −0.2
$\Delta C = +0.6 - (-0.2)$
$= 0.8$

D
−0.3
+0.6 → −0.3
$\dfrac{(-0.4)+(-0.2)}{2}$
$\Delta C = +0.6 - (-0.3)$
$= 0.9$

∴ Qの大小関係は、D＞B＞A＝C

答え ▶ D

★ R083 ○×問題　風力換気　その4

Q 室に設けられた2つの開口部において、一方が風上側、一方が風下側に位置し、それらの面積の和が一定の場合、風力による換気量が最大となるのは、2つの開口部の面積が等しい時である。

A 換気量Qの式中でAは開口面積、開口形状による流量係数αとの積αAは実効開口面積です。空気の入口と出口の各々のα_1、A_1、α_2、A_2から計算で求めます。

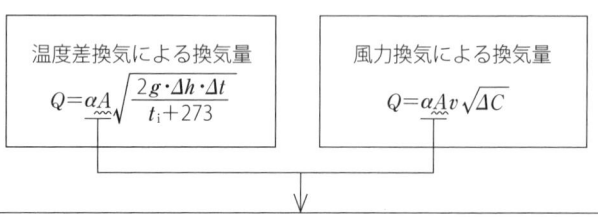

温度差換気による換気量	風力換気による換気量
$Q = \alpha A \sqrt{\dfrac{2g \cdot \Delta h \cdot \Delta t}{t_i + 273}}$	$Q = \alpha A v \sqrt{\Delta C}$

Aは　入口の面積A_1　と　出口の面積A_2　の　合成面積
αAは　入口の実効面積$\alpha_1 A_1$　と　出口の実効面積$\alpha_2 A_2$　の　合成実効面積

$\left(\dfrac{1}{\alpha A}\right)^2 = \left(\dfrac{1}{\alpha_1 A_1}\right)^2 + \left(\dfrac{1}{\alpha_2 A_2}\right)^2$という合成の公式があり、$\alpha_1 = \alpha_2 = \alpha$とすると、

$$\alpha A = \dfrac{1}{\sqrt{\left(\dfrac{1}{\alpha A_1}\right)^2 + \left(\dfrac{1}{\alpha A_2}\right)^2}} = \dfrac{\alpha A_1 A_2}{\sqrt{A_1^2 + A_2^2}}$$

$A_1 + A_2$が一定の場合、$A_1 = A_2$の時にαAは最大となります（答えは○）。この結果だけは覚えておきましょう。

Point

入口の面積A_1＝出口の面積＝A_2　の時　換気量Qは最大
（$A_1 + A_2$＝一定、α同じ場合）

答え ▶ ○

R084 ○×問題　　空気齢　その1

Q 換気効率を表す指標で、
1. 空気齢とは、給気口から排気口までの到達時間である。
2. 空気余命とは、室内のある点から排気口までの到達時間である。
3. 空気寿命とは、給気口から室内のある点までの到達時間である。

A 下図のように、給気口からある点までが空気齢、ある点から排気口までが空気余命、給気口から排気口までが空気寿命です（1は×、2は○、3は×）

人の齢にたとえてるのよ！

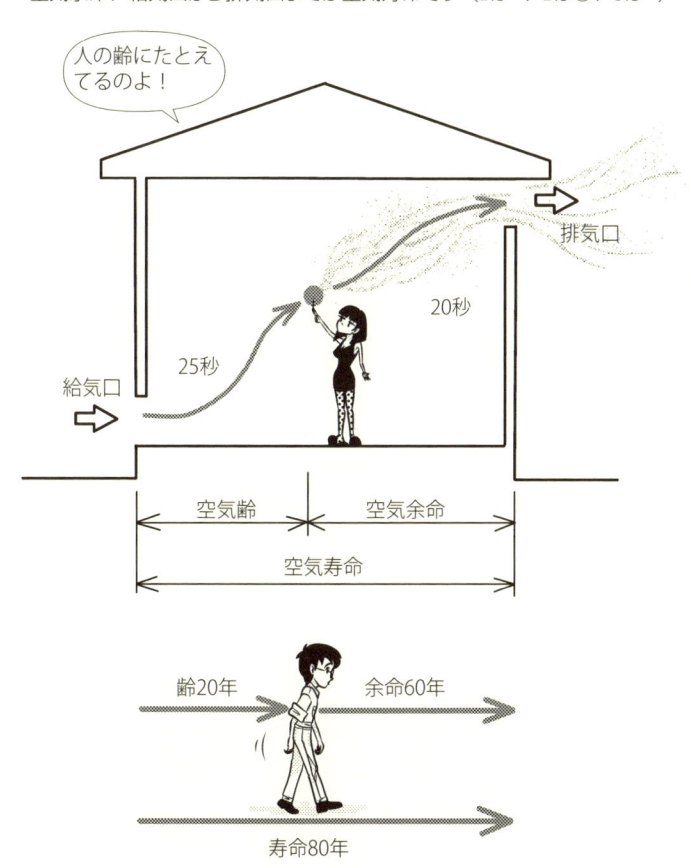

排気口
20秒
25秒
給気口

空気齢　空気余命
空気寿命

齢20年　余命60年
寿命80年

答え ▶ 1. ×　2. ○　3. ×

★ R085 ○×問題　　　空気齢　その2

Q 1. 空気齢は時間の単位をもつ換気効率の指標であり、その値が小さいほど発生した汚染物質を速やかに排出できることを意味する。
2. 空気齢とは室内の部位における空気の新鮮度を示すものであり、その値が大きいほどその部位の空気の新鮮度は低い。

A 室のある点から排気口までの到達時間（空気余命）が短いと、その点の汚染物質は早く排出されます。1は空気余命の説明です（答えは×）。
給気口からある点までの到達時間（空気齢）が長いと、新鮮な外気に室内の汚染物質が多く混じるので、空気の新鮮度は低くなります（2は○）。
逆に空気齢が短くて空気余命が長いと、新鮮度は高いけれど、汚染物質はなかなか排出されないことになります。

答え ▶ 1. ×　2. ○

★ R086　○×問題　　　　　　　　　　　　　　　　　　　ナイトパージ

Q ナイトパージは、外気温度が建築物内の温度以下となる夜間を中心に、外気を室内に導入することで躯体（くたい）などに蓄冷する方法であり、冷房開始時の負荷を低減し、省エネルギー化を図ることができる。

A パージ（purge）とは追放する、取り除くことを意味し、戦時中の「レッドパージ」は赤狩り（共産党を追放すること）です。ナイトパージは、夜間に熱を追放することですが、夜間外気導入、夜間蓄冷などと訳されます。

> night　purge
> 夜間に（熱を）追放すること　──夏期

たとえば下図のように、防犯上問題の少ない中庭側の窓を夜間開けて熱を逃がしておきます。コンクリートなどの躯体は熱容量（熱を蓄える能力）が大きく、一旦冷えるとなかなか暖まりません。朝になって冷房する際には冷えている分、負荷が小さくなります（答えは○）。

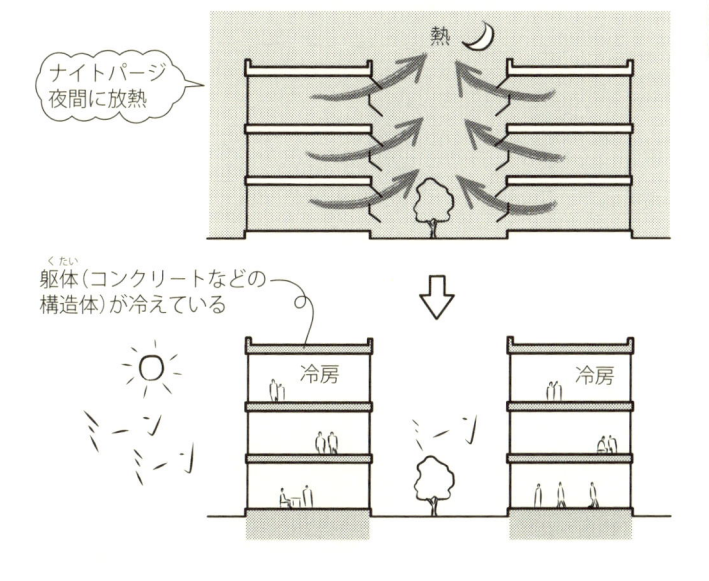

答え ▶ ○

★ R087 ○×問題　　　比熱　その1

Q 比熱の単位はkJ/(kg·K)である。

A 比熱は水と比べた熱量で、比重は水と比べた重さです。1gの水の温度を1℃上げるのに必要な熱量を1cal（カロリー）と定義します。1gの銅の温度を1℃上げるのに0.09cal必要なので、銅の比熱は0.09となります。

物質1gの温度を1℃上げるのに必要な熱量が比熱なので、その単位はcal/(g·℃)です。熱量/質量·温度という単位の構成です。

熱量の単位をJ（ジュール）とするには、1cal＝4.2Jで換算します。質量をkg、温度を絶対温度K（ケルビン）にすると、比熱の単位はJ/(kg·K)とかkJ/(kg·K)となります。1cal/(g·℃)＝4.2J/(g·K)となり、Jを使うと1ではなくなり、比べるのにわかりにくくなります。

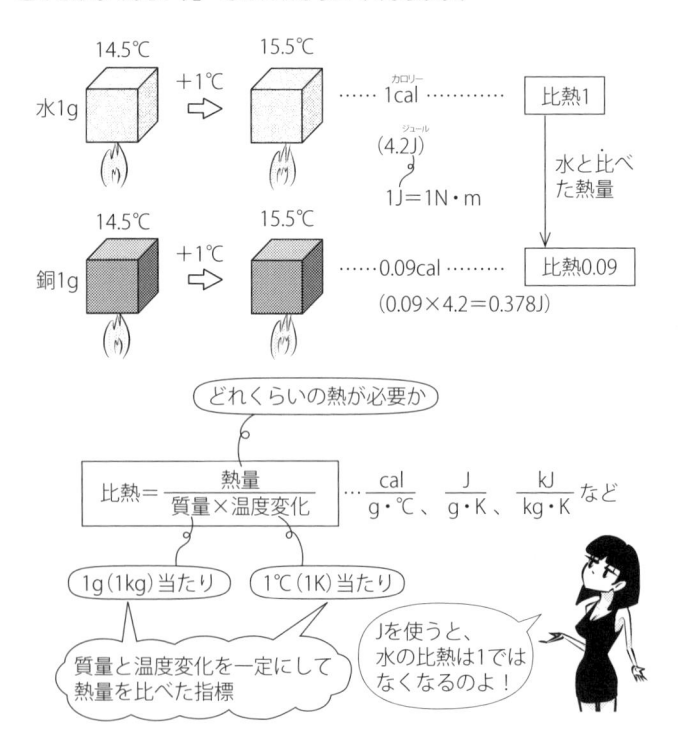

水1g： 14.5℃ → +1℃ → 15.5℃ …… 1cal（カロリー）…… 比熱1
　　　　　　　　　　　　　　　　　(4.2J ジュール)
　　　　　　　　　　　　　　　　　1J＝1N·m
　　　　　　　　　　　　　　　　　　　　　　　　　　↓ 水と比べた熱量

銅1g： 14.5℃ → +1℃ → 15.5℃ …… 0.09cal …… 比熱0.09
　　　　　　　　　　　　　　　　　(0.09×4.2＝0.378J)

どれくらいの熱が必要か

$$比熱 = \frac{熱量}{質量・温度変化}$$ … $\frac{cal}{g·℃}$、$\frac{J}{g·K}$、$\frac{kJ}{kg·K}$ など

・1g(1kg)当たり
・1℃(1K)当たり

質量と温度変化を一定にして熱量を比べた指標

Jを使うと、水の比熱は1ではなくなるのよ！

答え ▶ ○

★ R088 まとめ　　　　　　　　　　　　　　比熱　その2

	比重（水と比べた重さ）	比熱（水と比べた熱量）
水	1 → 1 tf/m³ = 10kN/m³ (1m³)	1 → 1 cal/(g・℃) = 4.2kJ/(kg・K) = 4200J/(kg・K) (1cm³)
鉄筋コンクリート	2.4 【西(西洋)から来たRC】 2.4 2.4tf/m³ = 24kN/m³	0.2 0.2cal/(g・℃) = 0.84kJ/(kg・K) = 840J/(kg・K)
鋼	7.85 【ナンパご難の鉄の女】 7.85 7.85tf/m³ = 78.5kN/m³	0.1 0.1cal/(g・℃) = 0.42kJ/(kg・K) = 420J/(kg・K)
木	0.5 0.5tf/m³ = 5kN/m³	0.5 0.5cal/(g・℃) = 2.1kJ/(kg・K) = 2100J/(kg・K)
ガラス	2.5 【日光を通すガラス】 2.5 2.5tf/m³ = 25kN/m³	0.2 0.2cal/(g・℃) = 0.84kJ/(kg・K) = 840J/(kg・K)

tf：トンエフ　kN：キロニュートン　【トン　テン　カン】　1cal＝4.2J
　　　　　　　　　　　　　　　　　1tf ＝ 10　kN

【　】内スーパー記憶術

4 伝熱

★ R089 ○×問題　　　　　　　　　　　　　　　熱容量　その1

Q 熱容量は、物質の比熱に質量を乗じた値であり、その値が大きいほど暖めるのに多くの熱量を必要とする材料であることを表す。

A 比熱は水と比べた熱量で、1g(1kg)の物質の温度を1℃(1K)上げるのに必要な熱量（cal、J）です。比熱に質量（g数、kg数）をかけると、その質量の物質の温度を1℃(1K)上げるのに必要な熱量が出ます。この比熱×質量を熱容量といいます。熱容量が大きいほど、1℃上げるのに多くの熱量が必要となります（答えは○）。

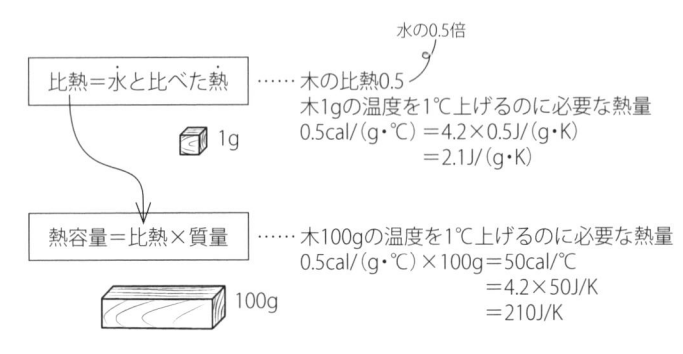

比熱＝水と比べた熱　　1g

……木の比熱0.5（水の0.5倍）
木1gの温度を1℃上げるのに必要な熱量
0.5cal/(g・℃) ＝ 4.2×0.5J/(g・K)
　　　　　　　＝ 2.1J/(g・K)

熱容量＝比熱×質量　　100g

……木100gの温度を1℃上げるのに必要な熱量
0.5cal/(g・℃)×100g ＝ 50cal/℃
　　　　　　　　　　 ＝ 4.2×50J/K
　　　　　　　　　　 ＝ 210J/K

c：比熱
m：質量
Δt：温度差

熱量＝比熱×質量×温度変化
$Q = \underbrace{c \times m}_{熱容量} \times \Delta t$

この式を覚えるのよ！

スーパー記憶術

$\underset{c}{C}\ \underset{m}{M}\ \underset{\Delta t}{出た}$ ！

ダイエット 一発！

答え ▶ ○

★ R090 ○×問題　　　熱容量　その2

Q 熱容量の大きい物質は、暖めると冷えにくく、冷やすと暖まりにくい。

A 石焼きイモは、一度熱くすると冷めにくい石の性質を利用してつくっています。大量の石は、比熱×質量=熱容量のうちの質量が大きいため、熱容量も大きくなります。西洋の古い暖炉の周囲に多くのレンガや石を積むのは、熱容量を大きくして、熱を保持しやすくするためです。空気だけ暖めても、空気は比熱も質量も小さく、すぐに冷めてしまいます。また換気によって入れ換えるので、暖房の効果がさらに下がります。

コンクリート躯体（構造体）の質量は非常に大きいので、一度暖めると冷めにくく、冷やすと暖まりにくい性質があります（答えは○）。外側に断熱材を付ける（外断熱）と、冷暖房の立ち上がりは悪いけれど、一度適温に達すると気温の変動が少なくて快適な室内環境となります。

- 石焼きイモの石と同じよ！
- 石焼きビビンバの方がいいな
- 内面が暖かくて放射温度が高い
- 断熱材を外に巻く外断熱（RCでは理想的）
- コンクリート　$Q = cm \Delta t$　熱容量大（mが非常に大きいため）
- 熱量Qが大きくても、cmが大きいのでΔtは小さい。∴Qの出入りによる温度変化は小さくてすむ。

答え ▶ ○

★ R091 ○×問題

Q 熱伝導率は、材料内部の熱の伝わりやすさを示す材料固有の値であり、その値が大きいほど断熱性が高い材料であることを表す。

A ひとつの物体の中を熱が流れることを熱伝導、壁などの固体と空気の間を熱が流れることを熱伝達といいます。ややこしいので、まず伝導と伝達の違いを覚えましょう。

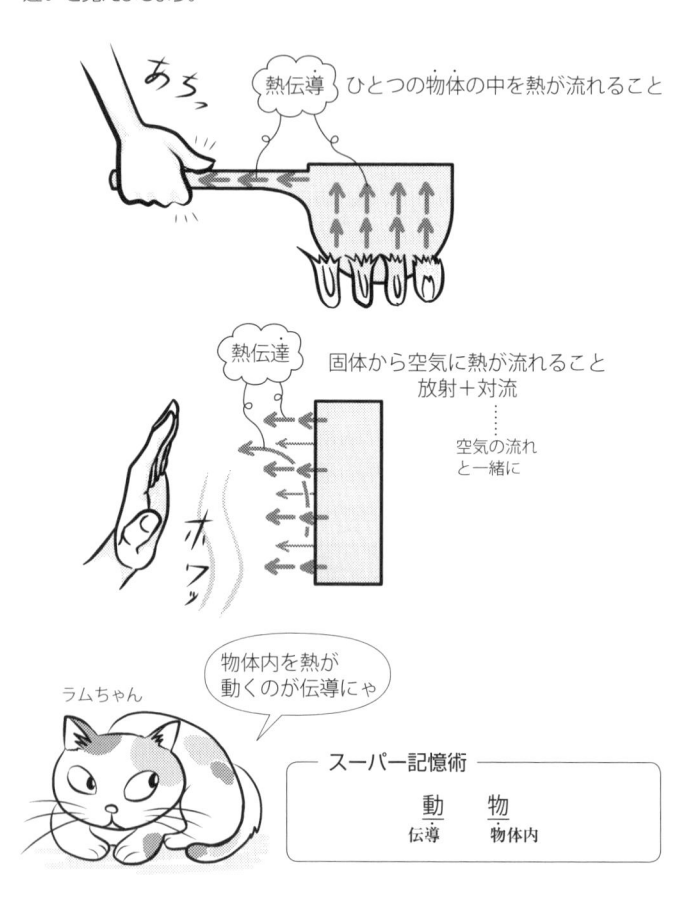

熱伝導 ひとつの物体の中を熱が流れること

熱伝達 固体から空気に熱が流れること
放射＋対流
空気の流れと一緒に

ラムちゃん
物体内を熱が動くのが伝導にゃ

― スーパー記憶術 ―

　動　　　物
　・　　　・
　伝導　　物体内

熱伝導率　その1

鍋の柄（え）を長くして熱伝導を表してみました。柄が長い（ℓ大）ほど流れにくく、温度差Δtが大きいほど、また、柄の断面積Aが大きいほど流れやすいのは、直感的に理解できると思います。その中で$\Delta t/\ell$を温度勾配といい、勾配が急なほど流れやすくなります。下図の四角で囲んだ流れる熱量Qの式で、比例定数が熱伝導率λ（ラムダ）です。λが大きいほど流れやすく、断熱材はλの小さいものを使います（答えは×）。

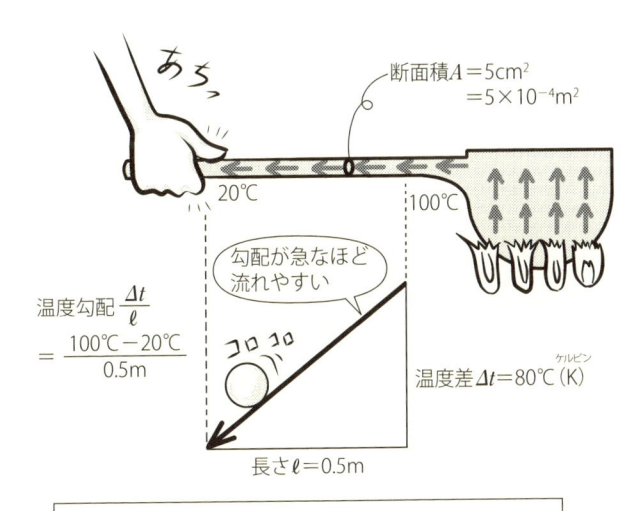

あちっ

断面積 $A = 5\,cm^2 = 5 \times 10^{-4}\,m^2$

20℃　　100℃

勾配が急なほど流れやすい

コロコロ

温度勾配 $\dfrac{\Delta t}{\ell} = \dfrac{100℃ - 20℃}{0.5\,m}$

温度差 $\Delta t = 80℃$ (K) ケルビン

長さ $\ell = 0.5\,m$

$$\boxed{\text{伝 導 熱 量 } Q = \text{熱伝導率}\lambda \times \dfrac{\text{温度差}\Delta t}{\text{長さ}\ell} \times \text{断面積}A}$$
（単位時間当たりの）
└ 1秒とか1時間とか

Qは $\begin{cases} \text{温度差}\Delta t \text{に比例} \\ \text{長さ}\ell\text{に反比例} \\ \text{温度勾配}\dfrac{\Delta t}{\ell}\text{に比例} \\ \text{断面積}A\text{に比例} \end{cases}$

比例定数はλ

（構造力学ではλは有効細長比の記号として使われます。）

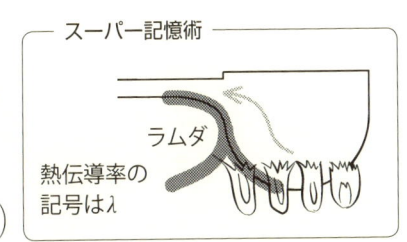

スーパー記憶術

ラムダ

熱伝導率の記号はλ

答え ▶ ×

4 伝熱

★ R092 ○×問題　熱伝導率　その2

Q 熱伝導率の単位は、W/(m·K)である。

A 伝導熱量の式 $Q=λ×(Δt/ℓ)×A$ の Q には、熱量の単位だけでなく、「1秒当たり」という時間の単位も含まれています。温度差 $Δt$ で長さ $ℓ$ の物体中のある切断面の断面積 A を、1秒間に何Jの熱が通るかという式です。1秒間に何JかというJ/s（ジュール毎秒）は、W（ワット）になります。
式をλについて解くと、λの単位は W/(m·K) であることがわかります（答えは○）。

$$\text{(1秒(s)当たりの)} \quad 伝導熱量 Q = 熱伝導率 λ × \frac{温度差 Δt}{長さ ℓ} × 断面積 A$$

$$Q = λ\frac{Δt}{ℓ}A \text{から、} λ=\frac{Qℓ}{ΔtA} \longrightarrow λ\text{の単位} = \frac{W·m}{K·m^2} = W/(m·K)$$

> ワットは
> ジュール毎秒よ！

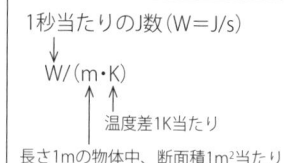

```
1秒当たりのJ数 (W=J/s)
        ↓
     W/(m·K)
        ↑  ↑
        │  温度差1K当たり
   長さ1mの物体中、断面積1m²当たり
```

― スーパー記憶術 ―

動　物？　ワッと　ミケだ！
伝導　物体内　W　/　(m·K)

答え ▶ ○

★ R093　○×問題　　　　　　　　　　　　熱伝導率　その3

Q 木材、コンクリート、銅などの建築材料は、比重が大きくなるほど熱伝導率は小さくなる。

A 比重が大きいほど粒子が詰まっているので、熱が通りやすくなり、熱伝導率λは大きくなります（答えは×）。

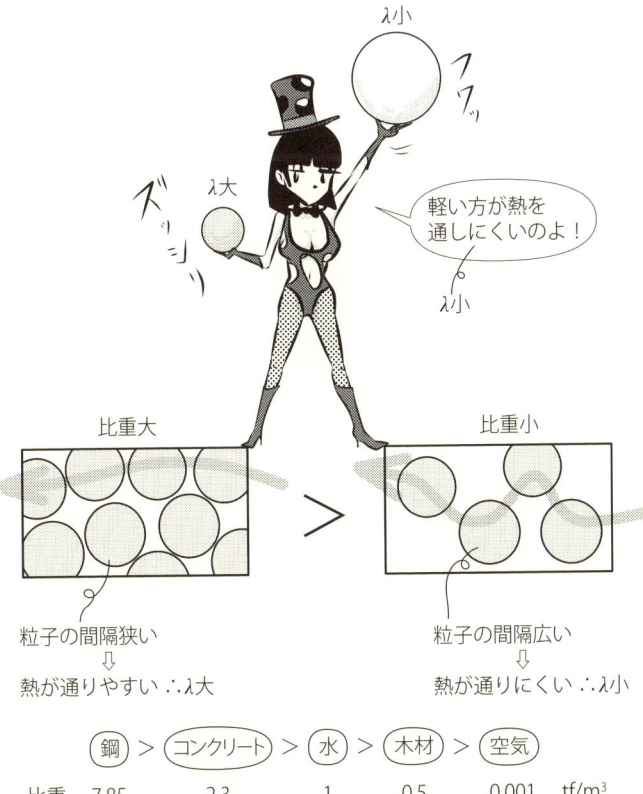

軽い方が熱を通しにくいのよ！

λ小　λ大　λ小

比重大　＞　比重小

粒子の間隔狭い
⇩
熱が通りやすい ∴λ大

粒子の間隔広い
⇩
熱が通りにくい ∴λ小

	鋼	＞	コンクリート	＞	水	＞	木材	＞	空気	
比重	7.85		2.3		1		0.5		0.001	tf/m³
λ	53		1.5		0.6		0.15		0.02	W/(m・K)

（RCの比重は鉄筋が入るので2.4、コンクリート自体の比重は2.3）

答え ▶ ×

★ R094 ○×問題　　熱伝導率　その4

Q 1. グラスウールは、かさ比重（みかけの密度）が大きくなるほど熱伝導率は小さくなる。
2. 同種の発泡性断熱材において、空隙（くうげき）率が同じ場合、気泡寸法が小さいものほど熱伝導率は小さくなる。

A グラスウールのかさ比重とは、グラスウールという物質自体ではなく、フワッとした体積、空気を入れた体積で計算した比重です。繊維が詰まっているほど小さな気泡が数多くでき、熱が伝わりにくくなります（1は○）。空隙率とは、「気泡の体積÷全体の体積」で、全体の中にどれくらい空気があるかの比です。気泡が小さくて数が多い方が、同じ体積の空気でも熱が通りにくく、λは小さくなります（2は○）。

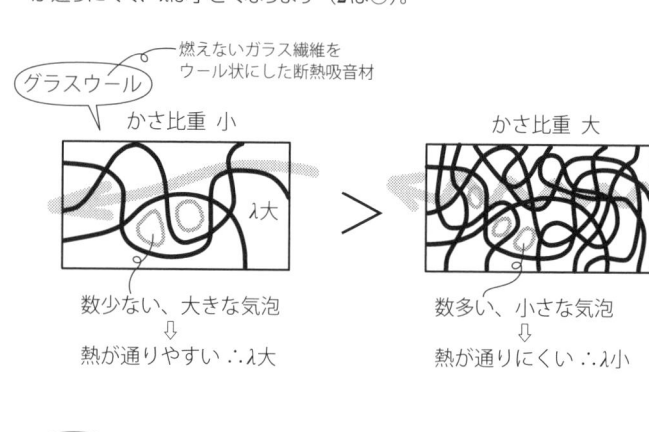

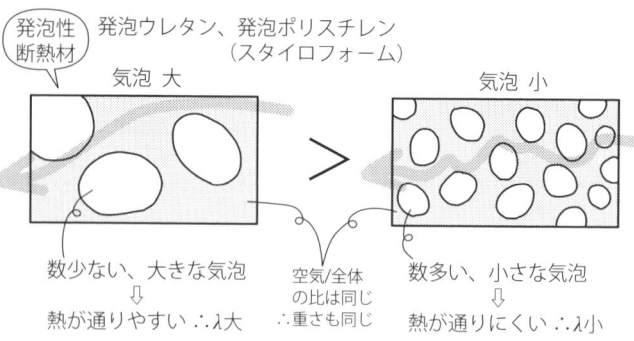

グラスウール — 燃えないガラス繊維をウール状にした断熱吸音材

かさ比重 小 ＞ かさ比重 大

数少ない、大きな気泡　⇒　熱が通りやすい ∴ λ大
数多い、小さな気泡　⇒　熱が通りにくい ∴ λ小

発泡性断熱材 — 発泡ウレタン、発泡ポリスチレン（スタイロフォーム）

気泡 大 ＞ 気泡 小

数少ない、大きな気泡　⇒　熱が通りやすい ∴ λ大
空気/全体の比は同じ ∴ 重さも同じ
数多い、小さな気泡　⇒　熱が通りにくい ∴ λ小

答え ▶ 1. ○　2. ○

★ R095 まとめ　　　　　　熱伝導率 その5

熱伝導率を、材料別にざっぱにグラフに表してみました。比重が大きいほど熱伝導率λも大きくなる、右肩上がりの分布です。

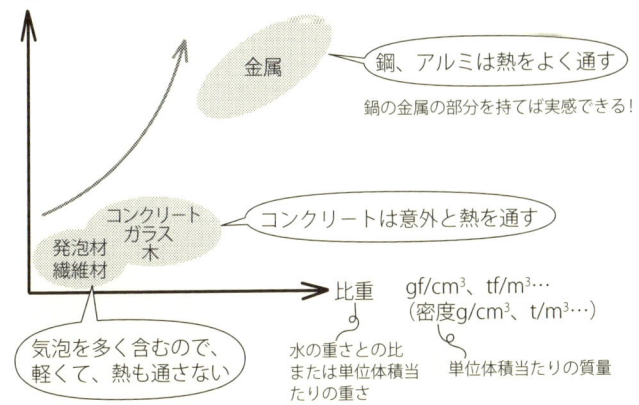

熱伝導率λ W/(m・K)

- 金属 — 鋼、アルミは熱をよく通す
  - 鍋の金属の部分を持てば実感できる！
- コンクリート、ガラス、木 — コンクリートは意外と熱を通す
- 発泡材、繊維材 — 気泡を多く含むので、軽くて、熱も通さない

比重　gf/cm³、tf/m³…
（密度 g/cm³、t/m³…）

水の重さとの比 または単位体積当たりの重さ　　単位体積当たりの質量

棒グラフにすると、鋼が断トツで、木材は割と小さいのがわかります

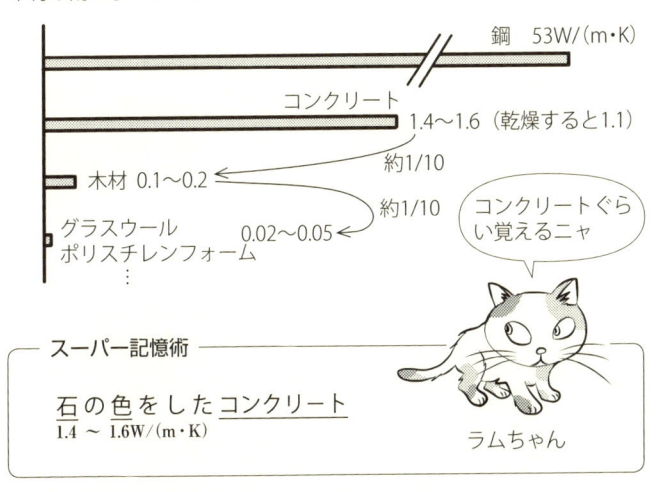

- 鋼　53W/(m・K)
- コンクリート　1.4〜1.6（乾燥すると1.1）　約1/10
- 木材　0.1〜0.2　約1/10
- グラスウール、ポリスチレンフォーム…　0.02〜0.05

コンクリートぐらい覚えるニャ

―― スーパー記憶術 ――

<u>石</u>の<u>色</u>をした<u>コンクリート</u>
1.4 〜 1.6 W/(m・K)

ラムちゃん

- コンクリートは含水率、骨材などによってλは変わります。また水を多く含むとλは大きくなります。コンクリートによく使われるポルトランドセメントはイギリスのポートランド島で採れる石灰石と色が似ていたので、その名が付きました。

R096 ○×問題 単位 その1

Q 質量1kgの物体を加速度1m/s²で加速する力が、1Nである。

A 力の単位ニュートン（N）、エネルギー（熱量）の単位ジュール（J）をこの辺で復習しておきましょう。質量とは動かしにくさ（慣性）を表す物体の量です。力＝質量×加速度（運動方程式）で、質量$1kg×$加速度$1m/s^2＝1kg·m/s^2$を1Nと定義しました（答えは○）。質量100gの小さなリンゴを重力が引く力は、重力加速度は$9.8m/s^2$なので、$0.1kg×9.8m/s^2≒1kg·m/s^2＝1N$となります。すなわち100gのリンゴの重さは、約1Nです。

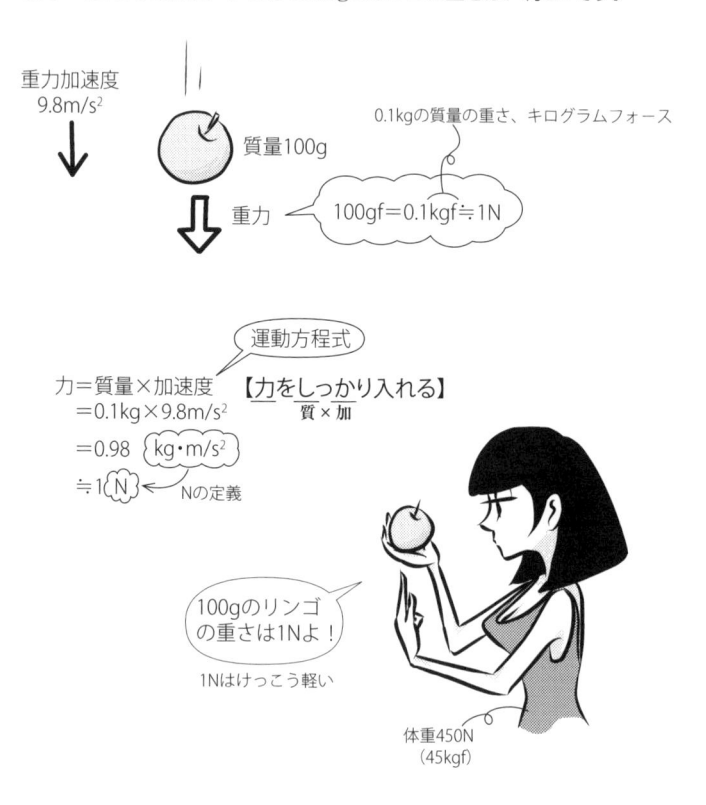

重力加速度
$9.8m/s^2$

質量100g

0.1kgの質量の重さ、キログラムフォース

重力　100gf＝0.1kgf≒1N

運動方程式
力＝質量×加速度　【力をしっかり入れる】
　＝$0.1kg×9.8m/s^2$　　質×加
　＝0.98 (kg·m/s²)
　≒1 (N) ← Nの定義

100gのリンゴの重さは1Nよ！

1Nはけっこう軽い

体重450N（45kgf）

【 】内スーパー記憶術

答え ▶ ○

★ R097 ○×問題　　　　　単位　その2

Q 1Pa（パスカル）とは、面積1m²に均等に1Nの力が加わったときの圧力である。

A 圧力は力を面積で割った、単位面積当たりの力です。1Nの力が1m²に均等にかかった1N/m²の圧力を、1Pa（パスカル）と定義しました（答えは○）。小さなリンゴの重さが1m²に均等にかかった、小さな圧力です。そこで1Paを100倍した1hPa（ヘクトパスカル）という単位がよく使われます。

重さ＝100gf＝0.1kgf≒1N

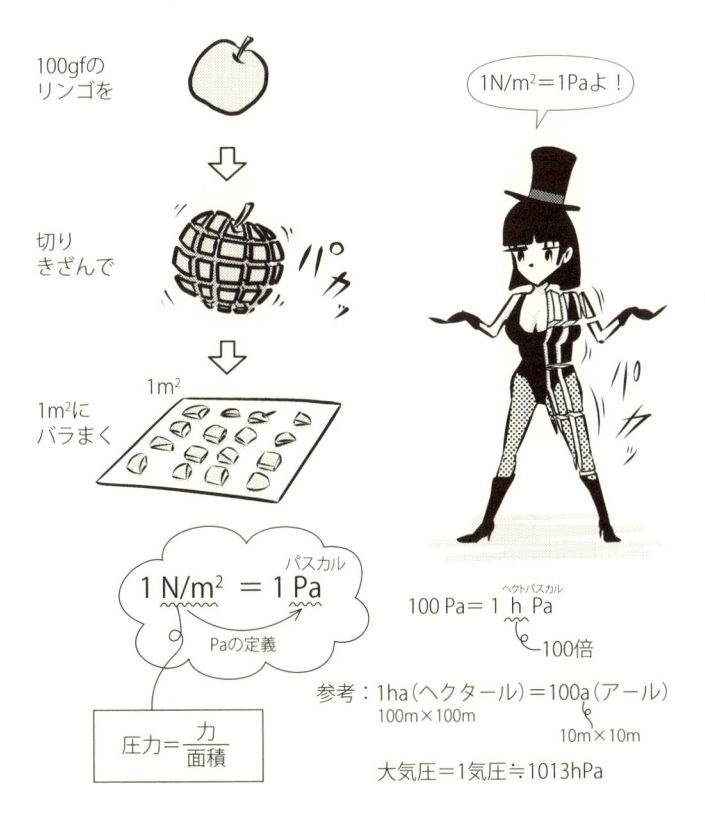

100gfのリンゴを

⇩

切りきざんで

⇩

1m²にバラまく

1N/m² ＝ 1Pa よ！

$1 N/m^2 = 1 Pa$ （パスカル）
Paの定義

圧力＝力／面積

100 Pa ＝ 1 h Pa（ヘクトパスカル）
　　　　　100倍

参考：1ha（ヘクタール）＝100a（アール）
　　　100m×100m　　　　　　10m×10m

大気圧＝1気圧≒1013hPa

答え ▶ ○

★ / **R098** / ○×問題 　　　　　　　　　　　　　　　単位　その3

Q 1ジュール（J）とは、1Nの力で物体を1m動かすのに必要な仕事量（エネルギー）である。

A 物体に力をかけて動かすと、力×距離の分、力は仕事をすることになります。1N×1m＝1N・mを1J（ジュール）と定義しています（答えは○）。物体が動かなければ、力は仕事をしたことになりません。仕事量は、熱量、エネルギーとほぼ同義です。仕事をすることは、エネルギーを消費することで、熱量を使うことです。使ったエネルギーは、熱エネルギーや位置エネルギーなどに変わりますが、その総和は一定です（エネルギー保存則）。

1Nのリンゴを1m持ち上げるのは1Jのエネルギーよ

距離 1m

（エネルギー）
仕　事　＝力×距離
　　　　＝ 1 N×1m
　　　　＝ 1 N・m ┐定義
　　　　＝ 1 J　　┘
　　　　　ジュール

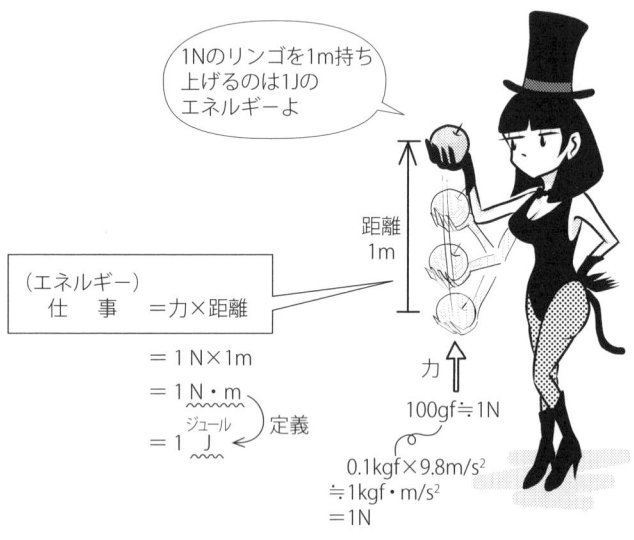

力
100gf≒1N
0.1kgf×9.8m/s²
≒1kgf・m/s²
＝1N

― スーパー記憶術 ―

　　焼肉のお仕事、ジュー、ジュー、ジュール
　　熱　量 ＝ 仕事量　　　　　　　　　　J

答え ▶ ○

★ **R099** ○×問題　　　　　　　　　　　　　単位　その4

Q 1秒間に1Jの仕事をする場合の仕事率を、1ワット（W）という。

A 同じ1Jの仕事をするにも、1秒でするのと2秒でするのとでは、仕事の能率が違います。そのような仕事の能率＝仕事率は、仕事/時間で計算でき、<u>1J/sは1W（ワット）</u>と定義されています（答えは○）。100gf(1N)のリンゴを1m持ち上げるのは、約1Jの仕事です。その仕事を1秒でする仕事率は1J/s＝1Wで、2秒でする仕事率は1J/2s＝0.5J/s＝0.5Wです。

毎秒、60Jの電気エネルギーを光と熱のエネルギーに変える
60W＝60J/s

仕事の能率も重要だな

1秒　　2秒
仕事率
1J/2s
＝
0.5 J/s
＝
0.5 W

仕事率＝仕事／時間

1 J/1s
＝
1 J/s　定義
＝
1 W

ウッと仕事なさい！

―力―
ニュートン
N
N＝kg・m/s²
力＝質量×加速度

―仕事―
ジュール
J
J＝N・m
仕事＝力×距離
（1cal＝4.2J）

―仕事率―
ワット
W
W＝J/s
仕事率＝仕事/時間

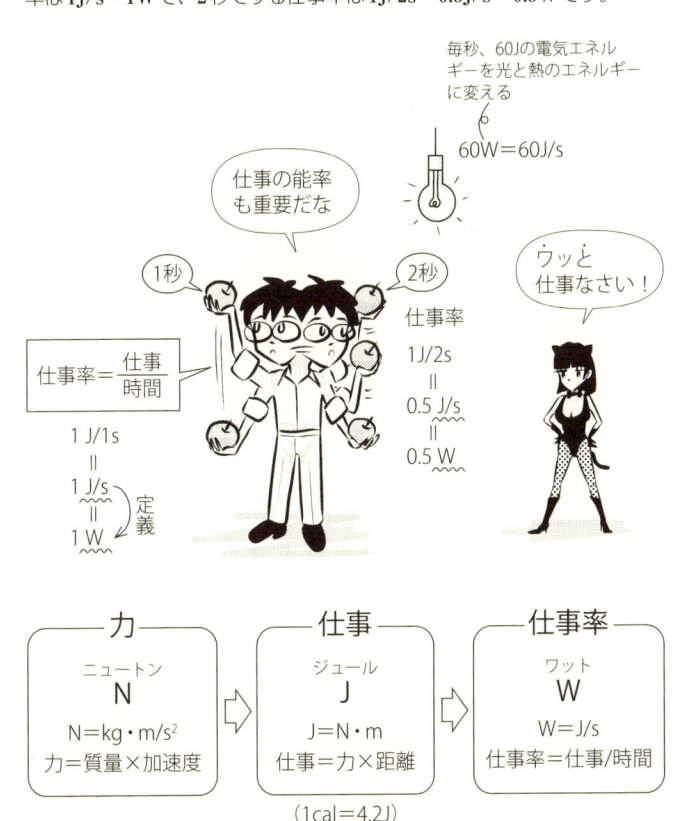

答え ▶ ○

★ R100 ○×問題　　　単位　その5

Q 温度差10℃の場合、絶対温度での温度差は10Kである。

A −273.15℃は、すべての物質の分子運動が止まる温度で、その点を基準にすると便利なことが多くあります。特に気体の圧力と体積とは、きれいな（反）比例関係となります。−273.15℃を0とした温度を絶対温度といい、単位はK（ケルビン）を使います。セルシウス度（℃）とケルビンは、±273.15の関係にあり、1単位の間隔は同じです（答えは○）。どちらの単位も人名に由来します。

答え ▶ ○

★ R101　○×問題　　　　　　　　　　　熱伝達率　その1

Q 対流熱伝達とは、壁面などの固体表面とそれに接している周辺空気との間に生じる熱移動現象のことである。

A 壁、天井などの固体から空気に熱が移動することを、熱伝達または単に伝達といいます。熱伝導（伝導）は物体内を熱が移動することで、この2つはまぎらわしいので、はっきりと区別して覚えておきましょう。

固体から空気への熱移動には、空気の流れに乗って移動する対流と、電磁波の放射があります。対流と放射が足されて、熱伝達となります（答えは○）。

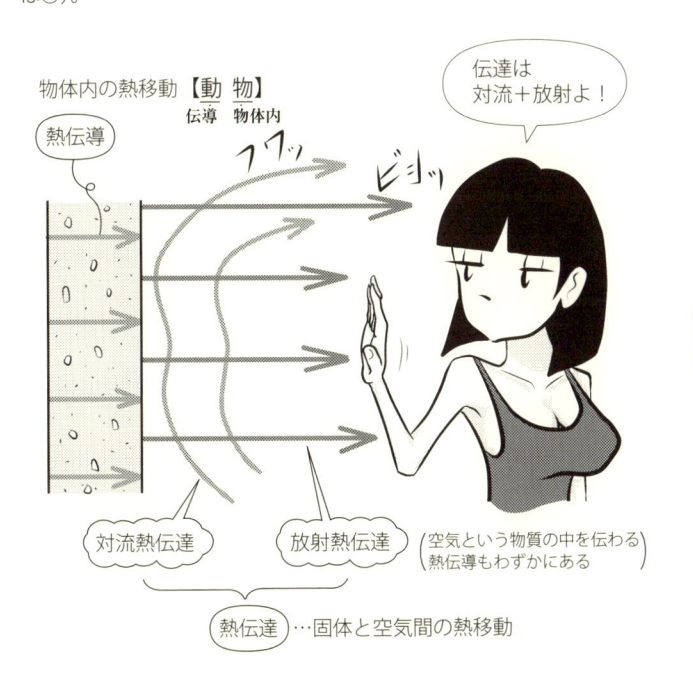

物体内の熱移動【動　物】
　　　　　　　　伝導　物体内

- 熱伝導
- 対流熱伝達
- 放射熱伝達（空気という物質の中を伝わる熱伝導もわずかにある）
- 熱伝達…固体と空気間の熱移動

伝達は対流＋放射よ！

【　】内スーパー記憶術

答え ▶ ○

★ R102 ○×問題

Q 熱伝達率は、壁などの固体と空気間の熱の伝わりやすさを示す値であり、表面の凹凸などの実面積が大きいほど、また風速が大きいほど大きい値となる。

A 物の中を熱が移動するのが熱伝導、物から空気、空気から物へ熱が移動するのが熱伝達です。1秒当たりの熱伝達 Q（J）の式は、以下のように考えれば、すぐにつくれます。

（単位時間当たりの）
伝達熱量は、温度差 Δt に比例する

$Q = \boxed{} \times \Delta t$

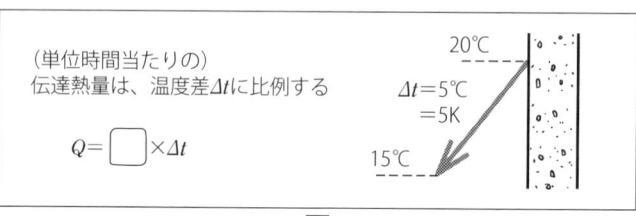

20℃
$\Delta t = 5℃ = 5K$
15℃

⇩

（単位時間当たりの）
伝達熱量は、表面積 A に比例する

$Q = \boxed{} \times \Delta t \times A$

$A = 2m^2$

⇩

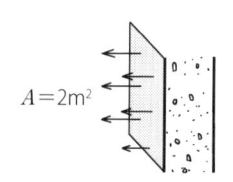

比例定数 ◯ は、熱伝達率 α

$Q = \alpha \times \Delta t \times A$

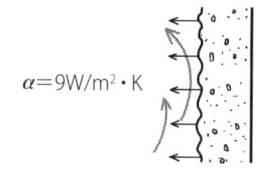

$\alpha = 9 W/m^2 \cdot K$

⇩

単位時間当たりの熱量はJ/s＝W、温度はK、面積はm²

$W = \alpha \times K \times m^2 \rightarrow \alpha = W/(m^2 \cdot K)$

熱伝達率　その2

壁から空気への熱移動、すなわち熱伝達は、対流（convection）によるものと、放射（radiation）によるものがあります。

対流熱伝達の伝達率$α_c$は、風速3m/sで18W/(m²·K)程度です。

> 対流による伝達熱量
> $Q_c = α_c × Δt × A$
>
> $α_c$：対流熱伝達率
> 　　　風速3m/sでは
> 　　　$α_c ≒ 18W/(m^2·K)$

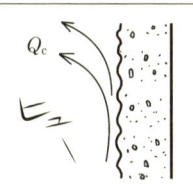

放射熱伝達の伝達率$α_r$は、室内、室外ともに5W/(m²·K)程度です。

> 放射による伝達熱量
> $Q_r = α_r × Δt × A$
>
> $α_r$：放射熱伝達率
> 　　　室内外ともに
> 　　　$α_r ≒ 5W/(m^2·K)$

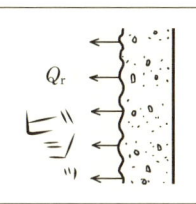

対流による伝達熱量Q_cと、放射による伝達熱量Q_rの和が、伝達熱量となります。風速が大きくなると$α_c$は大きくなり、凹凸が増えると$α_c$、$α_r$が大きくなるので、伝達熱量も大きくなります（答えは○）。

> 放射による伝達熱量
> $Q = Q_c + Q_r = α_c·Δt·A + α_r·Δt·A$
> 　　　　　　　$= (α_c + α_r)Δt·A$
> 　　　　　　　$≒ (18+5)Δt·A$
> 　　　　　　　$= 23Δt·A$

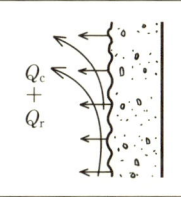

風速や凹凸で$α$が変わるのよ！

答え ▶ ○

★ R103 ○×問題　　　熱伝達率　その3

Q 室内において、自然対流熱伝達率は、熱の流れる方向と室温・表面温度の分布によって変化し、室温が表面温度より高い場合、床面より天井面の方が大きな値となる。

A 室温が表面温度よりも高いということは、熱は内から外へ流れる冬のケースです。室内空気から各面への熱伝達となります。熱伝達は、放射と対流の2種類が合わさった熱移動です。対流は風向きや風速によって変わりますが床付近で暖まった空気は上昇するので、天井の方が床よりも対流による熱移動は多くなります（答えは○）。

答え ▶ ○

★ R104 ○×問題　　　　　　　　　　　　熱伝達率　その4

Q 1. 熱伝達率の単位は、W/(m·K)である。
2. 熱伝導率の単位は、W/(m²·K)である。

A 熱伝導、熱伝達の式をλ、αについて解けば、単位はそれぞれW/(m·K)、W/(m²·K)とわかります。λは1/m、αは1/m²となる点に注意してください。αの1/m²は壁1m²当たりですが、λはQの式に1/ℓが入っているために1/m²とはなりません（1、2は×）。

熱伝達

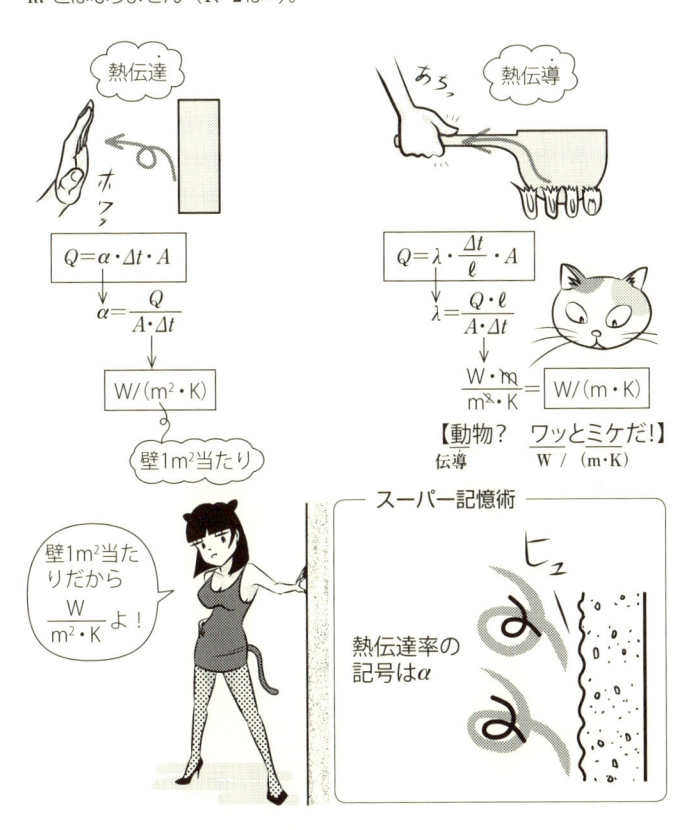

$Q = \alpha \cdot \Delta t \cdot A$

$\alpha = \dfrac{Q}{A \cdot \Delta t}$

W/(m²·K)

壁1m²当たり

熱伝導

$Q = \lambda \cdot \dfrac{\Delta t}{\ell} \cdot A$

$\lambda = \dfrac{Q \cdot \ell}{A \cdot \Delta t}$

$\dfrac{W \cdot m}{m^2 \cdot K} =$ W/(m·K)

【動物？ <u>ワッ</u>と<u>ミケ</u>だ！】
　　　　伝導　　W / (m·K)

壁1m²当たりだから $\dfrac{W}{m^2 \cdot K}$ よ！

スーパー記憶術

熱伝達率の記号はα

【　】内スーパー記憶術

答え ▶ 1. ×　2. ×

★ R105 ○×問題　　　熱貫流率　その1

Q 壁などの固体を隔てた高温側空気から低温側空気へ熱が伝わる現象を、熱貫流という。

A 下図のような室外から室内への熱が伝わる場合、外気から壁への熱移動は熱伝達、壁の中の熱移動は熱伝導、壁から室内空気への熱移動は熱伝達です。そしてその3つを合わせた、壁を貫き通す熱移動を、熱貫流といいます（答えは○）。伝導、伝達、貫流とややこしいので、ここでしっかりと覚えておきましょう。

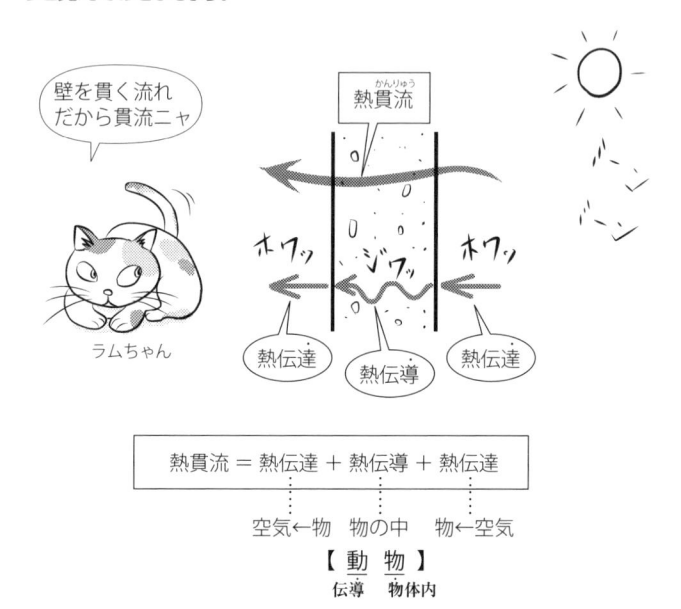

> 壁を貫く流れだから貫流ニャ

ラムちゃん

熱貫流

ホワッ　ジワッ　ホワッ

熱伝達　熱伝導　熱伝達

$$熱貫流 = 熱伝達 + 熱伝導 + 熱伝達$$

空気←物　物の中　物←空気

【 動　物 】
伝導　物体内

【 】内スーパー記憶術

答え ▶ ○

★ R106 ○×問題　　熱貫流率　その2

Q 貫流熱量は、高温側空気と低温側空気の温度差に比例する。

A 貫流熱量は温度差Δt、面積Aに比例し、その比例定数は熱貫流率Kです（答えは○）。下のように順々に考えれば、熱伝導、熱伝達と同様に式や単位は導くことができます。

（単位時間当たりの）
貫流熱量は、温度差Δtに比例する

$Q = \boxed{} \times \Delta t$

$\Delta t = 10℃ = 10K$
35℃
25℃

⇩

（単位時間当たりの）
貫流熱量は、表面積Aに比例する

$Q = \bigcirc \times \Delta t \times A$

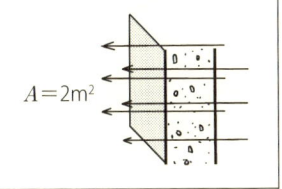

$A = 2m^2$

⇩

比例定数 ◯ は、熱貫流率K

$Q = K \times \Delta t \times A$

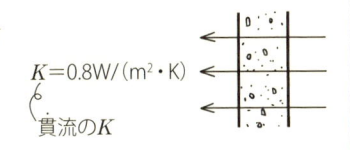

$K = 0.8 W/(m^2 \cdot K)$
貫流のK

⇩

単位時間当たりの熱量はJ/s＝W、温度はK、面積はm²

$W = K \times K \times m^2 \longrightarrow K = W/(m^2 \cdot K)$

答え ▶ ○

★ R107 ○×問題　　　　　熱貫流率　その3

Q
1. 熱貫流率の単位は、W/(m²·K)である。
2. 熱伝達率の単位は、W/(m²·K)である。
3. 熱伝導率の単位は、W/(m²·K)である。

A 熱貫流率K、熱伝達率αの式は分母にm²があり、「1m²当たりに伝わる熱量」ということがそのまま単位にあらわれます。熱伝導率λの式だけ分子に壁の厚さℓが入っています。そのため熱伝導率の単位の分母はm·Kとなります（1は○、2は○、3は×）。

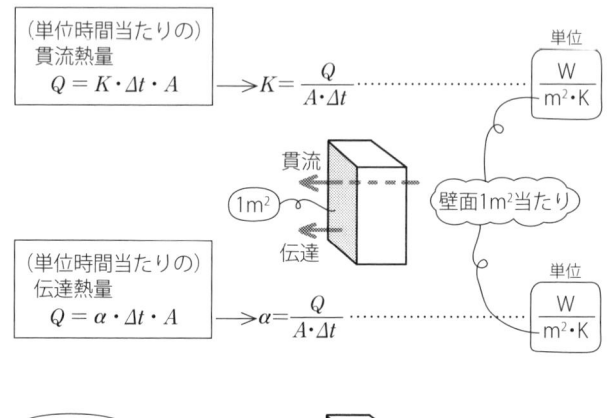

(単位時間当たりの)
貫流熱量
$Q = K \cdot \Delta t \cdot A$ → $K = \dfrac{Q}{A \cdot \Delta t}$ ……… 単位 $\dfrac{W}{m^2 \cdot K}$

貫流 ← 1m² 壁面1m²当たり
伝達 ←

(単位時間当たりの)
伝達熱量
$Q = \alpha \cdot \Delta t \cdot A$ → $\alpha = \dfrac{Q}{A \cdot \Delta t}$ ……… 単位 $\dfrac{W}{m^2 \cdot K}$

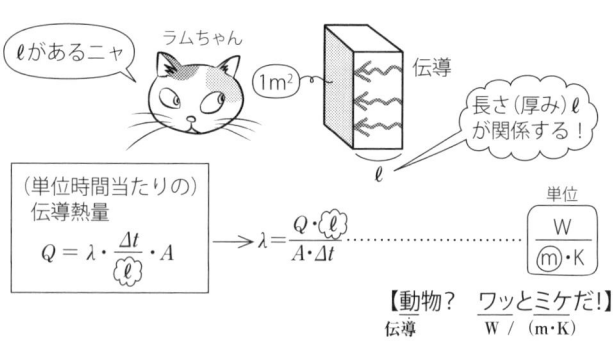

ℓがあるニャ　ラムちゃん

1m² 伝導　長さ(厚み)ℓが関係する！
ℓ

(単位時間当たりの)
伝導熱量
$Q = \lambda \cdot \dfrac{\Delta t}{\ell} \cdot A$ → $\lambda = \dfrac{Q \cdot \ell}{A \cdot \Delta t}$ ……… 単位 $\dfrac{W}{\text{ⓜ} \cdot K}$

【動物？　ワッとミケだ！】
伝導　　W／(m·K)

【　】内スーパー記憶術

答え ▶ 1. ○　2. ○　3. ×

★ R108 ○×問題　　　　　　　　　　　　熱抵抗　その1

Q 熱貫流抵抗とは熱貫流率の逆数で、値が大きいほど断熱性が良い。

A 貫流熱量 $Q = K \cdot \Delta t \cdot A$ の式を下のように変形して、分母の $1/K$ を熱貫流抵抗とすると、Q は（温度差/抵抗）×面積の式となります。熱貫流抵抗が大きいほど、流れる熱量は少なくなります（答えは○）。

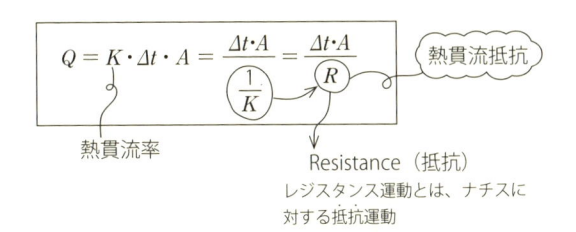

$$Q = K \cdot \Delta t \cdot A = \frac{\Delta t \cdot A}{\frac{1}{K}} = \frac{\Delta t \cdot A}{R}$$

- K：熱貫流率
- R：熱貫流抵抗 → Resistance（抵抗）

レジスタンス運動とは、ナチスに対する抵抗運動

水の流れにたとえると、直感的に理解できます。温度差 Δt は落差で、落差が大きいほど、多くの水が流れます。熱貫流抵抗 R は、斜面のデコボコで、凹凸が激しいほど水は流れなくなります。電流＝電位差/抵抗（$I = V/R$）の式と似ています。

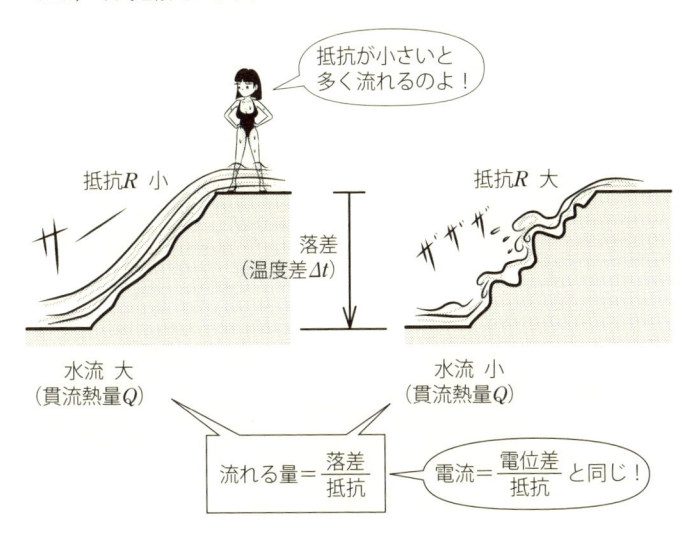

抵抗が小さいと多く流れるのよ！

抵抗 R 小　　　　抵抗 R 大
落差（温度差 Δt）
水流 大（貫流熱量 Q）　　水流 小（貫流熱量 Q）

$$流れる量 = \frac{落差}{抵抗}$$

電流＝電位差/抵抗　と同じ！

答え ▶ ○

★ R109 ○×問題　　　熱抵抗　その2

Q 1. 熱貫流抵抗の単位は、$m^2 \cdot K/W$ である。
2. 熱伝達抵抗の単位は、$m^2 \cdot K/W$ である。

A 熱貫流、熱伝達の Q の式を、下のように(落差/抵抗)×面積の式に変形します。熱貫流抵抗は熱貫流率 K の逆数 $1/K$、熱伝達抵抗は熱伝達率 α の逆数 $1/\alpha$ となります。抵抗の単位は、率の単位 $W/(m^2 \cdot K)$ の逆数 $m^2 \cdot K/W$ となります（1、2は○）。

$$Q = \frac{落差}{抵抗} \times 面積 に変形すると、$$

(単位時間当たりの)
貫流熱量
$$Q = K \cdot \Delta t \cdot A \longrightarrow Q = \frac{\Delta t \cdot A}{\frac{1}{K}}$$

熱貫流率　　　　熱貫流抵抗
$K \longrightarrow 1/K$
$W/(m^2 \cdot K)$　　　$(m^2 \cdot K/W)$

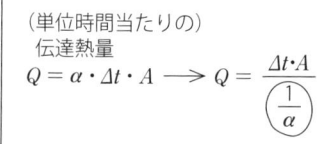

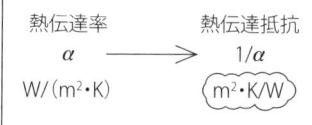

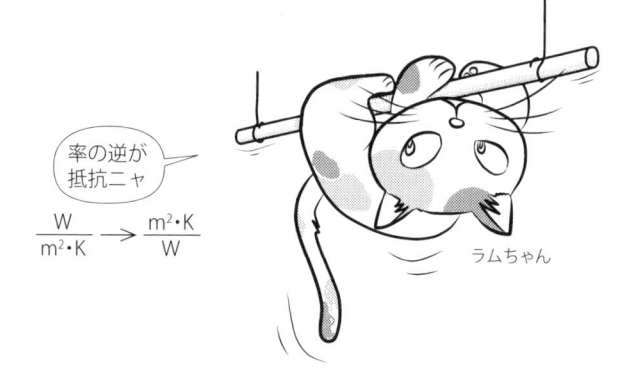

(単位時間当たりの)
伝達熱量
$$Q = \alpha \cdot \Delta t \cdot A \longrightarrow Q = \frac{\Delta t \cdot A}{\frac{1}{\alpha}}$$

熱伝達率　　　　熱伝達抵抗
$\alpha \longrightarrow 1/\alpha$
$W/(m^2 \cdot K)$　　　$(m^2 \cdot K/W)$

率の逆が
抵抗ニャ

$$\frac{W}{m^2 \cdot K} \longrightarrow \frac{m^2 \cdot K}{W}$$

ラムちゃん

答え ▶ 1. ○　2. ○

★ R110 ○×問題　　　熱抵抗　その3

Q 熱伝導抵抗の単位は $m \cdot K/W$ である。

A 熱伝導の Q の式を、下のように（落差／抵抗）×面積の形に変形すると、抵抗は ℓ/λ となります。$1/\lambda$ ではないことに注意してください。壁は厚い（ℓ が大きい）ほど、抵抗も大きくなります。ℓ/λ なので、単位は $m^2 \cdot K/W$ となり、ほかの抵抗の単位と同じになります（答えは×）。

$Q = \dfrac{落差}{抵抗} \times$ 面積に変形すると、

（単位時間当たりの）
貫流熱量

$Q = \lambda \cdot \dfrac{\Delta t}{\ell} \cdot A \longrightarrow Q = \dfrac{\Delta t \cdot A}{\dfrac{\ell}{\lambda}}$

温度勾配

→ 熱伝導抵抗 $= \dfrac{\ell}{\lambda}$

熱伝導率 λ　$W/(m \cdot K)$

→ 熱伝導抵抗 $= \dfrac{\ell}{\lambda}$　$m \cdot K/W$

$= \dfrac{m}{\dfrac{W}{m \cdot K}} = \dfrac{m \cdot m \cdot K}{W} = \dfrac{m^2 \cdot K}{W}$

【動物？　ワッとミケだ！】
伝導　　W ／ (m・K)

薄いと抵抗が小さいのか

$1m^2$　抵抗 大　　抵抗 小

ℓ 大 $\left(\dfrac{\ell}{\lambda} \text{大}\right)$　　ℓ 小 $\left(\dfrac{\ell}{\lambda} \text{小}\right)$

Point

熱貫流抵抗
熱伝達抵抗
熱伝導抵抗
→ すべて同じ単位
$m^2 \cdot K/W$

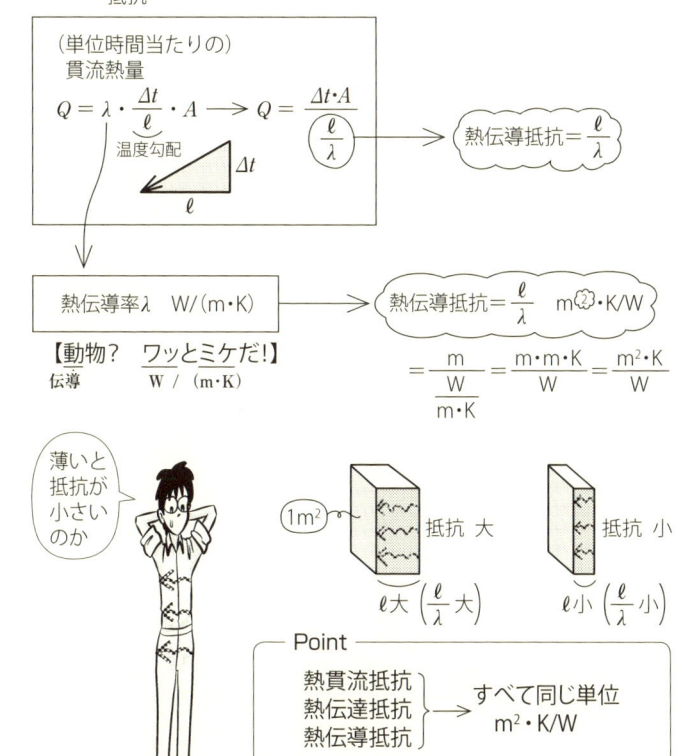

【　】内スーパー記憶術

答え ▶ ×

★ R111 ○×問題　　　熱抵抗　その4

Q 熱伝導比抵抗の単位は、$m·K/W$ である。

A 熱伝導を妨げるのは、物自体の熱の流れにくさ（$1/\lambda$）と物の厚み ℓ の両方がかかわります。熱伝導抵抗は ℓ/λ となりますが、$1/\lambda$ も物質固有の係数であり、**熱伝導比抵抗**と呼びます。λ の単位は $W/(m·K)$ なので、$1/\lambda$ は $m·K/W$ となります（答えは○）。下はコンクリートの熱伝導率、熱伝導比抵抗、熱伝導抵抗です。熱伝導抵抗は長さ（厚さ）ℓ が定まって、はじめて決まります。

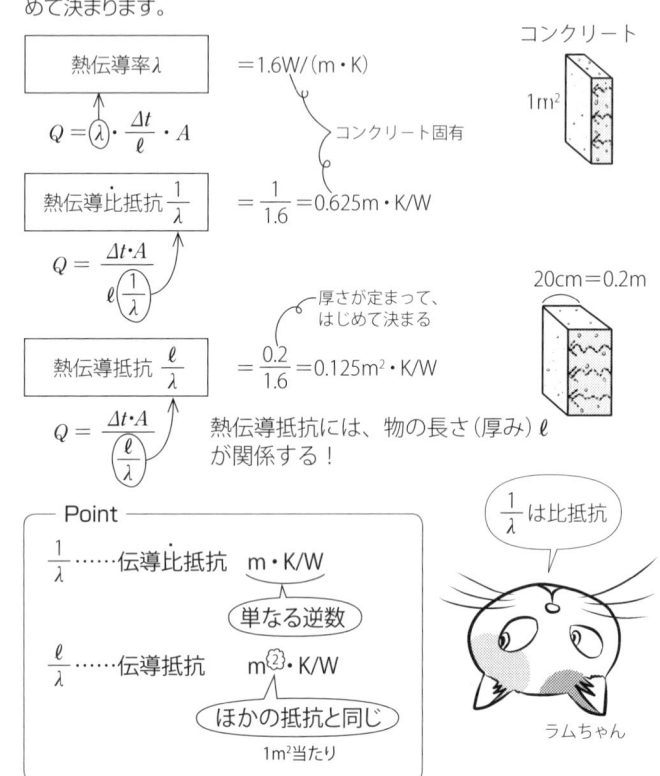

熱伝導率 $\lambda = 1.6 W/(m·K)$　　コンクリート固有

$$Q = \lambda \cdot \frac{\Delta t}{\ell} \cdot A$$

熱伝導比抵抗 $\dfrac{1}{\lambda} = \dfrac{1}{1.6} = 0.625\ m·K/W$

$$Q = \frac{\Delta t \cdot A}{\ell \left(\dfrac{1}{\lambda}\right)}$$

厚さが定まって、はじめて決まる

熱伝導抵抗 $\dfrac{\ell}{\lambda} = \dfrac{0.2}{1.6} = 0.125\ m^2·K/W$

$$Q = \frac{\Delta t \cdot A}{\left(\dfrac{\ell}{\lambda}\right)}$$

熱伝導抵抗には、物の長さ（厚み）ℓ が関係する！

コンクリート　$1m^2$　　$20cm = 0.2m$

Point

$\dfrac{1}{\lambda}$ ……伝導比抵抗　$m·K/W$

　　　単なる逆数

$\dfrac{\ell}{\lambda}$ ……伝導抵抗　$m^2·K/W$

　　　ほかの抵抗と同じ

$1m^2$ 当たり

$\dfrac{1}{\lambda}$ は比抵抗

ラムちゃん

答え ▶ ○

★ **R112** ○×問題　　　　　　　　　　　　　　　熱抵抗　その5

Q 1. 中空層において、内部が真空であっても、放射によって熱移動が生じる。
2. アルミ箔は放射率が小さいので、中空層の壁表面に張ることにより、放射による伝熱量を少なくすることができる。

A 中空層での熱移動には、下図のように放射、対流、伝導があります。放射は電磁波によるもので、真空中でも伝わります（1は○）。太陽の熱が真空の宇宙空間を移動して地球に到達するのは、電磁波の放射によるからです。

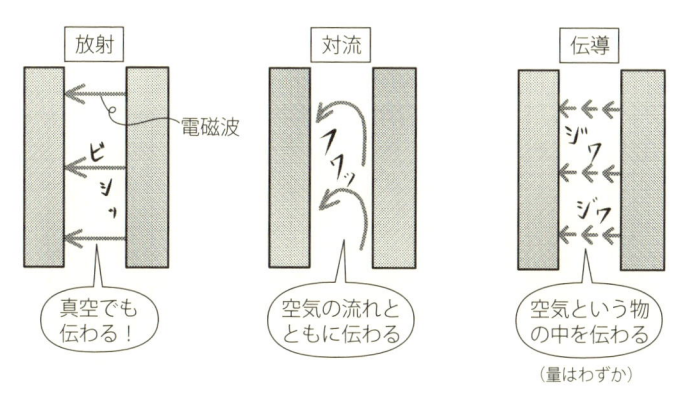

放射	対流	伝導
電磁波／真空でも伝わる！	空気の流れとともに伝わる	空気という物の中を伝わる（量はわずか）

アルミ箔には、電磁波を放射しにくく、反射しやすい性質があります。中空層にアルミ箔付きの断熱材を用いる場合は、アルミ箔を中空層側に配置します（2は○）。ちなみに中空層側に白ペイントを塗っても、ほとんど効果はありません。

アルミは中空層側よ！

答え ▶ 1. ○　2. ○

★ / R113 / ○×問題　　　　　　　　　　　　　　　　熱抵抗　その6

Q 壁の中や複層ガラス（ペアガラス）における中空層の熱抵抗は、熱の流れにくさを表す係数で、その単位は$m^2 \cdot K/W$である。

A 中空層では、放射、対流、伝導が合わさった熱移動となりますが、熱移動の式は、熱貫流、熱伝達と同じで温度差、面積に比例します。熱の式を移動量＝(落差×面積)/抵抗の式に変形した分母が、熱抵抗です。単位はほかの抵抗と同じで、$m^2 \cdot K/W$となります（答えは○）。

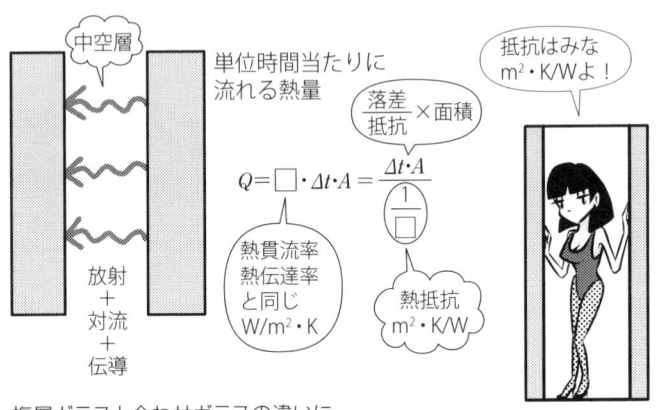

中空層

単位時間当たりに流れる熱量

$Q = \square \cdot \Delta t \cdot A = \dfrac{\Delta t \cdot A}{\dfrac{1}{\square}}$

落差/抵抗 × 面積

熱貫流率 熱伝達率と同じ $W/m^2 \cdot K$

熱抵抗 $m^2 \cdot K/W$

抵抗はみな $m^2 \cdot K/W$ よ！

放射＋対流＋伝導

複層ガラスと合わせガラスの違いにも、注意しましょう。

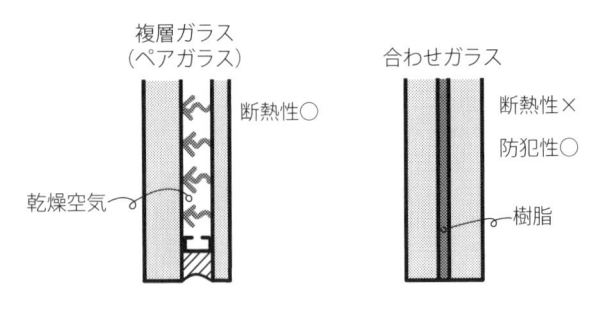

複層ガラス（ペアガラス）
断熱性○
乾燥空気

合わせガラス
断熱性×
防犯性○
樹脂

【服装はペアルック】
　複層　　ペアガラス

【　】内スーパー記憶術

答え ▶ ○

★ **R114** ○×問題　　　　　　　　　　　　　　　　熱抵抗　その7

Q 壁体内に密閉された中空層の熱抵抗は、その厚さが5～15mmの範囲では、厚さに比例して大きくなる。

A 中空層では5～15mm程度までは、厚さと熱抵抗はほぼ比例します。しかし15mmを超えると、空気が対流しやすくなり、熱抵抗の増加はにぶります（答えは○）。

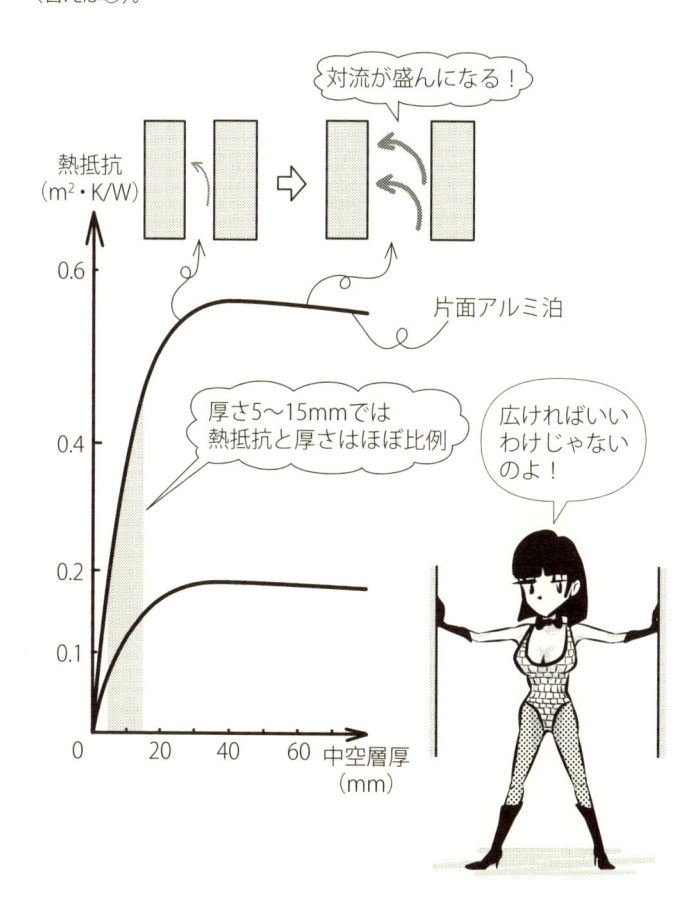

対流が盛んになる！

熱抵抗
$(m^2 \cdot K/W)$

片面アルミ泊

厚さ5～15mmでは熱抵抗と厚さはほぼ比例

広ければいいわけじゃないのよ！

中空層厚（mm）

答え ▶ ○

★ R115 計算問題　熱抵抗　その8

Q 厚さ150mmのコンクリート壁の熱伝導抵抗を求めよ。ただし、コンクリートの熱伝導率λは1.2W/(m·K)とする。

A $Q=λ×$温度勾配×断面積を$Q=($落差$/$抵抗$)×$断面積に変形すると、抵抗は$ℓ/λ$とわかります。$1/λ$だと熱伝導比抵抗となり、単位は$m·K/W$でほかの抵抗とは異なってしまいます。同じ単位にして、足し算できるようにします。

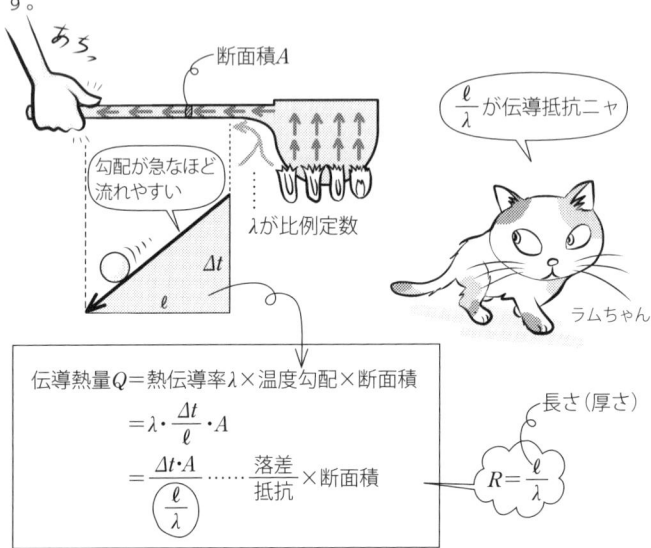

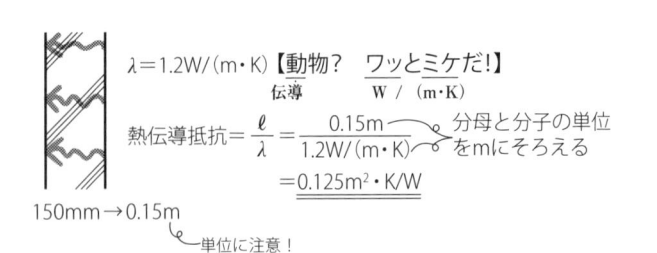

あちっ
断面積 A
勾配が急なほど流れやすい
$λ$が比例定数
$Δt$
$ℓ$

$\dfrac{ℓ}{λ}$ が伝導抵抗ニャ

ラムちゃん

伝導熱量$Q=$熱伝導率$λ×$温度勾配×断面積
$= λ \cdot \dfrac{Δt}{ℓ} \cdot A$
$= \dfrac{Δt \cdot A}{\left(\dfrac{ℓ}{λ}\right)}$ …… $\dfrac{落差}{抵抗} ×$断面積

長さ（厚さ）
$R = \dfrac{ℓ}{λ}$

$λ=1.2$W/(m·K)【動物？　ワッとミケだ！】
　　　伝導　　　W / (m·K)

熱伝導抵抗 $= \dfrac{ℓ}{λ} = \dfrac{0.15\text{m}}{1.2\text{W/(m·K)}}$ ← 分母と分子の単位をmにそろえる
$= \underline{0.125\text{m}^2 \cdot \text{K/W}}$

150mm → 0.15m
　　単位に注意！

【　】内スーパー記憶術

答え ▶ $0.125\text{m}^2 \cdot \text{K/W}$

★ R116 計算問題　熱抵抗　その9

Q
1. 熱伝導率 λ_1 が $0.05 \text{W}/(\text{m}\cdot\text{K})$ で厚み ℓ_1 が 100mm のグラスウールの熱伝導抵抗 r_1 を求めよ。
2. 熱伝導率 λ_2 が $0.03 \text{W}/(\text{m}\cdot\text{K})$ で厚み ℓ_2 が 30mm の硬質ウレタンフォームの熱伝導抵抗 r_2 を求めよ。

A $Q = \lambda \times$ 温度勾配 $\times$ 断面積 $= \lambda \times \dfrac{\Delta t}{\ell} \times A$ を落差/抵抗を含む式に変形すると、$Q = \dfrac{\Delta t \cdot A}{\dfrac{\ell}{\lambda}}$ となり、抵抗は $\dfrac{\ell}{\lambda}$ となります。わからなくなったら、このように式から導く習慣をつけると力がつきます。

式をすぐに立てられるようにするのか

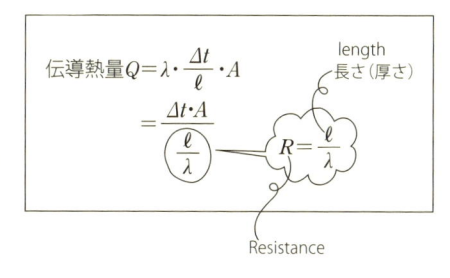

$$\text{伝導熱量} Q = \lambda \cdot \dfrac{\Delta t}{\ell} \cdot A = \dfrac{\Delta t \cdot A}{\dfrac{\ell}{\lambda}}$$

length 長さ(厚さ)

$R = \dfrac{\ell}{\lambda}$

Resistance

グラスウール

$\ell_1 = 100\text{mm} = 0.1\text{m}$
$\lambda_1 = 0.05\text{W}/(\text{m}\cdot\text{K})$
熱伝導抵抗 $r_1 = \dfrac{\ell_1}{\lambda_1} = \dfrac{0.1\text{m}}{0.05\text{W}/(\text{m}\cdot\text{K})} = \underline{\underline{2\text{m}^2\cdot\text{K}/\text{W}}}$

硬質ウレタンフォーム

$\ell_2 = 30\text{mm} = 0.03\text{m}$
$\lambda_2 = 0.03\text{W}/(\text{m}\cdot\text{K})$
熱伝導抵抗 $r_2 = \dfrac{\ell_2}{\lambda_2} = \dfrac{0.03\text{m}}{0.03\text{W}/(\text{m}\cdot\text{K})} = \underline{\underline{1\text{m}^2\cdot\text{K}/\text{W}}}$

答え ▶ 1. $r_1 = 2\text{m}^2\cdot\text{K}/\text{W}$　2. $r_2 = 1\text{m}^2\cdot\text{K}/\text{W}$

★ R117 計算問題

Q 厚さℓ_1が150mmのコンクリートに、厚さℓ_2が30mmの硬質ウレタンフォームの断熱材を付けた壁の、熱伝導抵抗を求めよ。ただし、コンクリートの熱伝導率λ_1は$1.2\text{W}/(\text{m}\cdot\text{K})$、硬質ウレタンフォームの熱伝導率$\lambda_2$は$0.03\text{W}/(\text{m}\cdot\text{K})$とする。

A 下図のようにコンクリートの熱伝導抵抗をr_1、硬質ウレタンフォームの熱伝導抵抗をr_2、壁全体の熱伝導抵抗をR、各点の温度をt_1、t_2、t_3、壁の厚さℓ_1、ℓ_2、面積をAとして、伝導熱量Qの式を立ててみます。同じ熱の流れが最初から最後までつながるので、Qの値はみな同じです。

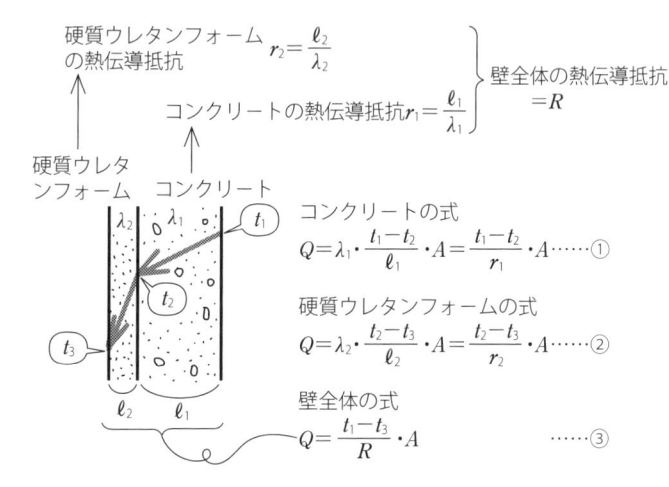

硬質ウレタンフォームの熱伝導抵抗 $r_2 = \dfrac{\ell_2}{\lambda_2}$

コンクリートの熱伝導抵抗 $r_1 = \dfrac{\ell_1}{\lambda_1}$

壁全体の熱伝導抵抗 $= R$

コンクリートの式
$$Q = \lambda_1 \cdot \dfrac{t_1 - t_2}{\ell_1} \cdot A = \dfrac{t_1 - t_2}{r_1} \cdot A \quad \cdots\cdots ①$$

硬質ウレタンフォームの式
$$Q = \lambda_2 \cdot \dfrac{t_2 - t_3}{\ell_2} \cdot A = \dfrac{t_2 - t_3}{r_2} \cdot A \quad \cdots\cdots ②$$

壁全体の式
$$Q = \dfrac{t_1 - t_3}{R} \cdot A \quad\quad\quad\quad \cdots\cdots ③$$

Qの式で考えるのよ！

$\begin{cases} ①より、Qr_1 = (t_1 - t_2)A \cdots\cdots ①' \\ ②より、Qr_2 = (t_2 - t_3)A \cdots\cdots ②' \end{cases}$

熱抵抗　その10

①′＋②′

$$Qr_1 = (t_1 - t_2)A$$
$$+\underline{)\ Qr_2 = (t_2 - t_3)A}$$
$$Q(r_1 + r_2) = (t_1 - t_3)A$$
$$\therefore Q = \frac{t_2 - t_3}{r_1 + r_2}A \cdots\cdots ③′$$

③′と③の壁全体の式 $Q = \dfrac{t_1 - t_3}{R} \cdot A$ を比べると、

$\boxed{R = r_1 + r_2}$ であることがわかります。各熱伝導抵抗の和が、壁全体の熱伝導抵抗となります。これは材料が何種類あっても同様です。

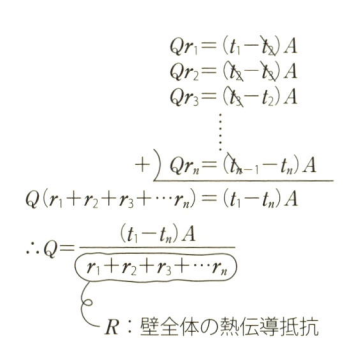

$$Qr_1 = (t_1 - t_2)A$$
$$Qr_2 = (t_2 - t_3)A$$
$$Qr_3 = (t_3 - t_4)A$$
$$\vdots$$
$$+\underline{)\ Qr_n = (t_{n-1} - t_n)A}$$
$$Q(r_1 + r_2 + r_3 + \cdots r_n) = (t_1 - t_n)A$$
$$\therefore Q = \frac{(t_1 - t_n)A}{\underline{r_1 + r_2 + r_3 + \cdots r_n}}$$

R：壁全体の熱伝導抵抗

最初と最後の温度が残るのか

設問の数値で求めると、以下のようになります。

コンクリートの熱伝導抵抗 $r_1 = \dfrac{\ell_1}{\lambda_1} = \dfrac{0.15\text{m}}{1.2\text{W}/(\text{m}\cdot\text{K})} = 0.125\text{m}^2 \cdot \text{K/W}$

硬質ウレタンフォームの熱伝導抵抗 $r_2 = \dfrac{\ell_2}{\lambda_2} = \dfrac{0.03\text{m}}{0.03\text{W}/(\text{m}\cdot\text{K})} = 1\text{m}^2 \cdot \text{K/W}$

壁全体の熱伝導抵抗 $R = r_1 + r_2 = 0.125 + 1 = \underline{1.125\text{m}^2 \cdot \text{K/W}}$

答え ▶ **1.125m² · K/W**

★ R118 計算問題　熱抵抗　その11

Q 右のような中空層を有する壁全体の、熱伝導抵抗を求めよ。ただし、それぞれの熱伝導率と熱抵抗は下表による。

	熱伝導率
コンクリート	$\lambda_1 = 1.5 \text{W/(m·K)}$
硬質ウレタンフォーム	$\lambda_2 = 0.03 \text{W/(m·K)}$
石膏ボード	$\lambda_3 = 0.2 \text{W/(m·K)}$

	熱抵抗
中空層	$r_中 = 0.2 \text{m}^2\text{·K/W}$

150　30 20 20

コンクリート
硬質ウレタンフォーム
中空層
石膏ボード

A 各厚さをℓ_1、ℓ_2、ℓ_3、各熱伝導抵抗をr_1、r_2、r_3とすると、壁全体の熱伝導抵抗は、下のようにすべての抵抗の和となります。

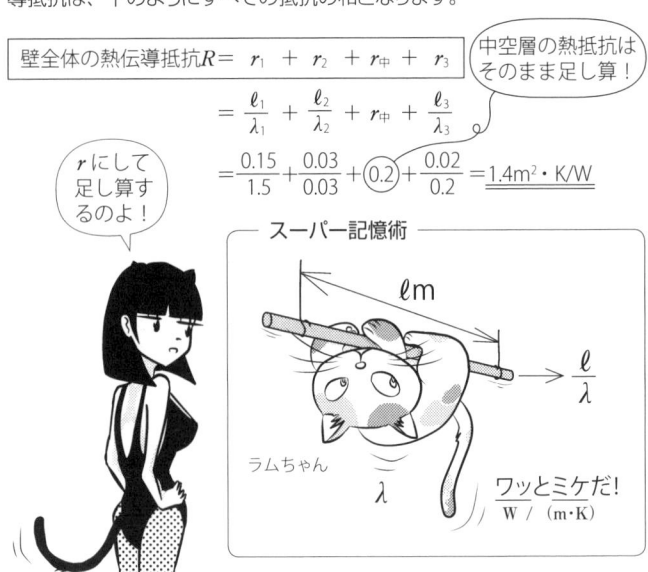

$$壁全体の熱伝導抵抗 R = r_1 + r_2 + r_中 + r_3$$

（中空層の熱抵抗はそのまま足し算！）

$$= \frac{\ell_1}{\lambda_1} + \frac{\ell_2}{\lambda_2} + r_中 + \frac{\ell_3}{\lambda_3}$$

（rにして足し算するのよ！）

$$= \frac{0.15}{1.5} + \frac{0.03}{0.03} + 0.2 + \frac{0.02}{0.2} = \underline{1.4 \text{m}^2\text{·K/W}}$$

― スーパー記憶術 ―

ℓ m

$\dfrac{\ell}{\lambda}$

λ

ラムちゃん

ワッとミケだ！
$\overline{\text{W} / (\text{m·K})}$

答え ▶ $1.4 \text{m}^2\text{·K/W}$

★ R119 計算問題　　熱抵抗　その12

Q 室外壁表面の熱伝達率α_oが23W/(m^2·K)、室内壁表面の熱伝達率α_iが9W/(m^2·K) である場合、それぞれの熱伝達抵抗r_o、r_iを求めよ。

A 内外の壁表面での熱移動Q=□×温度差×表面積の式で、比例定数□が熱伝達率αです。熱伝達抵抗rは、αの逆数です。αの値は風速のほかに、垂直面か水平面かでも違いが出ます。設計用のαの値は、室外で23W/(m^2·K)、室内で9W/(m^2·K) 程度です。

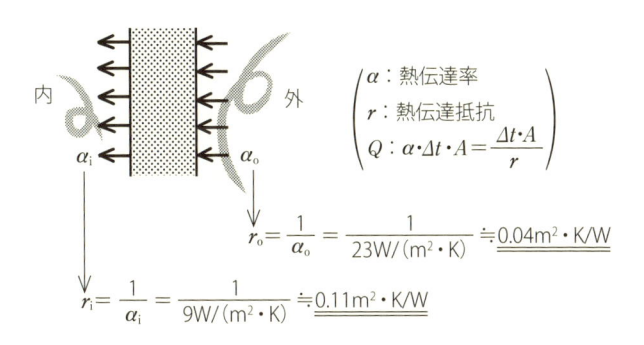

$$\begin{pmatrix} \alpha : 熱伝達率 \\ r : 熱伝達抵抗 \\ Q : \alpha \cdot \Delta t \cdot A = \dfrac{\Delta t \cdot A}{r} \end{pmatrix}$$

$$r_o = \frac{1}{\alpha_o} = \frac{1}{23\text{W/(m}^2\cdot\text{K)}} \fallingdotseq \underline{0.04\text{m}^2\cdot\text{K/W}}$$

$$r_i = \frac{1}{\alpha_i} = \frac{1}{9\text{W/(m}^2\cdot\text{K)}} \fallingdotseq \underline{0.11\text{m}^2\cdot\text{K/W}}$$

スーパー記憶術

<u>兄さん</u>、<u>急</u>に<u>入ってくる</u>！
　23　　　9　　　　壁、室内に入る
W/(m^2·K)

答え ▶ $r_o = 0.04\text{m}^2\cdot\text{K/W}$、$r_i = 0.11\text{m}^2\cdot\text{K/W}$

★ R120 ○×問題　熱抵抗　その13

Q 1. 壁体の外気側表面の熱伝達抵抗の値は、室内側表面の熱伝達抵抗の値に比べて大きい。
2. 壁体表面の熱伝達抵抗は、風速が大きいほど大きくなる。

A 熱伝達には、放射熱伝達と対流熱伝達があります。放射による熱伝達率は室内外の区別なく、約 $5W/(m^2 \cdot K)$ です。一方、対流による熱伝達は風速によって大きく変わり、風速が大きいほど熱伝達率は大きくなります。熱伝達抵抗は熱の伝わりにくさのことで、熱伝達率の逆数なので、大小関係も逆になります（1、2は×）。

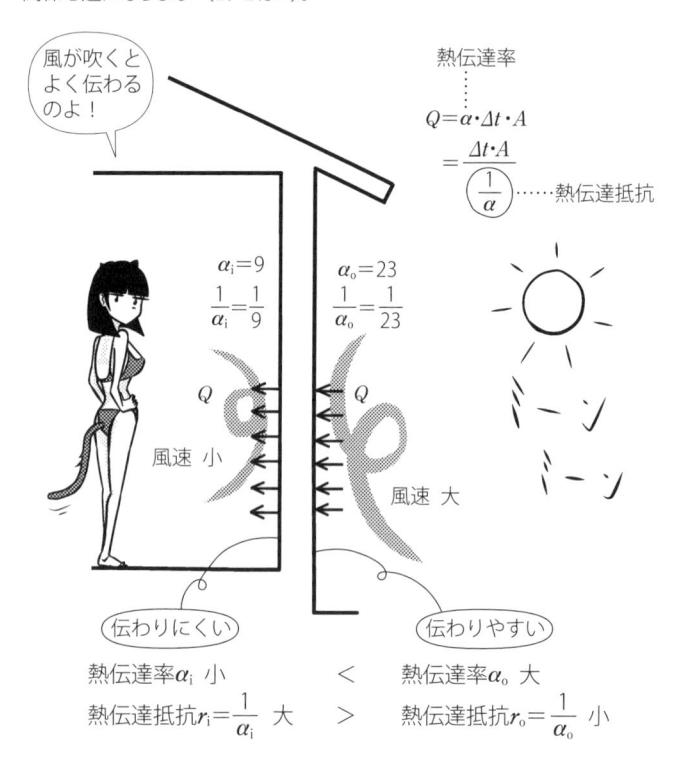

熱伝達率
$$Q = \alpha \cdot \Delta t \cdot A = \frac{\Delta t \cdot A}{\frac{1}{\alpha}}$$
……熱伝達抵抗

$\alpha_i = 9$,　$\frac{1}{\alpha_i} = \frac{1}{9}$

$\alpha_o = 23$,　$\frac{1}{\alpha_o} = \frac{1}{23}$

風が吹くとよく伝わるのよ！

風速 小　　　風速 大

伝わりにくい　　　伝わりやすい

熱伝達率 α_i 小　　　＜　　　熱伝達率 α_o 大
熱伝達抵抗 $r_i = \frac{1}{\alpha_i}$ 大　　　＞　　　熱伝達抵抗 $r_o = \frac{1}{\alpha_o}$ 小

答え ▶ 1. ×　2. ×

★ R121 計算問題　熱抵抗　その14

Q 図のような中空層を有する壁全体の、熱貫流抵抗Rを求めよ。ただし、それぞれの熱伝導率、熱抵抗、熱伝達率は下表による。

	熱伝導率
コンクリート	$\lambda_1 = 1.5 \text{W}/(\text{m}\cdot\text{K})$
硬質ウレタンフォーム	$\lambda_2 = 0.03 \text{W}/(\text{m}\cdot\text{K})$
石膏ボード	$\lambda_3 = 0.2 \text{W}/(\text{m}\cdot\text{K})$

	熱抵抗
中空層	$r_{中} = 0.2 \text{m}^2\cdot\text{K/W}$

	熱伝達率
室外側	$\alpha_{外} = 23 \text{W}/(\text{m}^2\cdot\text{K})$
室内側	$\alpha_{内} = 9 \text{W}/(\text{m}^2\cdot\text{K})$

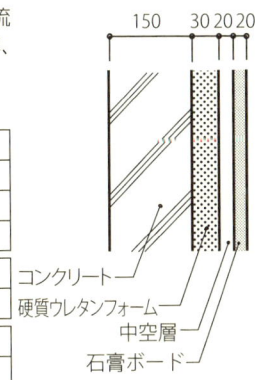

図：150　30 20 20
コンクリート／硬質ウレタンフォーム／中空層／石膏ボード

A 熱貫流とは、室外空気から室内空気への熱の流れ全体を指し、その比例定数Kが熱貫流率、その逆数$1/K=R$が熱貫流抵抗です。熱貫流抵抗は、熱伝達と熱伝導の、すべての抵抗の足し算で求めます。電流において、直列につないだ抵抗を足し算するのと同じです。

熱伝達抵抗を$r_{外}$、$r_{内}$、壁の各厚さを、ℓ_1、ℓ_2、ℓ_3、各熱伝達抵抗をr_1、r_2、r_3、中空層の熱抵抗を$r_{中}$とすると、熱貫流抵抗Rは以下のようになります。

外壁の熱伝達抵抗／壁の中の熱伝導抵抗／内壁の熱伝達抵抗

$$熱貫流抵抗\ R = r_{外} + (r_1 + r_2 + r_{中} + r_3) + r_{内}$$

$$= \frac{1}{\alpha_{外}} + \left(\frac{\ell_1}{\lambda_1} + \frac{\ell_2}{\lambda_2} + r_{中} + \frac{\ell_3}{\lambda_3}\right) + \frac{1}{\alpha_{内}}$$

$$= \frac{1}{23} + \left(\frac{0.15}{1.5} + \frac{0.03}{0.03} + 0.2 + \frac{0.02}{0.2}\right) + \frac{1}{9}$$

$$\fallingdotseq 0.04 + (0.1 + 1 + 0.2 + 0.1) + 0.11 = \underline{1.55 \text{m}^2\cdot\text{K/W}}$$

--- Point ---
壁全体の熱貫流抵抗 $R = \dfrac{1}{\alpha_{外}} + \left(\dfrac{\ell_1}{\lambda_1} + \dfrac{\ell_2}{\lambda_2} + \cdots + \dfrac{\ell_n}{\lambda_n} + r_{中}\right) + \dfrac{1}{\alpha_{内}}$

4 伝熱

答え ▶ $1.55 \text{m}^2\cdot\text{K/W}$

★ R122 計算問題　熱貫流　その1

Q 図のような中空層を有する壁全体の、熱貫流率 K を求めよ。ただし、それぞれの熱伝導率、熱抵抗、熱伝達率は下表による。

	熱伝導率
コンクリート	$\lambda_1 = 1.5 \text{W}/(\text{m}\cdot\text{K})$
硬質ウレタンフォーム	$\lambda_2 = 0.03 \text{W}/(\text{m}\cdot\text{K})$
石膏ボード	$\lambda_3 = 0.2 \text{W}/(\text{m}\cdot\text{K})$

	熱抵抗
中空層	$r_中 = 0.2 \text{m}^2\cdot\text{K/W}$

	熱伝達率
室外側	$\alpha_外 = 23 \text{W}/(\text{m}^2\cdot\text{K})$
室内側	$\alpha_内 = 9 \text{W}/(\text{m}^2\cdot\text{K})$

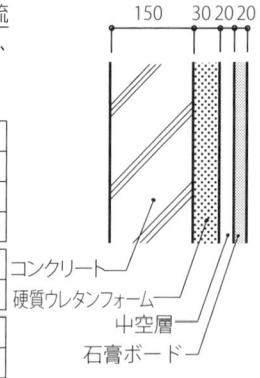

150　30 20 20

コンクリート
硬質ウレタンフォーム
中空層
石膏ボード

A 熱伝導率、熱伝達率は足し算できません。足し算できるのは抵抗だけです。そこで全体の抵抗である熱貫流抵抗 R を足し算で求め、その逆数 $1/R$ で熱貫流率 K を導きます。

（熱伝達抵抗を $r_外$、$r_内$、壁の各厚さを図の左側から ℓ_1、ℓ_2、ℓ_3、各熱伝導抵抗を r_1、r_2、r_3 とする）

$$\begin{aligned}
\text{熱貫流抵抗} R &= r_外 + (r_1 + r_2 + \overset{\text{中空層}}{r_中} + r_3) + r_内 \\
&= \frac{1}{\alpha_外} + \left(\frac{\ell_1}{\lambda_1} + \frac{\ell_2}{\lambda_2} + r_中 + \frac{\ell_3}{\lambda_3} \right) + \frac{1}{\alpha_内} \\
&= \frac{1}{23} + \left(\frac{0.15}{1.5} + \frac{0.03}{0.03} + 0.2 + \frac{0.02}{0.2} \right) + \frac{1}{9} \fallingdotseq 1.55 \text{m}^2\cdot\text{K/W}
\end{aligned}$$

$$\text{熱貫流率} K = \frac{1}{R} = \frac{1}{1.55 \text{m}^2\cdot\text{K/W}} \fallingdotseq \underline{0.645 \text{W}/(\text{m}^2\cdot\text{K})}$$

1m²の壁、1Kの温度差当たり 0.645Wの熱が貫流する

Point

熱貫流抵抗 R ＝各抵抗の合計　⇨　熱貫流率 $K = \dfrac{1}{R}$

答え ▶ $0.645 \text{W}/(\text{m}^2\cdot\text{K})$

★ R123 計算問題　　熱貫流　その2

Q 図のような中空層を有する壁全体の、**熱貫流量Q**を求めよ。ただし、内外空気の温度差は**10℃**、壁は幅**6.2m**、高さ**2.5m**、それぞれの熱伝導率、熱抵抗、熱伝達率は下表による。

	熱伝導率
コンクリート	$\lambda_1 = 1.5 \text{W}/(\text{m}\cdot\text{K})$
硬質ウレタンフォーム	$\lambda_2 = 0.03 \text{W}/(\text{m}\cdot\text{K})$
石膏ボード	$\lambda_3 = 0.2 \text{W}/(\text{m}\cdot\text{K})$

	熱抵抗
中空層	$r_中 = 0.2 \text{m}^2\cdot\text{K/W}$

	熱伝達率
室外側	$\alpha_外 = 23 \text{W}/(\text{m}^2\cdot\text{K})$
室内側	$\alpha_内 = 9 \text{W}/(\text{m}^2\cdot\text{K})$

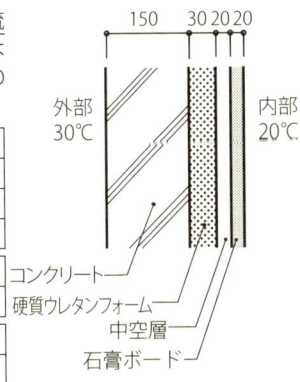

図：150　30 20 20　外部30℃　内部20℃　コンクリート／硬質ウレタンフォーム／中空層／石膏ボード

A 熱貫流抵抗 R がわかれば、$Q=$(温度差/抵抗)×面積 の式から計算できます。熱貫流率 K を使って、$Q=$(熱貫流率×温度差)×面積 の式からも計算できます。壁面積 A は、$6.2\text{m} \times 2.5\text{m} = 15.5\text{m}^2$ です。

$$\text{熱貫流抵抗}\, R = \frac{1}{23} + \left(\frac{0.15}{1.5} + \frac{0.03}{0.03} + 0.2 + \frac{0.02}{0.2}\right) + \frac{1}{9} ≒ 1.55\,\text{m}^2\cdot\text{K/W}$$

$$\text{熱貫流率}\, K = \frac{1}{R} = \frac{1}{1.55\,\text{m}^2\cdot\text{K/W}} ≒ 0.645\,\text{W}/(\text{m}^2\cdot\text{K})$$

$$\text{貫流熱量}\, Q \begin{cases} = \dfrac{\Delta t \cdot A}{R} \\ = K \cdot \Delta t \cdot A \end{cases} = \dfrac{10\text{K} \cdot 15.5\text{m}^2}{1.55\,\text{m}^2\cdot\text{K/W}} = 100\text{W}$$

$= 0.645\,\text{W}/(\text{m}^2\cdot\text{K}) \cdot 10\text{K} \cdot 15.5\text{m}^2 ≒ 100\text{W}$

（1秒間に100J）

Point

熱貫流抵抗 $R=$ 各抵抗の合計 ⇨ 貫流熱量 $Q = \dfrac{\Delta t \cdot A}{R}$

---

4 伝熱

答え ▶ **100W**

★ R124 参考知識

前項の例で、各地点での温度を計算してみます。温度差10℃、面積15.5m²では100Wの熱量が流れました。<u>100Wの熱量の流れは、どの地点でも同じはずです。</u>

室外側	コンクリート	硬質ウレタンフォーム	中空層	石膏ボード	室内側
$\alpha_{外}$ =23	λ_1 =1.2	λ_2 =0.03		λ_3 =0.2	$\alpha_{内}$ =9
$r_{外}$ = $\frac{1}{23}$ ≒ 0.04	r_1 = $\frac{0.15}{1.5}$ = 0.1	r_2 = $\frac{0.03}{0.03}$ = 1	$r_{中}$ = 0.2	r_3 = $\frac{0.02}{0.2}$ = 0.1	$r_{内}$ = $\frac{1}{9}$ ≒ 0.11

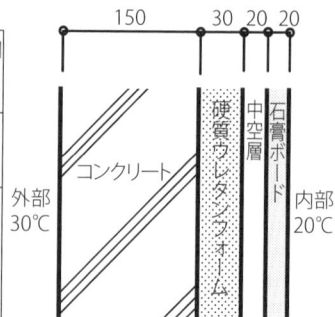

熱の移動は、右図のように、水の流れにたとえられます。

熱量の一般式

$$Q = \frac{\Delta t \cdot A}{r} \text{ から、} \Delta t = \frac{Qr}{A}$$

- 水量 ⇨ 移動熱量 Q
- 落差 ⇨ 温度差 Δt
- 川幅 ⇨ 面積 A
- 凹凸 ⇨ 熱抵抗 r

として、各材料を熱が通るときの温度変化を計算してみます。材料は左から1～3の番号をつけています。

外部からコンクリート

$\Delta t_{外} = \frac{Q \cdot r_{外}}{A} = \frac{100\text{W} \cdot 0.04\text{m}^2 \cdot \text{K/W}}{15.5\text{m}^2} ≒ 0.26\text{K}$　　30℃ − 0.26℃ = 29.74℃

$\Delta t_1 = \frac{Q \cdot r_1}{A} = \frac{100\text{W} \cdot 0.1\text{m}^2 \cdot \text{K/W}}{15.5\text{m}^2} ≒ 0.65\text{K}$　　29.74℃ − 0.65℃ = 29.09℃

$\Delta t_2 = \frac{Q \cdot r_2}{A} = \frac{100\text{W} \cdot 1\text{m}^2 \cdot \text{K/W}}{15.5\text{m}^2} ≒ 6.45\text{K}$　　29.09℃ − 6.54℃ = 22.55℃

$\Delta t_{中} = \frac{Q \cdot r_{中}}{A} = \frac{100\text{W} \cdot 0.2\text{m}^2 \cdot \text{K/W}}{15.5\text{m}^2} ≒ 1.29\text{K}$　　22.55℃ − 1.29℃ = 21.26℃

$\Delta t_3 = \frac{Q \cdot r_3}{A} = \frac{100\text{W} \cdot 0.1\text{m}^2 \cdot \text{K/W}}{15.5\text{m}^2} ≒ 0.65\text{K}$　　21.26℃ − 0.65℃ = 20.61℃

$\Delta t_{内} = \frac{Q \cdot r_{内}}{A} = \frac{100\text{W} \cdot 0.11\text{m}^2 \cdot \text{K/W}}{15.5\text{m}^2} ≒ \underline{0.71\text{K}}$　　20.61℃ − \underline{0.71}℃ ≒ 20℃

Kの変化は℃の変化と同じ

熱貫流 その3

各点の温度を断面図にプロットして結ぶと、温度分布は下図のようになります。電流で抵抗を直列にした場合とよく似ています。

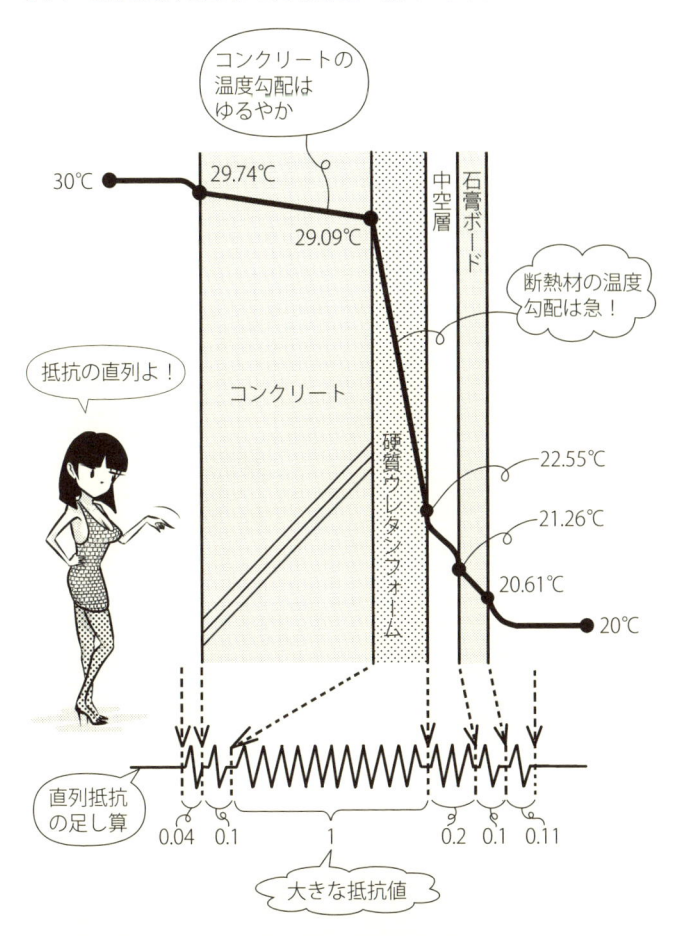

- コンクリートの温度勾配はゆるやか
- 30℃
- 29.74℃
- 29.09℃
- 断熱材の温度勾配は急！
- 抵抗の直列よ！
- コンクリート
- 硬質ウレタンフォーム
- 中空層
- 石膏ボード
- 22.55℃
- 21.26℃
- 20.61℃
- 20℃
- 直列抵抗の足し算
- 0.04　0.1　1　0.2　0.1　0.11
- 大きな抵抗値

冬に壁内で結露があるか否かの判定も、全体の抵抗 R →熱貫流量 Q →各部の温度変化 Δt_i →各部の温度から、露点温度になるか否かで判断できます。

★ R125 計算問題　　熱貫流　その4

Q 貫流熱量 $Q=10W$ が流れる壁面において、1時間当たりの貫流熱量を求めよ。

A 1W（ワット）は1秒間に1Jの熱量で、$1W=1J/s$ です。1時間は3600秒なので、1時間に流れる熱は3600Jとなります。

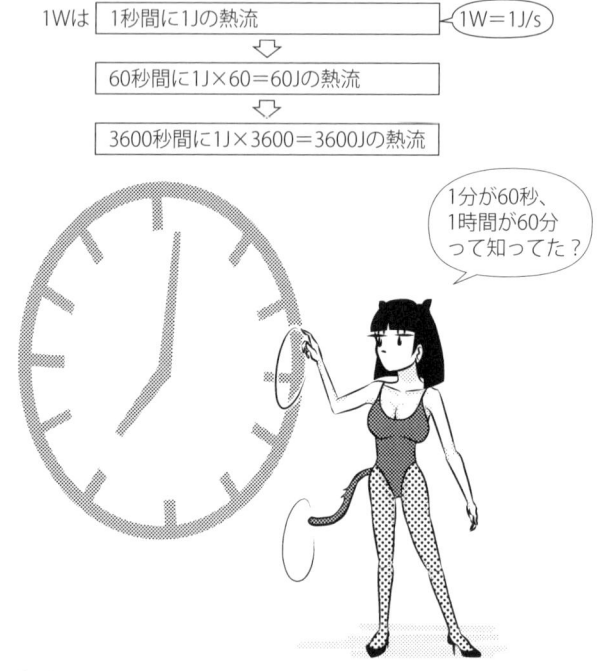

1Wは　1秒間に1Jの熱流　　　　　　　　　　$1W=1J/s$
　　　⇩
　　　60秒間に $1J×60=60J$ の熱流
　　　⇩
　　　3600秒間に $1J×3600=3600J$ の熱流

1分が60秒、1時間が60分って知ってた？

1Wが1時間では、$1W×3600s=1J/s×3600s=3600J$
設問の10Wで1時間では、$10W×3600s=10J/s×3600s=36000J=\underline{36kJ}$

— Point —
$$1W×3600s=1J/s×3600s=3600J=3.6kJ$$

答え ▶ 36kJ

★ R126 計算問題　　熱貫流　その5

Q 図のような窓を有する壁面の、平均熱貫流率を求めよ。

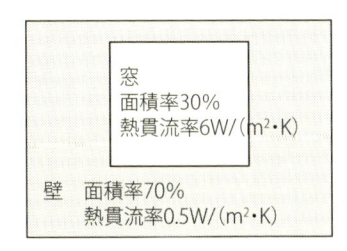

```
窓
面積率30%
熱貫流率6W/(m²·K)

壁　面積率70%
　　熱貫流率0.5W/(m²·K)
```

A 壁の貫流熱量をQ_1、窓の貫流熱量をQ_2とすると、右図のようにQ_1とQ_2は並列の流れとなります。壁面全体の流れQは、Q_1+Q_2となり、それを式に立てて整理すると、全体の熱貫流率は面積で比例配分して合計した値(加重平均)となります。それを平均熱貫流率と呼びます。単純平均ではなく、面積で重み付けした加重平均である点に注意してください。

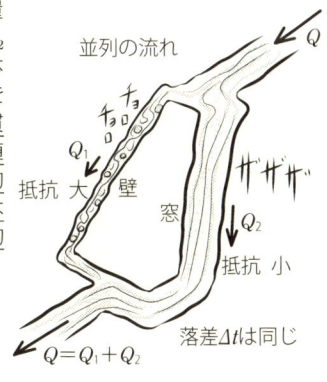

2つに分かれた流れなのか

並列の流れ　Q
抵抗 大　壁
Q_1
窓
Q_2
抵抗 小
落差Δtは同じ
$Q=Q_1+Q_2$

面積割合　　　全体の面積

壁の貫流熱量 $Q_1 = 0.5 \cdot \Delta t \cdot (0.7A) = 0.7 \cdot 0.5 \cdot \Delta t \cdot A$

窓の貫流熱量 $Q_2 = 6 \cdot \Delta t \cdot (0.3A) = 0.3 \cdot 6 \cdot \Delta t \cdot A$

総貫流熱量 $Q = Q_1 + Q_2 = (0.7 \cdot 0.5 + 0.3 \cdot 6) \Delta t \cdot A$

各熱貫流率を面積で比例配分して合計(加重平均)

$= (0.35 + 1.8) \Delta t \cdot A$

$= 2.15 \Delta t \cdot A \,(\text{W})$

窓は小さいけれど熱貫流率は大きい

平均熱貫流率

答え ▶ $2.15\,\text{W}/(\text{m}^2 \cdot \text{K})$

★ R127　計算問題　熱貫流　その6

Q 図のような窓を有する壁面の、平均熱貫流率を求めよ。

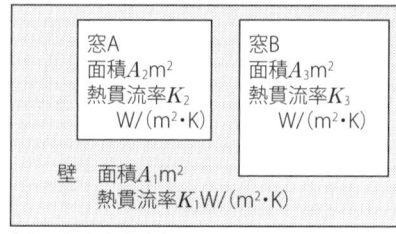

```
窓A                 窓B
面積 A₂ m²          面積 A₃ m²
熱貫流率 K₂         熱貫流率 K₃
   W/(m²·K)           W/(m²·K)

壁　面積 A₁ m²
　　熱貫流率 K₁ W/(m²·K)
```

$(A = A_1 + A_2 + A_3)$

A 壁、窓A、窓Bを流れる貫流熱量を Q_1、Q_2、Q_3、内外温度差を Δt、壁面の全面積を A ($A = A_1 + A_2 + A_3$) として、以下のように式を立てます。面積の重みをつけた K_i の平均が、全体の K、すなわち平均熱貫流率となります。

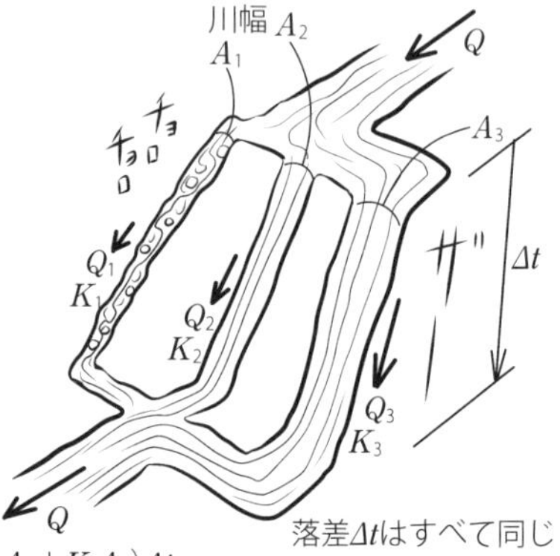

$Q_1 = K_1 \cdot \Delta t \cdot A_1$
$Q_2 = K_2 \cdot \Delta t \cdot A_2$
$Q_3 = K_3 \cdot \Delta t \cdot A_3$
$Q = Q_1 + Q_2 + Q_3 = (K_1 A_1 + K_2 A_2 + K_3 A_3)\Delta t$

この式と $Q = K \cdot \Delta t \cdot A$ を等しいとして、

$KA = K_1 A_1 + K_2 A_2 + K_3 A_3$

$$K = \frac{K_1 A_1 + K_2 A_2 + K_3 A_3}{A}$$

（各面積によって加重平均）

$$= \frac{A_1}{A}K_1 + \frac{A_2}{A}K_2 + \frac{A_3}{A}K_3$$

（面積比をかけて合計）

—全体を1とした比

川幅 A_2、A_1、A_3、Q、K_1、Q_2、K_2、Q_3、K_3、Δt

落差 Δt はすべて同じ

K_i を面積で加重平均するのよ！

答え ▶ $(A_1 K_1 + A_2 K_2 + A_3 K_3)/A$

★ R128 計算問題　　熱貫流　その7

Q 図のような窓を有する壁面の、平均熱貫流抵抗を求めよ。

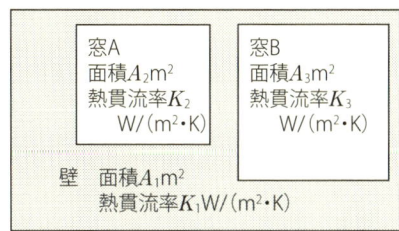

```
窓A                    窓B
面積 $A_2$ m²          面積 $A_3$ m²
熱貫流率 $K_2$         熱貫流率 $K_3$
W/(m²·K)              W/(m²·K)

壁　面積 $A_1$ m²
　　熱貫流率 $K_1$ W/(m²·K)
```

A 壁面全体の熱貫流率 K は前項より、

$$K = \frac{A_1K_1 + A_2K_2 + A_3K_3}{A}$$

となります（$A = A_1 + A_2 + A_3$）。全体の熱貫流抵抗 R は、K の逆数なので、

$$R = \frac{1}{K} = \frac{A}{A_1K_1 + A_2K_2 + A_3K_3} \quad \cdots\cdots ①$$

とすぐに出ます。

（並列につなげた抵抗よ！）

$Q = K \cdot \Delta t \cdot A = \dfrac{\Delta t \cdot A}{R}$ の式を窓、壁で別々に立てて抵抗を使った式から計算してみます。

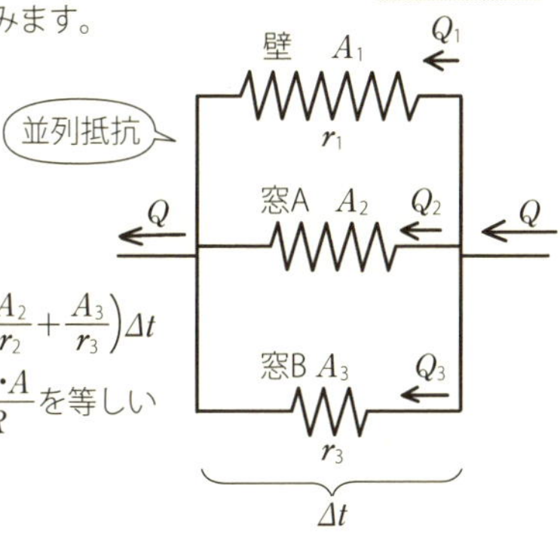

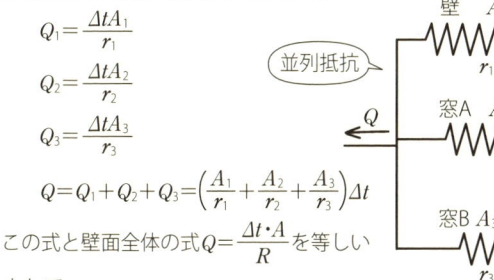

$$Q_1 = \frac{\Delta t A_1}{r_1}$$

$$Q_2 = \frac{\Delta t A_2}{r_2}$$

$$Q_3 = \frac{\Delta t A_3}{r_3}$$

$$Q = Q_1 + Q_2 + Q_3 = \left(\frac{A_1}{r_1} + \frac{A_2}{r_2} + \frac{A_3}{r_3}\right)\Delta t$$

この式と壁面全体の式 $Q = \dfrac{\Delta t \cdot A}{R}$ を等しいとして

$$\frac{A}{R} = \frac{A_1}{r_1} + \frac{A_2}{r_2} + \frac{A_3}{r_3}$$

$$\frac{R}{A} = \frac{1}{\dfrac{A_1}{r_1} + \dfrac{A_2}{r_2} + \dfrac{A_3}{r_3}}$$

$$\therefore R = \frac{A}{\dfrac{A_1}{r_1} + \dfrac{A_2}{r_2} + \dfrac{A_3}{r_3}} \quad \text{となります。}$$

熱貫流率は抵抗の逆数なので①と同じ結果となります。

答え ▶ $A/(A_1K_1 + A_2K_2 + A_3K_3)$

★ R129 計算問題

Q 次の条件により、外壁、窓および天井の熱損失（室内から室外への貫流熱量）Qを求めよ。ただし、床からの熱損失はないものとする。

イ．外壁の面積A_1：180m²、外壁の熱貫流率K_1：0.3W/(m²·K)
ロ．天井の面積A_2：70m²、天井の熱貫流率K_2：0.2W/(m²·K)
ハ．窓の面積A_3：15m²、窓の熱貫流率K_3：2.0W/(m²·K)
ニ．室温：20℃、外気温0℃

A 温度差$\Delta t = 20℃ - 0℃ = 20℃ = 20K$です。外壁、天井、窓の貫流熱量を$Q_1$、$Q_2$、$Q_3$として、貫流熱量＝熱貫流率×温度差×面積の式を立てます。全体の貫流熱量（熱損失）Qは、Q_1、Q_2、Q_3の合計で求まります。

単位は $\dfrac{W}{m^2 \cdot K} \cdot K \cdot m^2 = W$

外壁：$Q_1 = K_1 \cdot \Delta t \cdot A_1 = 0.3 \times 20 \times 180 = 1080W$
天井：$Q_2 = K_2 \cdot \Delta t \cdot A_2 = 0.2 \times 20 \times 70 = 280W$
窓　：$Q_3 = K_3 \cdot \Delta t \cdot A_3 = 2.0 \times 20 \times 15 = 600W$

$Q = Q_1 + Q_2 + Q_3 = 1080 + 280 + 600 = \underline{1960W}$

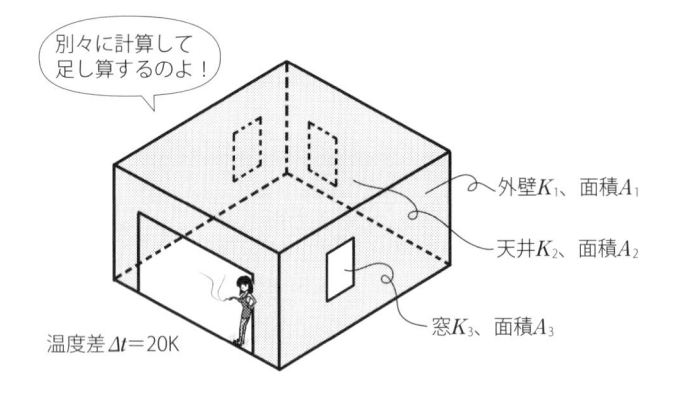

別々に計算して足し算するのよ！

外壁K_1、面積A_1
天井K_2、面積A_2
窓K_3、面積A_3

温度差$\Delta t = 20K$

熱貫流 その8

次に建物全体の平均熱貫流率 K を求めそこから全体の熱損失 Q を求めてみます。Q_1、Q_2、Q_3 の式の数値を入れずに、以下のように変形します。A は全体の総面積（$A_1+A_2+A_3$）とします。

$Q_1 = K_1 \cdot \Delta t \cdot A_1$
$Q_2 = K_2 \cdot \Delta t \cdot A_2$
$Q_3 = K_3 \cdot \Delta t \cdot A_3$

$Q = Q_1 + Q_2 + Q_3 = (K_1 A_1 + K_2 A_2 + K_3 A_3) \Delta t$

この式と全体の貫流熱量の式 $Q = K \cdot \Delta t \cdot A$ を等しいとして、Δt は同じなので、

$K \cdot A = K_1 A_1 + K_2 A_2 + K_3 A_3$

$$\therefore K = \frac{K_1 A_1 + K_2 A_2 + K_3 A_3}{A}$$

（全体の K（平均熱貫流率）は、各熱貫流率を面積で比例配分してから合計（加重平均）したもの）

この式は $K = \dfrac{K_1 A_1 + K_2 A_2 + K_3 A_3}{A_1 + A_2 + A_3}$ とか $K = \dfrac{A_1}{A} K_1 + \dfrac{A_2}{A} K_2 + \dfrac{A_3}{A} K_3$ と書かれることもあります。建物という箱を下図のように展開して1枚の壁面にし、その熱貫流率を計算したことになります。全体の平均熱貫流率が求まれば、どんな温度差 Δt でもすぐに Q を計算できます。

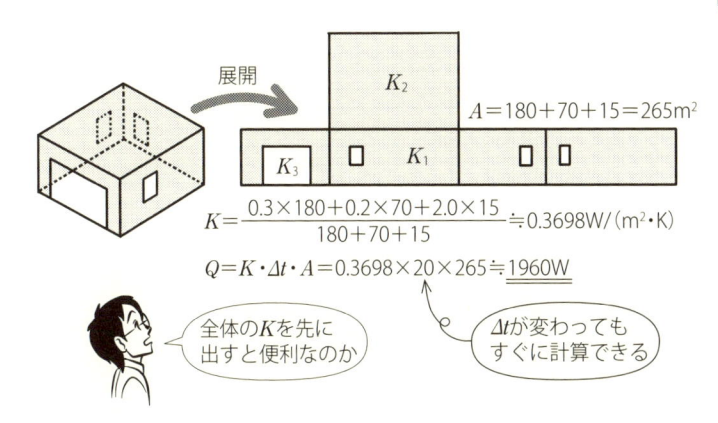

$A = 180 + 70 + 15 = 265\,\text{m}^2$

$$K = \frac{0.3 \times 180 + 0.2 \times 70 + 2.0 \times 15}{180 + 70 + 15} \fallingdotseq 0.3698\,\text{W/(m}^2\cdot\text{K)}$$

$Q = K \cdot \Delta t \cdot A = 0.3698 \times 20 \times 265 \fallingdotseq \underline{1960\,\text{W}}$

（全体の K を先に出すと便利なのか）

（Δt が変わってもすぐに計算できる）

答え ▶ **1960W**

★ R130 計算問題　　熱貫流　その9

Q 図のような建物の、貫流熱量 Q（W）を求めよ。ただし床からの熱損失はないものとする。外気温は0℃、室内気温は20℃とする。

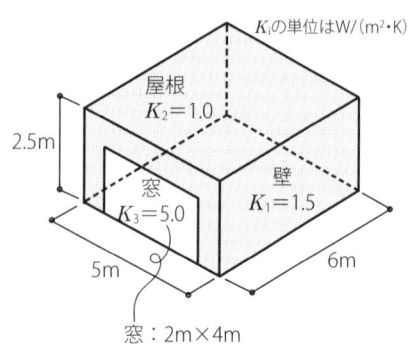

K_iの単位はW/(m²·K)

屋根 $K_2=1.0$
壁 $K_1=1.5$
窓 $K_3=5.0$
2.5m　5m　6m
窓：2m×4m

A まず壁、屋根、窓の各面積を求めます。

$$\begin{cases} 壁の面積 A_1=(2.5\times6)\times2+(2.5\times5)\times2-(2\times4)=47\text{m}^2 \\ 屋根の面積 A_2=5\times6=30\text{m}^2 \\ 窓の面積 A_3=2\times4=8\text{m}^2 \end{cases}$$

（窓の面積を引く）

温度差 $\Delta t=20-0=20℃=20\text{K}$

$\boxed{Q_i=K_i\cdot\Delta t\cdot A_i}$ として各部位を通る熱量 Q_i を求めます。

（単位：W/(m²·K)·K·m²＝W）

$$\begin{cases} 壁の貫流熱量 Q_1=K_1\cdot\Delta t\cdot A_1=1.5\cdot20\cdot47=1410\text{W} \\ 屋根の貫流熱量 Q_2=K_2\cdot\Delta t\cdot A_2=1.0\cdot20\cdot30=600\text{W} \\ 窓の貫流熱量 Q_3=K_3\cdot\Delta t\cdot A_3=5.0\cdot20\cdot8=800\text{W} \end{cases}$$

建物全体の貫流熱量 $\boxed{Q=Q_1+Q_2+Q_3}=1410+600+800$
　　　　　　　　　　　　　　　　　　　＝<u>2810W</u>

外気温の方が低いので室内から室外へは、2810W、毎秒2810Jの熱が流れ出る計算となります。1時間では、
　2810J/s×3600s＝2.81kJ/s×3600s＝10116kJ
の熱量が出ていきます。

（1000J＝1kJ）

答え ▶ **2810W**

R131 まとめ

熱貫流 その10

建物全体の貫流熱量を出すまでの手順を、ここでまとめておきます。

[各部位]

①直列で計算する

各部の抵抗R_iを直列で計算してから全体のK_iを出す。

$$R_i = \frac{1}{\alpha_{内}} + \left(\frac{\ell_1}{\lambda_1} + \frac{\ell_2}{\lambda_2} + \cdots + r_{中}\right) + \frac{1}{\alpha_{外}}$$

$$K_i = \frac{1}{R_i}$$

$$= \frac{1}{\frac{1}{\alpha_{内}} + \left(\frac{\ell_1}{\lambda_1} + \frac{\ell_2}{\lambda_2} + \cdots + r_{中}\right) + \frac{1}{\alpha_{外}}}$$

(ℓ_i：材料の厚み)

[全体]

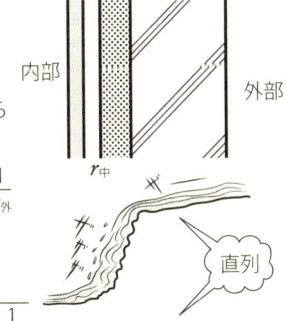

②並列で計算する

各部の貫流熱量Q_iを合計して全体のQを計算する。

$Q_1 = K_1 \cdot \Delta t \cdot A_1$
$Q_2 = K_2 \cdot \Delta t \cdot A_2$
　　⋮

$Q = (K_1 A_1 + K_2 A_2 + \cdots) \cdot \Delta t \cdots\cdots ①$

平均のKを計算してQを計算する。

全体の$K = \dfrac{K_1 A_1 + K_2 A_2 + \cdots}{A}$　面積で加重平均

$Q = K \cdot \Delta t \cdot A \cdots\cdots ②$

(①、②は同じ式)

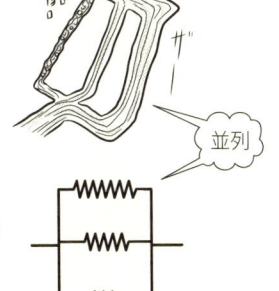

★ R132 ○×問題

Q 図は冬期において、定常状態にある外壁A、Bの内部における温度分布を示したものである。1、2の正誤を判定せよ。ただし、図中のA、Bを構成する部材ア～エの各材料とその厚さ、室内外の温度、対流、熱放射などの条件は、同じとする。

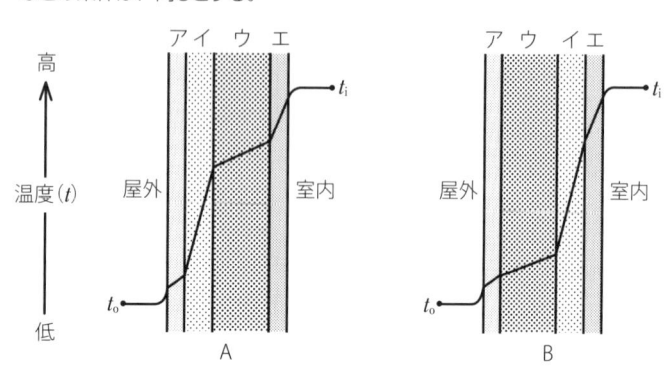

1. イはウに比べて、熱伝導率が小さい。
2. AとBの熱貫流率は等しい。

……………………………………………………………………………

A 定常状態とは、気流、温度、流れる熱量などが時間によって変わらずに、常に一定の状態、安定した状態を意味します。

壁と空気の熱のやりとり、すなわち熱伝達は、壁に近いところほど活発です。よって、壁に近いところほど温度勾配が急になる、曲線状の温度分布となります。一方、壁内部、物の中を熱が通る熱伝導では、抵抗が一定なので直線状の温度勾配となります。

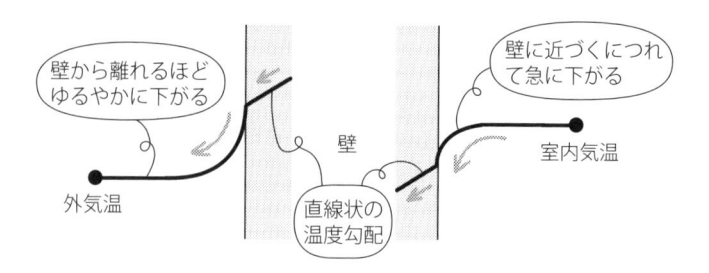

温度分布 その1

イ、ウの温度勾配を比べるとイの方が急で、温度の降下は大きくなっています。それはイの方が熱抵抗（熱伝導抵抗）が大きく、熱を通しにくいことを示しています。熱を通しにくいとはすなわち、熱伝導率が小さいということです（1は○）。

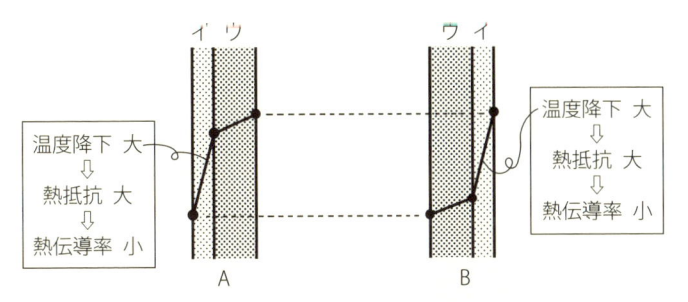

温度降下 大
⇩
熱抵抗 大
⇩
熱伝導率 小

温度降下 大
⇩
熱抵抗 大
⇩
熱伝導率 小

材料の順番を並べ替えても、熱抵抗（熱貫流抵抗）Rは各抵抗の足し算なので同じ値となります。よって熱貫流抵抗Rの逆数である熱貫流率Kも同じとなります（2は○）。

温度降下 同じ

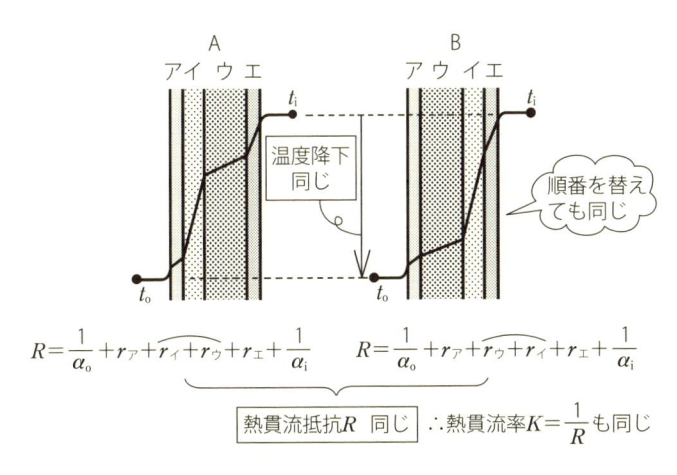

順番を替えても同じ

$$R = \frac{1}{\alpha_o} + r_ア + \overbrace{r_イ + r_ウ} + r_エ + \frac{1}{\alpha_i} \quad R = \frac{1}{\alpha_o} + r_ア + \overbrace{r_ウ + r_イ} + r_エ + \frac{1}{\alpha_i}$$

熱貫流抵抗R 同じ　∴熱貫流率$K = \frac{1}{R}$も同じ

答え ▶ 1. ○　2. ○

★ R133 ○×問題

Q 図は冬期において、定常状態にある外壁A、Bの内部における温度分布を示したものである。ウの熱容量が大きい場合、BはAに比べて、冷暖房を開始してから設定温度に達するまでに時間を要する。ただし、図中のA、Bを構成する部材ア～エの各材料とその厚さ、室内外の温度、対流、熱放射などの条件は、同じとする。

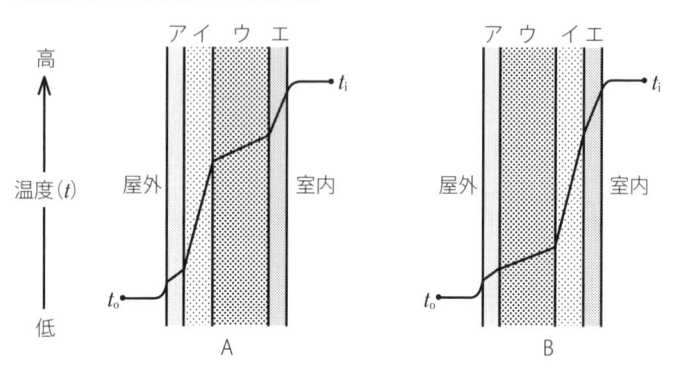

A 熱容量とは比熱×質量で求める熱をためる能力のことです。建物ではコンクリートの質量が非常に大きいので、熱容量が一番大きい部分となります（R090参照）。

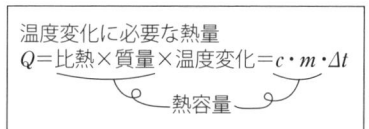

$$Q = 比熱 \times 質量 \times 温度変化 = c \cdot m \cdot \Delta t$$

温度変化に必要な熱量、熱容量＝$c \cdot m$

【C M 出た！】スーパー記憶術
　$c \cdot m \cdot \Delta t$

単位体積（1cm³、1m³）当たりの熱容量（$c \cdot m$）
　　　　　　（比重）　　（比熱）
水　　　　：1g/cm³ × 1cal/(g・℃) = 1cal/(cm³・℃) = 4200kJ/(m³・K)
コンクリート：2.3g/cm³ × 0.2cal/(g・℃) = 0.46cal/(cm³・℃) = 1932kJ/(m³・K)
木材　　　：0.5g/cm³ × 0.5cal/(g・℃) = 0.25cal/(cm³・℃) = 1050kJ/(m³・K)
発泡材　　：0.03g/cm³ × 0.3cal/(g・℃) = 0.009cal/(cm³・℃) = 37.8kJ/(m³・K)
空気　　　：0.0012g/cm³ × 0.24cal/(g・℃) = 0.00029cal/(cm³・℃) ≒ 1.2kJ/(m³・K)

　コンクリートは比重が2.3で大きいので、比熱が小さくても熱容量は大きくなる！

温度分布 その2

熱容量が大きいと、暖める（冷やす）のに時間がかかります。そして一度暖まると冷めにくく、一度冷やすと暖まりにくくなります。温度変化を抑える働きがあり、石焼きイモや石焼きビビンバの質量の大きい石を思い出すとわかりやすいでしょう。設問のイは断熱材（温度降下大）、ウはコンクリートと考えられます。下図のようにBはコンクリートを暖めたり冷やしたりする必要はないので、すぐに設定温度に到達します（答えは×）。

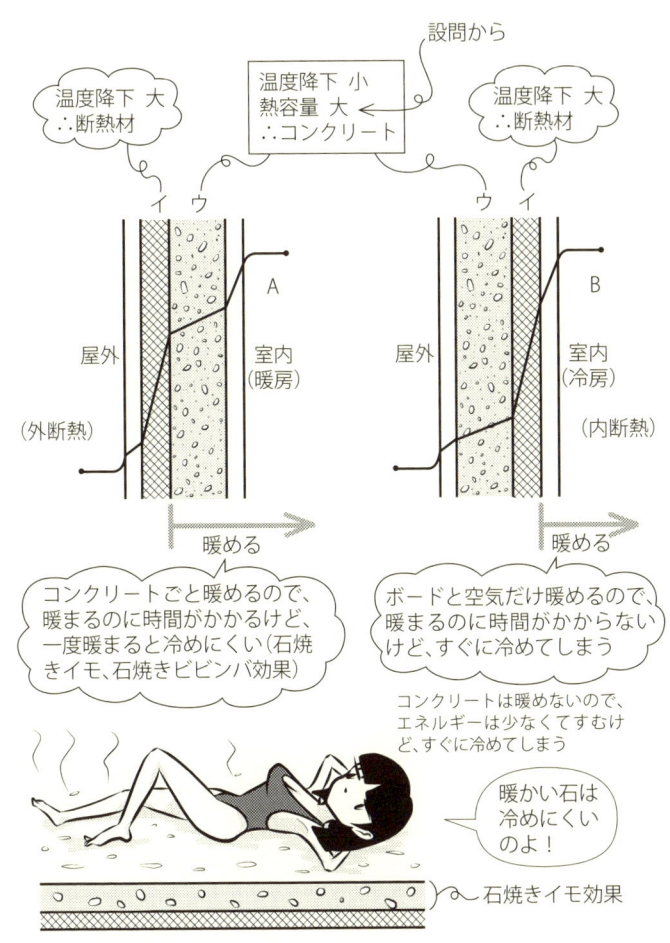

温度降下 大
∴断熱材

設問から
温度降下 小
熱容量 大
∴コンクリート

温度降下 大
∴断熱材

イ ウ　　　　　　　　　　　ウ イ

A　　　　　　　　　　　　　B

屋外　　室内（暖房）　　　　屋外　　室内（冷房）

（外断熱）　　　　　　　　　　（内断熱）

暖める　　　　　　　　　　　暖める

コンクリートごと暖めるので、暖まるのに時間がかかるけど、一度暖まると冷めにくい（石焼きイモ、石焼きビビンバ効果）

ボードと空気だけ暖めるので、暖まるのに時間がかからないけど、すぐに冷めてしまう

コンクリートは暖めないので、エネルギーは少なくてすむけど、すぐに冷めてしまう

暖かい石は冷めにくいのよ！

石焼きイモ効果

答え ▶ ×

★ R134 ○×問題

Q 図は冬期において、定常状態にある外壁A、Bの内部における温度分布を示したものである。冬期における内部結露を防ぐための防湿層を設ける場合、A、Bともに、イより室内側に設ける必要がある。ただし、図中のA、Bを構成する部材ア～エの各材料とその厚さ、室内外の温度、対流、熱放射などの条件は、同じとする。

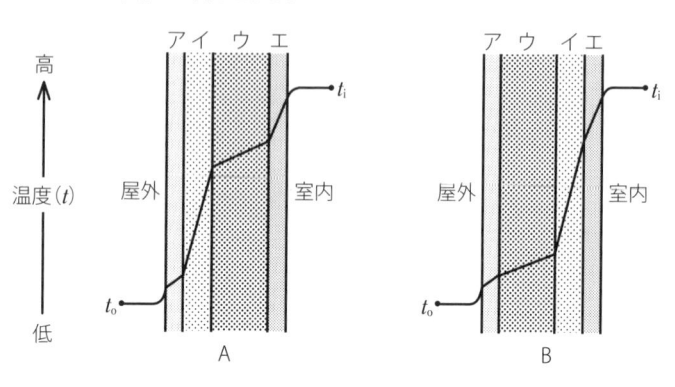

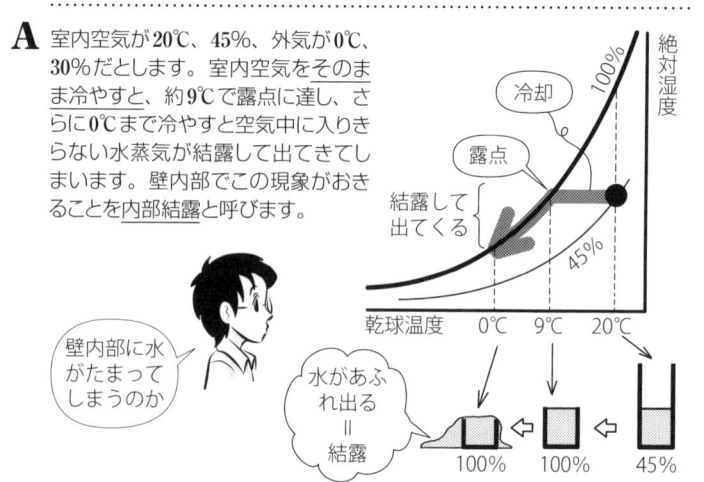

A 室内空気が20℃、45%、外気が0℃、30%だとします。室内空気をそのまま冷やすと、約9℃で露点に達し、さらに0℃まで冷やすと空気中に入りきらない水蒸気が結露して出てきてしまいます。壁内部でこの現象がおきることを<u>内部結露</u>と呼びます。

断熱と結露　その1

そこで下図のように、9℃になる手前で、空気中の水蒸気を減らしておいて、そこから大きく温度を下げれば、100%ラインに接することなく、すなわち結露させずに冷やすことができます。

水蒸気は気体でその圧力は、水蒸気量に比例し、室内の水蒸気圧は外よりも高い状態です。すると水蒸気は室内から室外へ流れようとします。<u>大きく温度を下げる前、すなわち断熱材の手前（室内側）に、水蒸気の流れを止める防湿層を設ける必要があります</u>（答えは○）。

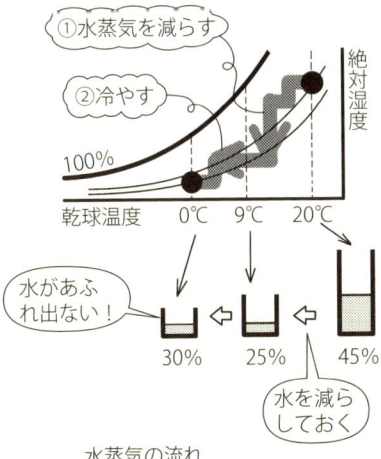

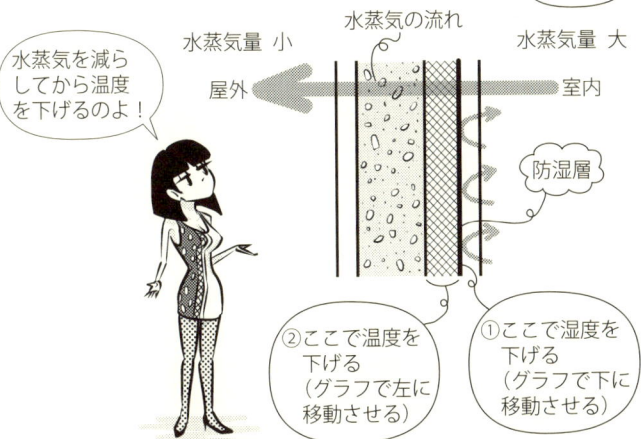

答え ▶ ○

★ R135 ○×問題 断熱と結露 その2

Q 2重サッシの間の結露を防止するためには、室内側サッシの気密性を低くし、外気側サッシの気密性を高くするとよい。

A 室内側のサッシに気密性がないと、水蒸気がもれ出て、外気側サッシの冷たい面に触れ、結露が発生します。室内側サッシに気密性があれば、サッシのガラスや金属は水蒸気を通しにくい（透湿抵抗が大きい）ので、水蒸気がもれ出ることはなくなります（答えは×）。断熱材と同様に、サッシも内部に水蒸気を通さない工夫が必要です。

スーパー記憶術

卵 は <u>2 重</u> マル　　<u>内側</u> が <u>黄味</u>
　　　　2重サッシ　　　　内側　　気密性

答え ▶ ×

★ R136 ○×問題 断熱と結露 その3

Q ペアガラスは断熱の弱点となる開口部の断熱性を高めるとともに、結露防止にも効果がある。

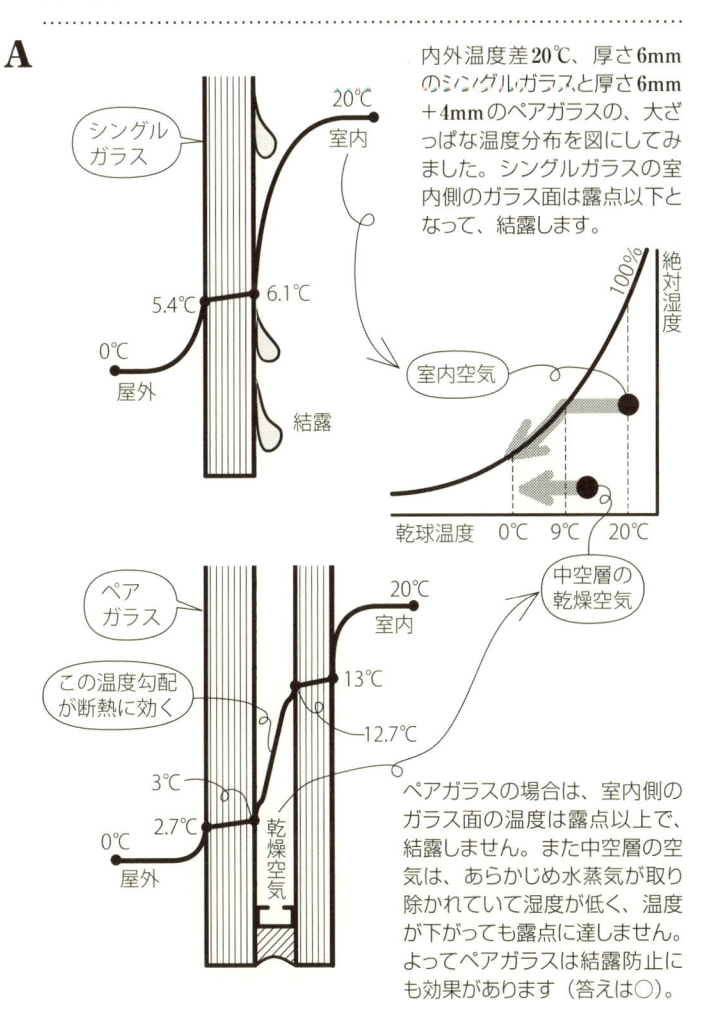

A 内外温度差20℃、厚さ6mmのシングルガラスと厚さ6mm+4mmのペアガラスの、大ざっぱな温度分布を図にしてみました。シングルガラスの室内側のガラス面は露点以下となって、結露します。

シングルガラス
20℃ 室内
5.4℃ 6.1℃
0℃ 屋外
結露

室内空気

絶対湿度 100%
乾球温度 0℃ 9℃ 20℃

中空層の乾燥空気

ペアガラス
20℃ 室内
この温度勾配が断熱に効く
13℃
12.7℃
3℃
2.7℃
0℃ 屋外
乾燥空気

ペアガラスの場合は、室内側のガラス面の温度は露点以上で、結露しません。また中空層の空気は、あらかじめ水蒸気が取り除かれていて湿度が低く、温度が下がっても露点に達しません。よってペアガラスは結露防止にも効果があります（答えは○）。

答え ▶ ○

★ R137 ○×問題　　　断熱と結露　その4

Q 窓ガラスの室内側にカーテンを設けることは、結露防止対策としては、効果的ではない。

A カーテンの布地は水蒸気をよく通し（透湿抵抗が小さい）、上下のすき間から空気も入ります（気密性が低い）。そのため室内空気の水蒸気は窓ガラス面まで到達し、そこで結露して水となります。厚手のカーテン（ドレープカーテン）は断熱性があるので、ガラス面の温度はさらに下がり、結露がおきやすくなります（答えは○）。タンスの裏側なども湿度は同じで温度は低いので、結露しやすくなります。

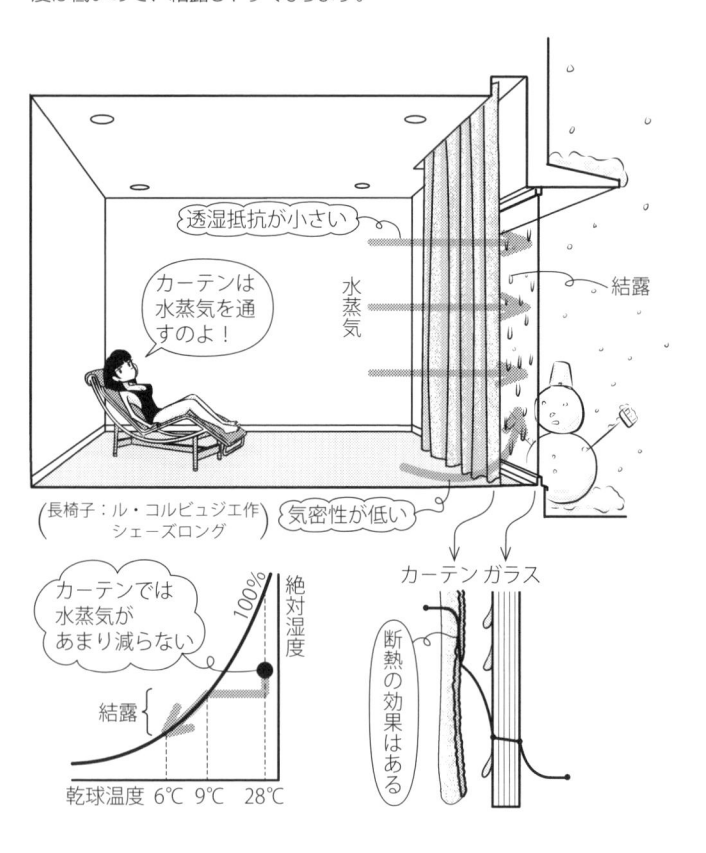

答え ▶ ○

R138 ○×問題　　断熱と結露　その5

Q 木造住宅において断熱材の外側に通気層を設けると、結露が促進され、耐久性が低下する。

A 木造の場合は柱と柱の間は中空で、RC躯体と違って水蒸気をよく通します。その中空部にグラスウールなどの断熱材を詰めると、断熱材内部で結露してしまいます。それを防ぐために室内側に防湿シートを張り、水蒸気の浸入を防ぎます。また室外側には透湿防水シートという、雨の浸入は防ぐけど、水蒸気は外へ出すことのできるシートを張ります。さらに外側に通気層をつくって、出てきた水蒸気を上へ逃がして結露を防ぎます（答えは×）。通気層は夏の熱気を逃がすにも有効です。

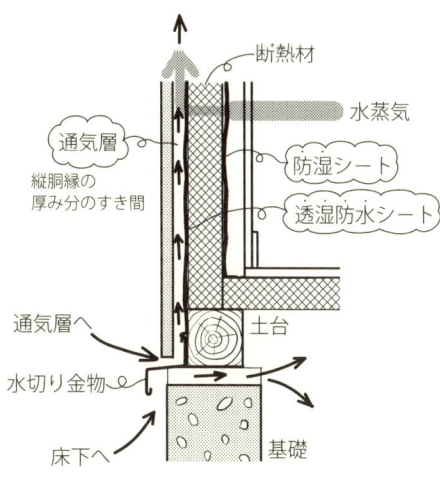

外壁材を張る前の立面図

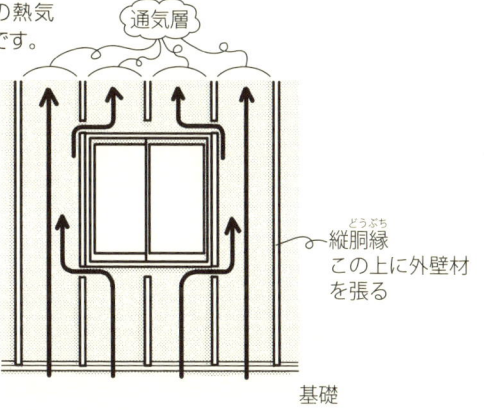

答え ▶ ×

★ R139 ○×問題　　　断熱と結露　その6

Q 木造の断熱工法には、充填（じゅうてん）断熱と外張り断熱がある。

A 木造の断熱工法では柱と柱の間の空間に、グラスウールなどを詰める充填断熱が、一般的です。グラスウールの室内側には水蒸気を通さないシート、外側には熱放射を反射するアルミのシートが張られているものが多いです。また柱と柱の間の空間に、発泡材をすき間なく吹き付ける工法も用いられています。木材の部分で熱が通りますが、鉄骨ほど問題にはなりません。

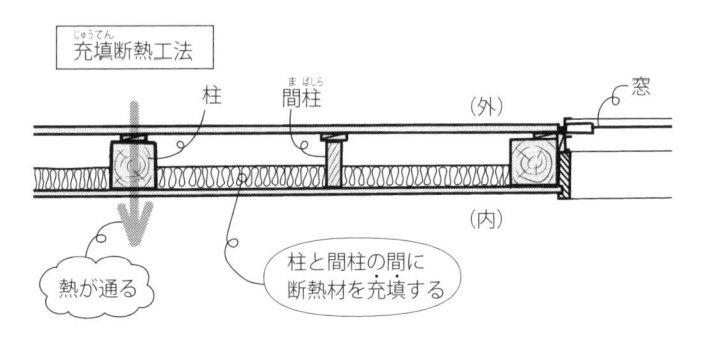

柱、間柱などの外側を、硬質の発泡材（フォーム材）でおおってしまうのが外張り断熱です（答えは○）。外装材やそれを留める胴縁などを柱、間柱に留めるために、断熱材の上から押し付けるようにして長いビスで留めるのが一般的です。外装材が落ちないようにするため、断熱材を薄くし、熱を通すビスは多めにします。充填断熱と外張り断熱は一長一短です。

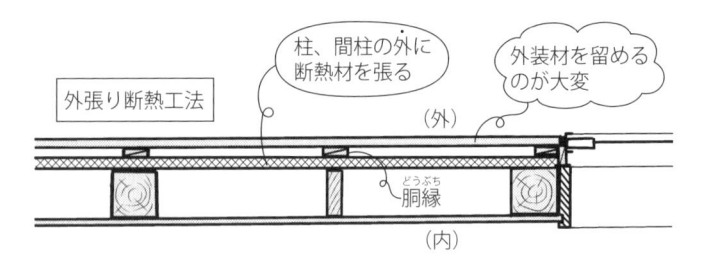

答え ▶ ○

★ / **R140** / ○×問題　　　　　　　　　　　　　　　　断熱と結露　その7

Q 木造の外張り断熱とRC造の外断熱では、外張り断熱の方が構造躯体の熱容量が大きく、室内の温度変化を抑えられる。

A 同じように断熱材を外に張るのに名称が違うのは、熱に関する性能が大きく違うからです。単位体積当たりの熱容量（比熱×質量）が大きく違ううえに、質量の総量も大きく違います。RC躯体（構造体）が熱を保つので、冷暖房の立ち上がりは遅いけれど、一度暖める（冷やす）と、なかなか冷えません（熱くなりません）（答えは×）。

（木造）外張り断熱

（RC造）外断熱

石焼きイモ、石焼きビビンバの石をふとんでくるむようなものよ！

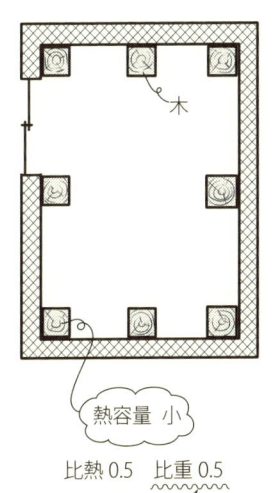

木

RC

熱容量 小

比熱 0.5　比重 0.5

軽い（質量小さい）ので効かない

1cm³（1m³）当たりの
熱容量＝0.5cal/(g・℃)・0.5g/cm³
　　　＝0.25cal/(℃・cm³)
　　　＝1050kJ/(K・m³)

熱容量 大

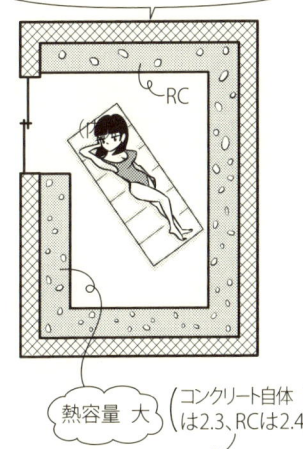

（コンクリート自体は2.3、RCは2.4）

比熱 0.2　比重 2.3

重い（質量大きい）ので効く！

1cm³（1m³）当たりの
熱容量＝0.2cal/(g・℃)・2.3g/cm³
　　　＝0.46cal/(℃・cm³)
　　　＝1932kJ/(K・m³)

4 　伝熱

答え ▶ ×

★ R141　参考知識　　　断熱と結露　その8

RC外断熱の場合、外壁の仕上げ材を断熱材の外側に留め付けます。下図のように金物で胴縁を持ち出して、それに外装材を張るのが一般的です。外装材は軽い板状のものから、ステンレスのレールに引っ掛ける乾式タイルもあります。硬い発泡材の上に、直接タイルを接着する簡易な方法もあります。

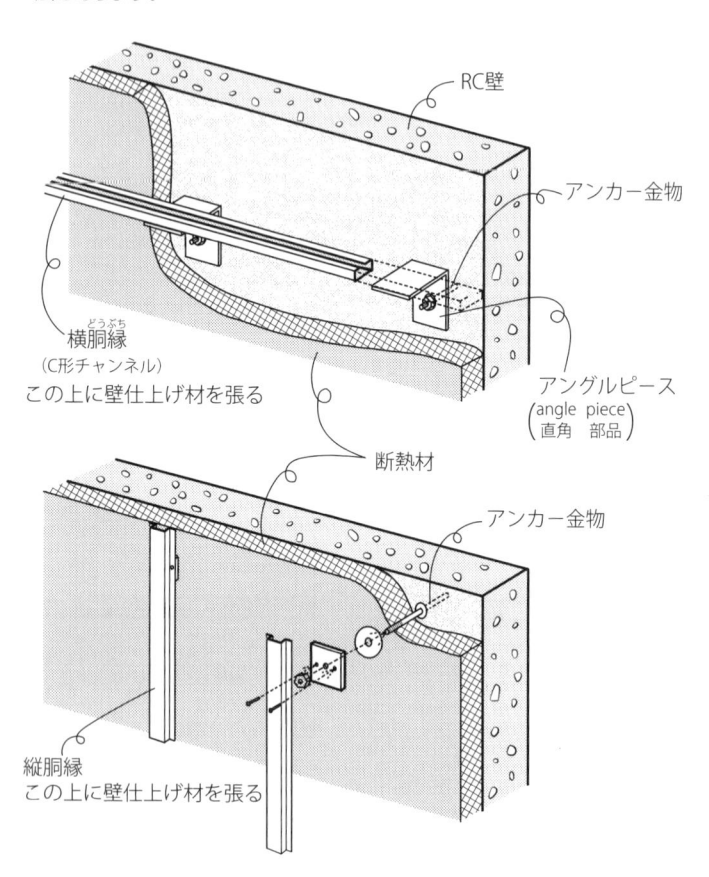

- RC壁
- アンカー金物
- 横胴縁（どうぶち）（C形チャンネル）この上に壁仕上げ材を張る
- アングルピース (angle piece)（直角　部品）
- 断熱材
- アンカー金物
- 縦胴縁　この上に壁仕上げ材を張る

- RC外断熱では室内の温度変化が小さく、コストはかかりますがRCでは最も理想的です。しかし、夏に窓を開けて外の湿気のある空気を入れると、冷たい壁に結露することがあります。また構造上ベランダを本体から離すのは大変で、ステンレスの16φのアンカーを2本ずつ×状に入れるなどして留め、本体とベランダのすき間に断熱材を入れます。RC外断熱では、クリアしなければならないことが多く、設計、施工上注意が必要です。

★ **R142** ○×問題　　　　　　　　　　　断熱と結露　その9

Q 熱橋（ヒートブリッジ）となる部分の室内側は、冬期に結露しやすい。

A 断熱材の切れ目や鉄骨などの、ほかに比べて特に熱を通しやすい部分を、熱橋（ヒートブリッジ）といいます。川に架かる橋のように、そこだけに集中して熱が通ります。木造の軸組も、ほかの断熱部分と比べると熱橋となりますが、最も深刻なのは鉄骨です。特に耐火被覆されていない間柱などは熱が逃げやすく、その内壁部分に結露が生じやすくなります。そのような熱橋部分は、断熱材を張るなどの対策が必要です。

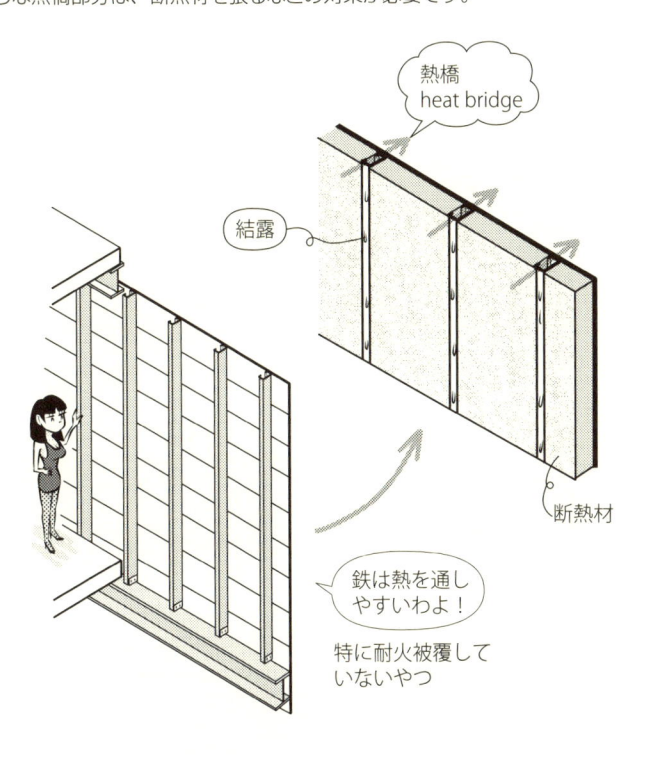

答え ▶ ○

★ R143 ○×問題　断熱と結露　その10

Q コンクリート外壁における隅角部の室内表面温度は、平面壁の表面温度に比べて、外気温度に近い傾向がある。

A 平面、断面の隅角部は、熱の抜ける方向が扇形に広がるので、平らなところよりも熱が伝わりやすくなります。そのため外気温に近づきます（答えは○）。隅角部はほかよりも断熱材を厚くするか、熱抵抗の大きい材を使うなどの工夫が必要です。

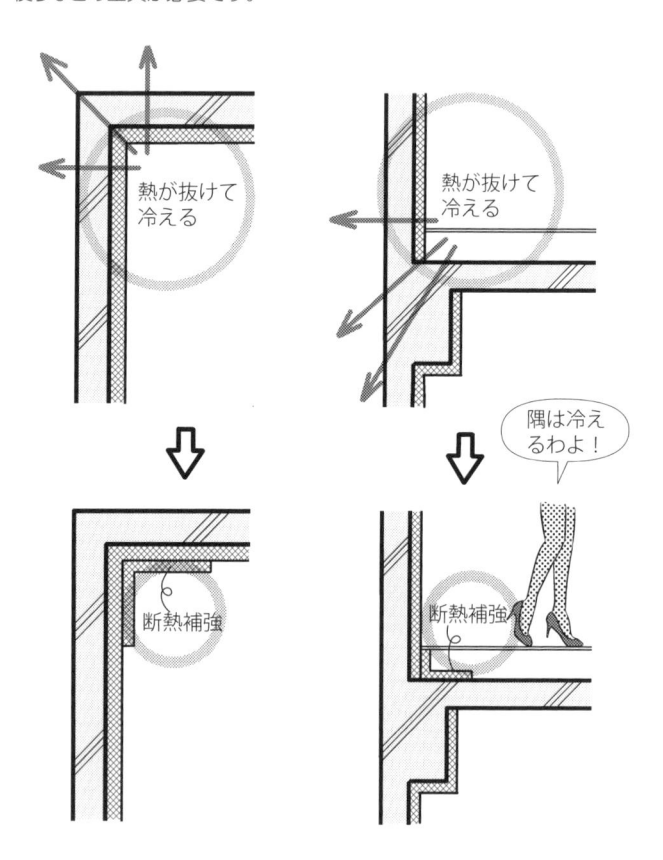

答え ▶ ○

★ R144 ○×問題　　　断熱と結露　その11

Q 暖房された部屋につながる、北側の暖房されていない部屋では、結露しやすい。

A 部屋どうしは、すき間やがらりのあるドア、水蒸気を通す薄い壁で仕切られているだけです。南側の部屋の水蒸気は、北側にも浸入し、湿度はさほど下がりません。しかし暖房していないため、気温は大きく下がります。また北側の外壁は冷えているので、結露が発生しやすくなります（答えは○）。熱抵抗の小さいガラス面やスチールドア面は、さらに結露しやすい状態となっています。外壁の断熱強化、ペアガラス、断熱性能の高いスチールドアの採用などの対策が考えられます。

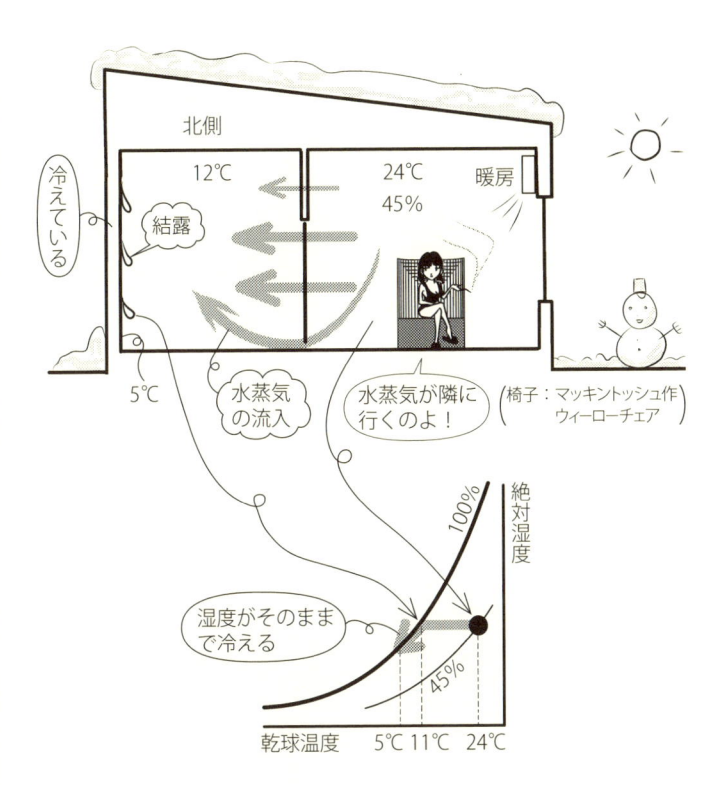

答え ▶ ○

R145 ○×問題　　断熱と結露　その12

Q 室内空気の温度が20℃、湿度45%、外気の温度が0℃の時、熱貫流率 $K=0.64\text{W}/(\text{m}^2\cdot\text{K})$ の壁の室内側表面では、結露は生じない。ただし、室内側の熱伝達率 $a_i=9\text{W}/(\text{m}^2\cdot\text{K})$ で、20℃、絶対湿度45%の空気を湿度を保ったまま冷やした際の露点温度は9℃とする。

A 熱抵抗の直列なので、まず全体の抵抗 R（設問では K が提示されている）、次に熱貫流量 Q を求め、そこから各温度変化を計算します。

壁を流れる熱貫流量 Q を求めます。

（単位は $\dfrac{\text{W}}{\text{m}^2\cdot\text{K}}\cdot\text{K}\cdot\text{m}^2=\text{W}$）

$$Q=\frac{\Delta t\cdot A}{R}=K\cdot\Delta t\cdot A=0.64\times 20\times A=12.8A\ \text{W}$$

壁のどの部分を通る熱量も、等しく Q となります。Q を使って各層での温度降下 Δt を計算できます。ここでは室内表面だけの Δt_i を求めればすみます。

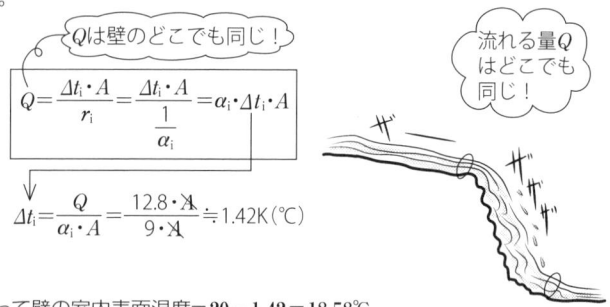

（Q は壁のどこでも同じ！）
（流れる量 Q はどこでも同じ！）

$$Q=\frac{\Delta t_i\cdot A}{r_i}=\frac{\Delta t_i\cdot A}{\dfrac{1}{\alpha_i}}=\alpha_i\cdot\Delta t_i\cdot A$$

$$\Delta t_i=\frac{Q}{\alpha_i\cdot A}=\frac{12.8\cdot A}{9\cdot A}\fallingdotseq 1.42\text{K}(℃)$$

よって壁の室内表面温度 $=20-1.42=18.58℃$

この温度は露点9℃よりも上なので、結露は発生しないとわかります（答えは○）。

Point

全体の抵抗 R　⟹　流量 Q　⟹　各温度変化 Δt

$$R_i=\frac{1}{\alpha_{内}}+\left(\frac{\ell_1}{\lambda_1}+\frac{\ell_2}{\lambda_2}+\cdots+r_{中}\right)+\frac{1}{\alpha_{外}}$$

中空層

$$Q=\frac{\Delta t\cdot A}{R}\ (=K\cdot\Delta t\cdot A)$$

$$Q=\frac{\Delta t_1\cdot A}{r_1}\Delta t_1=\cdots$$

（同じ）

答え ▶ ○

★ R146 ○×問題　　　南中高度　その1

Q 1. 北緯35°の地点において、冬至の日における南中高度は約30°である。
2. 北緯35°の地点において、夏至の日における南中高度は約60°である。

A 太陽が真南に来ることを南中（なんちゅう）といいます。南中高度とは、南中時の太陽の高さを、地表面との角度で測ったものです。
東京（北緯35°）において、南中高度が最も高いのが夏至（6月22日頃）で80°、最も低いのが冬至（12月22日頃）で30°です（1は○、2は×）。その中間で太陽が真東から上り、真西に沈むのが春分（3月21日頃）と秋分（9月23日頃）です。

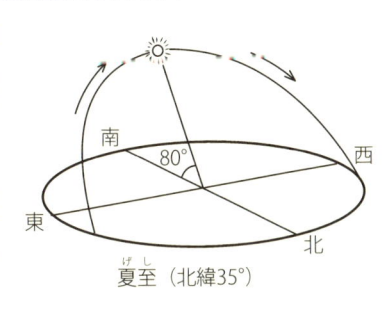

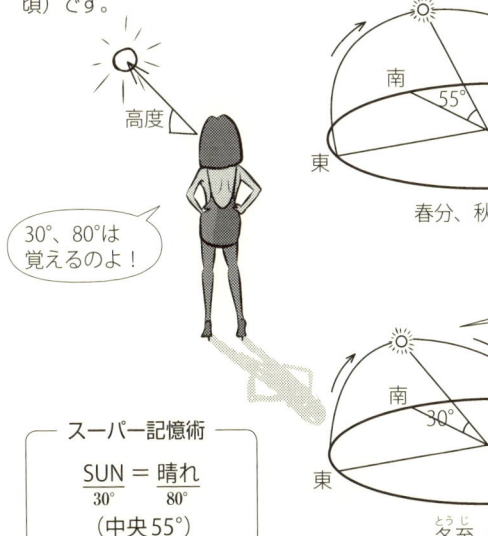

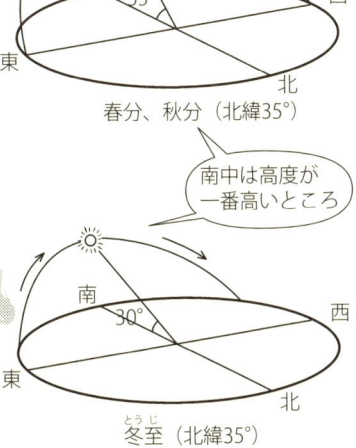

夏至（北緯35°）

春分、秋分（北緯35°）

冬至（北緯35°）

30°、80°は覚えるのよ！

南中は高度が一番高いところ

―― スーパー記憶術 ――
$\underset{30°}{\text{SUN}} = \underset{80°}{\text{晴れ}}$
（中央55°）

- 南中時刻を12:00とした時刻を、真（しん）太陽時といいます。

答え ▶ 1. ○　2. ×

★ **R147** 〇×問題　　　　　　　　　　　　　　　南中高度　その2

Q わが国において、経度および緯度（いど）の異なる地点であっても、冬至の日と夏至の日における南中時の太陽高度の差は等しく、約47°である。

A 東京付近の緯度（約35°）での南中高度は、下図のようになります。前項で述べたように、冬至で約30°（正確には31.6°）、夏至で約80°（正確には78.4°）で、その差は約50°（正確には46.8°）です。約50°の差は、<u>緯度が変わっても同じ</u>です。経度は地球を縦割りにした位置なので、高度には関係しません。

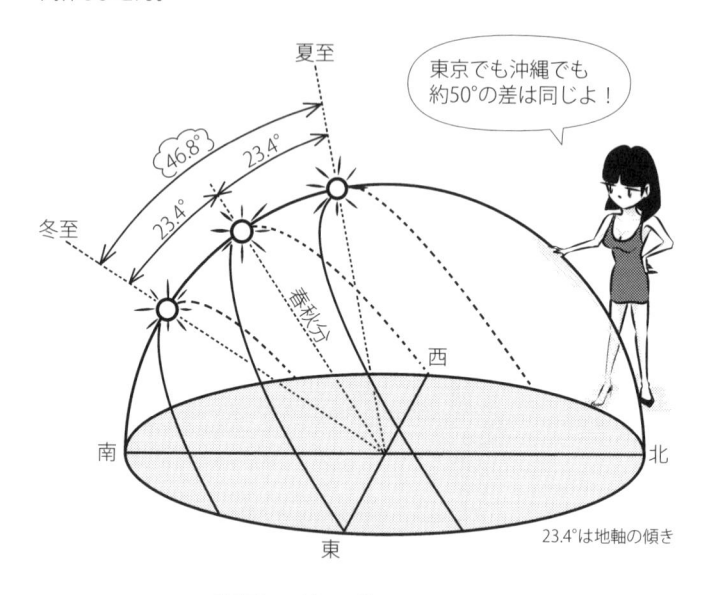

東京でも沖縄でも約50°の差は同じよ！

23.4°は地軸の傾き

（北緯35°における）南中高度
- 夏至78.4°（≒80°）
- 春秋分55°（← $\frac{80+30}{2}$）
- 冬至31.6°（≒30°）

差46.8°（≒50°）

【<u>SUN</u> ＝ <u>晴れ</u>】スーパー記憶術
　30°　　80°

答え ▶ 〇

★ R148 ○×問題　　　　　　　　　　　　　　南中高度　その3

Q 1. 経度が異なる2つの地点において、緯度が同じであれば、同日南中時の太陽高度は等しい。
2. 緯度が異なる2つの地点における同日南中時の太陽高度は、緯度が高い、すなわち北に位置する地点の方が低い。

A 夏至南中時の太陽高度は、下図のようになります。地軸が傾いている角度 **23.4°** の分、太陽高度は春秋分の南中時よりも高くなります。A点の緯度 I が高くなると、A点の太陽高度は低くなります。沖縄より北海道の方が太陽が低いのは、直感的にも明らかです。緯度が同じならば、地球を縦割りにした位置、すなわち経度が変わっても南中高度は同じです（1、2は○）。

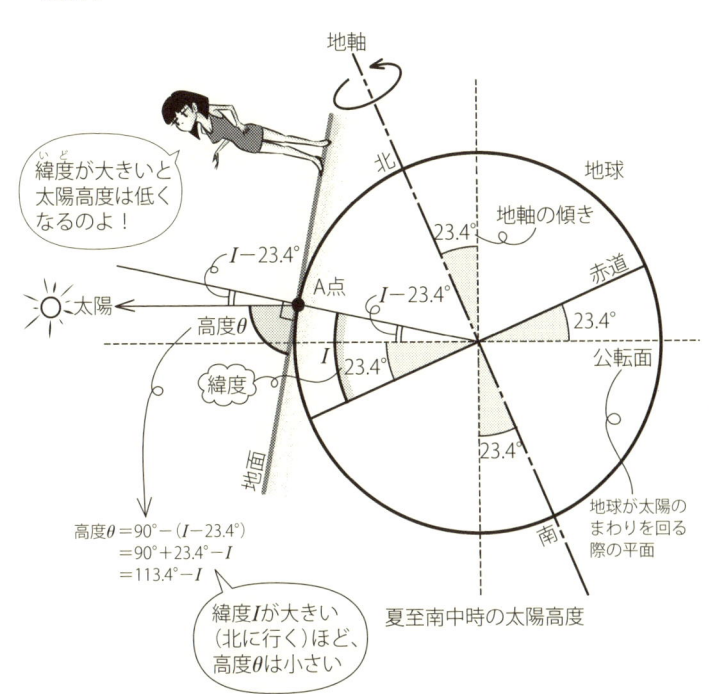

緯度が大きいと太陽高度は低くなるのよ！

地軸
北
地球
地軸の傾き
23.4°
$I-23.4°$
太陽
$I-23.4°$
赤道
高度 $θ$
23.4°
I
23.4°
公転面
緯度
23.4°
地面
南
地球が太陽のまわりを回る際の平面

高度 $θ = 90° - (I - 23.4°)$
　　　　$= 90° + 23.4° - I$
　　　　$= 113.4° - I$

緯度 I が大きい（北に行く）ほど、高度 $θ$ は小さい

夏至南中時の太陽高度

答え ▶ 1. ○　2. ○

★ **R149** ○×問題　　　　　　　　　日照時間、可照時間、日照率

Q ある地点における日の出から日没までの時間を日照時間といい、実際に日の照った時間を可照時間という。

A 可照時間は、照るのが可能な時間、日の出から日没までの時間です。日照時間は、実際に日が照った時間で、雲に隠れた時間は入れません（答えは×）。可照時間のうち、どれだけ実際に日が照ったかの比率が、日照率です。

> 日照時間は雲に隠れた時間はカウントしないのよ！

可照時間：日照可能な時間
日照時間：実際に日の照っていた時間

日照率＝ 日照時間 / 可照時間

答え ▶ ×

★ R150 ○×問題　　　直達日射と天空日射

Q 大気中の微粒子により散乱、反射して地上に達する日射を、天空日射という。

A 太陽から直接達する日射を直達日射、大気中の雲やチリなどで散乱、反射して天空全体から放射される日射を、天空日射といいます（答えは○）。

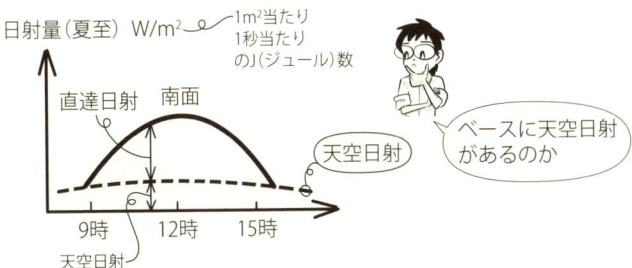

乱反射して天空からも日射があるのよ！

直達日射

天空
チリ
雲
ビシッ
天空日射

日射量＝直達日射量＋天空日射量

日射量(夏至) W/m² — 1m²当たり1秒当たりのJ(ジュール)数

直達日射　南面
天空日射
9時　12時　15時
天空日射

ベースに天空日射があるのか

答え ▶ ○

R151 ○×問題　大気透過率

Q 1. 天空日射量は、大気透過率が高いほど大きい。
2. わが国において、晴天時の大気透過率は、冬期より夏期の方が一般に小さく、天空日射量は大きくなる。

A 大気透過率が高いと、乱反射は少なくなり、天空日射量も少なくなります（1は×）。夏の方が水蒸気などが多くて大気透過率は低く、乱反射は多くなり、天空日射量も多くなります（2は○）。

$$大気透過率 = \frac{直達日射量}{太陽の日射量}$$ …太陽定数（約1370W/m²）
↖人工衛星で計測

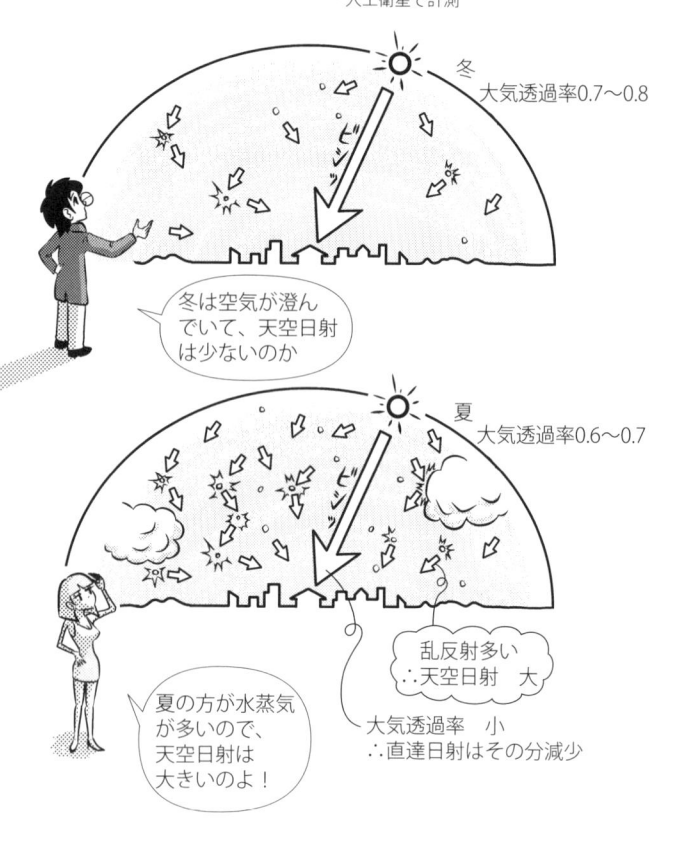

冬　大気透過率0.7〜0.8

冬は空気が澄んでいて、天空日射は少ないのか

夏　大気透過率0.6〜0.7

乱反射多い
∴天空日射　大

大気透過率　小
∴直達日射はその分減少

夏の方が水蒸気が多いので、天空日射は大きいのよ！

答え ▶ 1. ×　2. ○

★ R152　〇×問題　　　　　　　　　　　　　　赤外線と紫外線　その1

Q 直達日射の中には、人の目には見えない赤外線と紫外線が含まれる。

A 光は電磁波の一種で、電磁波には波長（周波数＝振動数）により、以下のようなさまざまな種類があります。光は、人間に見える可視光線と見えない赤外線、紫外線に分かれ、直達日射の中にはすべて含まれています（答えは〇）。可視光線は、波長によって赤から紫まであります。色によって屈折率が違うので、プリズムなどで屈折させると、虹（スペクトル）があらわれます。赤外線は赤の外、紫外線は紫の外に位置します。

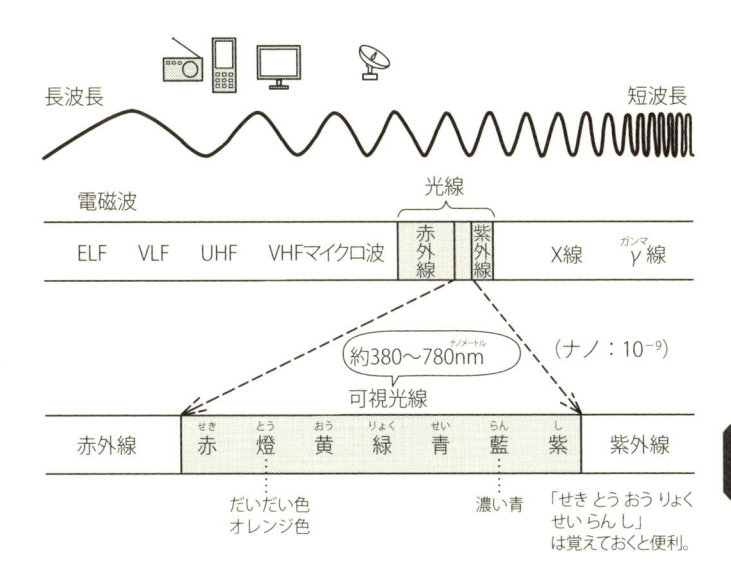

長波長　　　　　　　　　　　　　　　　　　　　　短波長

電磁波　　　　　　　　　　　　　　光線

ELF　VLF　UHF　VHFマイクロ波　赤外線 | 紫外線　　X線　γ線（ガンマ線）

約380〜780nm（ナノメートル）　　（ナノ：10^{-9}）

可視光線

| 赤外線 | 赤（せき）| 燈（とう）だいだい色 オレンジ色 | 黄（おう）| 緑（りょく）| 青（せい）| 藍（らん）濃い青 | 紫（し）| 紫外線 |

「せき とう おう りょく せい らん し」は覚えておくと便利。

目に見えないところに赤外線と紫外線があるのよ！

答え ▶ 〇

R153 ○×問題　赤外線と紫外線　その2

Q 一般的な透明板ガラスの分光透過率は、「可視光線などの短波長域」より「赤外線などの長波長域」の方が低い。

A 分光透過率とは、波長によって光を分けた場合、それぞれがどのくらい透過するかの比率です。透明板ガラスでは、可視光線は90％以上透過します。一方、一定波長以上の赤外線や、一定波長以下の紫外線は、ほとんど透過しません（答えは○）。

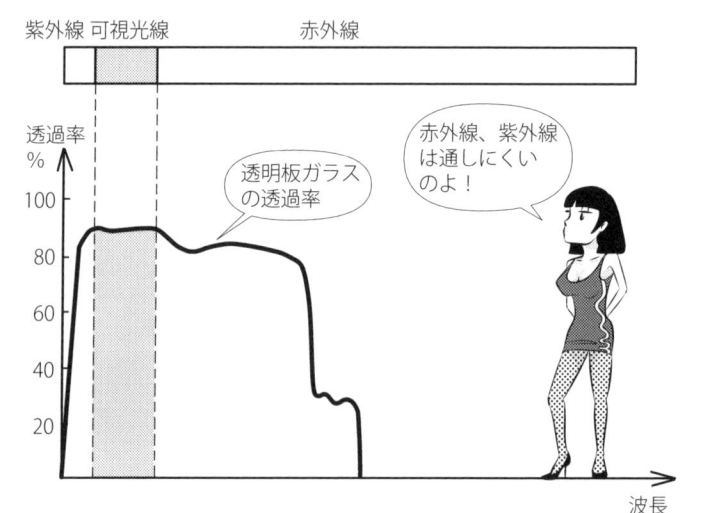

答え ▶ ○

★ R154 ○×問題　　　赤外線と紫外線　その3

Q 白色ペイント塗りの壁の場合、日射エネルギーの吸収率は、「可視光線などの短波長域」より「赤外線などの長波長域」の方が低い。

A 白色ペイントを塗った壁は、下図のように、可視光線はほとんど吸収せずに反射してしまいます。一方、短波長の紫外線、長波長の赤外線は、吸収率が高くなります（答えは×）。

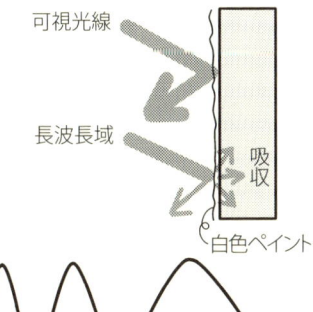

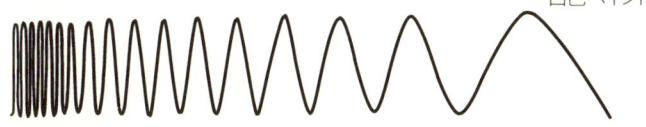

可視光線
長波長域
吸収
白色ペイント

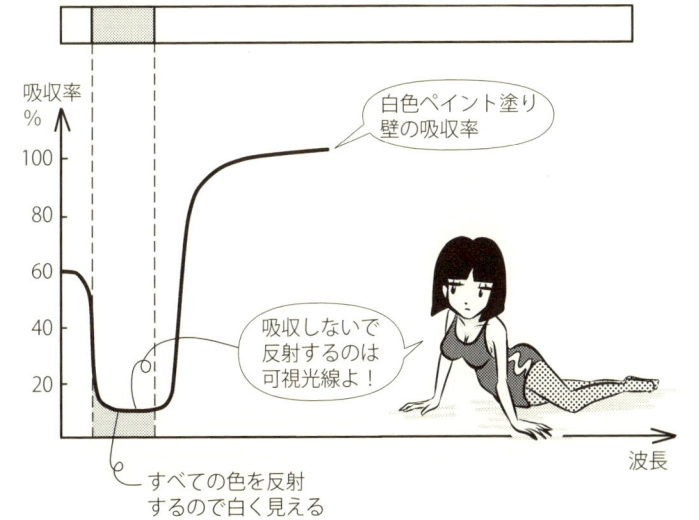

紫外線　可視光線　　赤外線

吸収率
％

100
80
60
40
20

白色ペイント塗り壁の吸収率

吸収しないで反射するのは可視光線よ！

すべての色を反射するので白く見える

波長

答え ▶ ×

★ R155 ○×問題　方位と日照・日射　その1

Q 北緯35°の地点において、冬至南中時における日射量は、南向き鉛直壁面より水平面の方が大きい。

A 日射量とは、単位面積当たり、単位時間当たりに受ける熱量（W/m^2）です。下図のように、冬至南中時の太陽高度は、1年を通して最も低い南中高度となります。その際に日は、水平な屋根よりも南側の壁に多く当たります（答えは×）。逆に夏至南中時の高度は、最も高い南中高度となり、屋根の方が日当たりがよくなります。

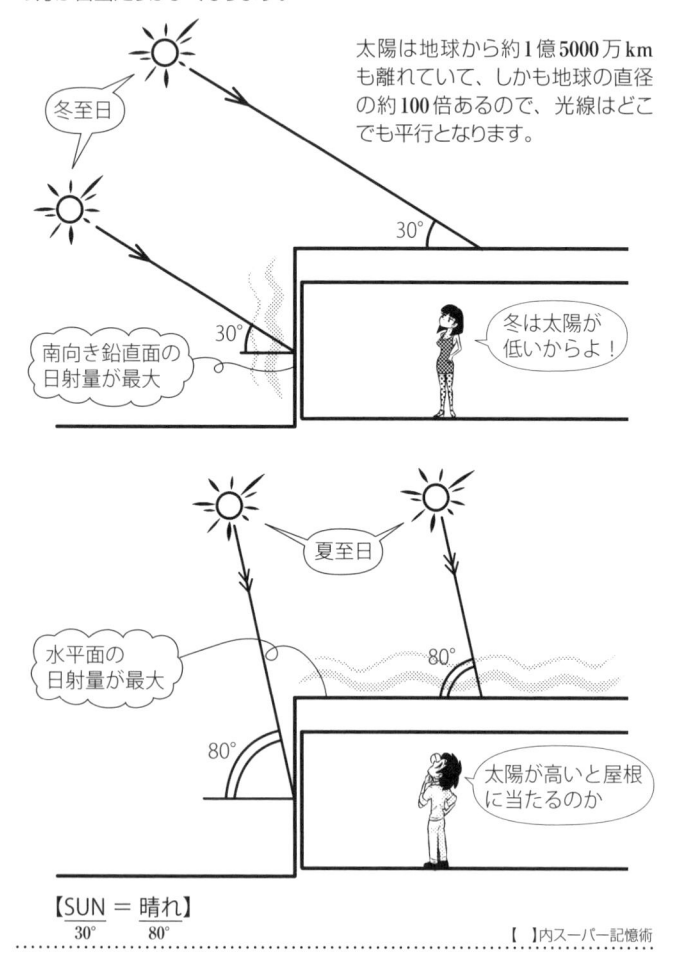

太陽は地球から約1億5000万kmも離れていて、しかも地球の直径の約100倍あるので、光線はどこでも平行となります。

冬至日

30°

30°

南向き鉛直面の日射量が最大

冬は太陽が低いからよ！

夏至日

水平面の日射量が最大

80°

80°

太陽が高いと屋根に当たるのか

【SUN ＝ 晴れ】
　30°　　80°

【　】内スーパー記憶術

答え ▶ ×

R156 ○×問題　方位と日照・日射　その2

Q 北緯35°の地点において、春分・秋分南中時における日射量は、南向き鉛直面より水平面の方が小さい。

A 南中高度は、冬至で約30°、夏至で約80°、春秋分でその中間の約55°です。

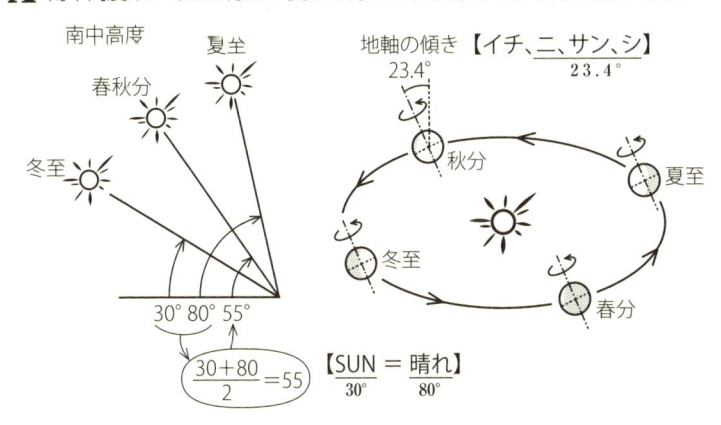

南中高度　　　夏至　　　　　地軸の傾き【イチ、ニ、サン、シ】
　　　　　　　　　　　　　　　　　　　　　23.4°
春秋分
冬至

30° 80° 55°

$$\frac{30+80}{2}=55$$

【SUN ＝ 晴れ】
　30° 80°

約55°で入射する熱線を、垂直方向と水平方向に分解して考えます。大きさと方向をもつベクトルでは、1本のベクトルを複数のベクトルの足し算に分解できます。55°のベクトルを水平垂直に分解すると、垂直のベクトルの方が大きいので、その熱線を受ける水平面の方が、日射量（太陽から受ける熱量）は大きくなります（答えは×）。

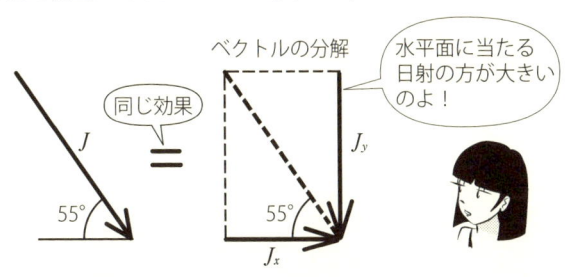

ベクトルの分解　　水平面に当たる日射の方が大きいのよ！

同じ効果

J：日射（日射量という大きさと向きをもつベクトル）

【　】内スーパー記憶術

答え ▶ ×

★ / R157 / ○×問題　　　　　　　　　　　方位と日照・日射　その3

Q わが国における南向き鉛直壁面の可照時間は、春分の日および秋分の日が1年で最も長い。

A 夏至の太陽は右図のように、東や西に近いところでは、東西ラインより北に位置します。その時は、南向き鉛直面には日が当たりません。

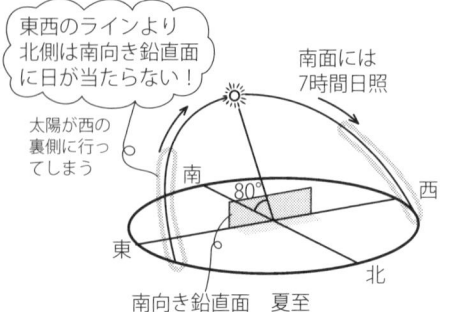

東西のラインより北側は南向き鉛直面に日が当たらない！

南面には7時間日照

太陽が西の裏側に行ってしまう

南向き鉛直面　夏至

春分、秋分の太陽は、真東から上がって、天球上で半円を描いて12時間かけて動き、真西に沈みます。その時は常に、南向き鉛直面に日が当たります（答えは○）。

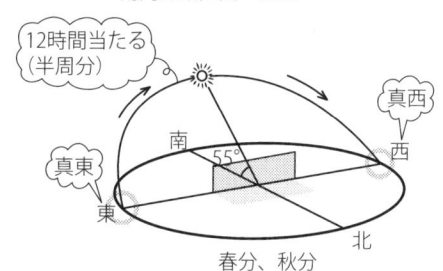

12時間当たる（半周分）

真西　真東

春分、秋分

冬至では太陽が遅く上って早く沈むので、南向き鉛直面に日が当たる時間は、春・秋分よりも少なくなります。

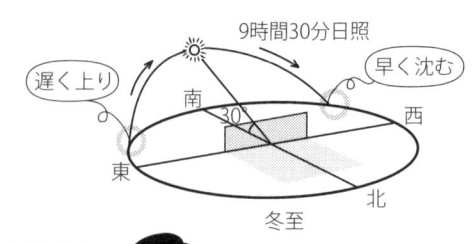

9時間30分日照

遅く上り　早く沈む

冬至

--- スーパー記憶術 ---

春　秋	（戦国）	時　代
春分　秋分		長い時間（南面日照）

春秋分が一番長いのよ！ 南面では

答え ▶ ○

178

★ R158 ○×問題　　方位と日照・日射　その4

Q 北緯35°の地点における南向き鉛直面の1日の可照時間は、春分の日および秋分の日が12時間で最長となり、冬至の日が最短となる。

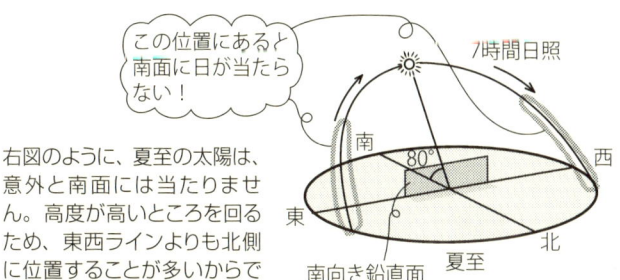

A

右図のように、夏至の太陽は、意外と南面には当たりません。高度が高いところを回るため、東西ラインよりも北側に位置することが多いからです。南面の可照時間が最短になるのは、夏至の日です（答えは×）。

「この位置にあると南面に日が当たらない！」

7時間日照

「夏至の太陽は北側にも回るのよ！」

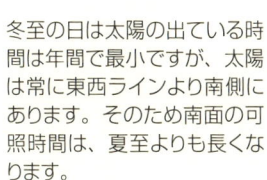

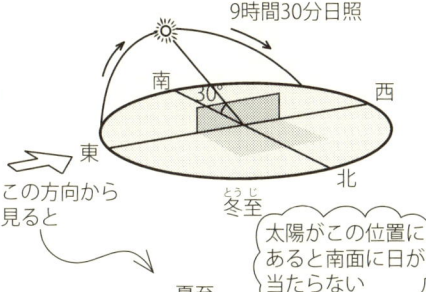

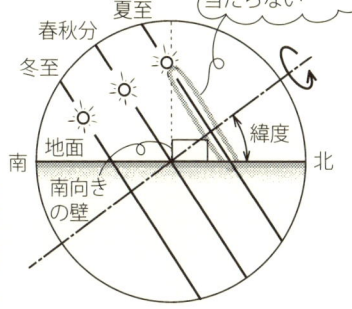

この方向から見ると

9時間30分日照

冬至

「太陽がこの位置にあると南面に日が当たらない」

春秋分
夏至
冬至
地面
南　南向きの壁　北
緯度

冬至の日は太陽の出ている時間は年間で最小ですが、太陽は常に東西ラインより南側にあります。そのため南面の可照時間は、夏至よりも長くなります。

答え ▶ ×

★ R159 ○×問題　方位と日照・日射　その5

Q 日本における北向き鉛直面においては、秋分の日から春分の日までの期間は、日射は当たらない。

A 北向きの壁には、下図のように、秋分から春分までの6カ月、日が当たりません（答えは○）。春秋分では、太陽は真東から上がって真西に沈みます。それより高度が下がると、太陽は東西ラインより北へは行かなくなるからです。

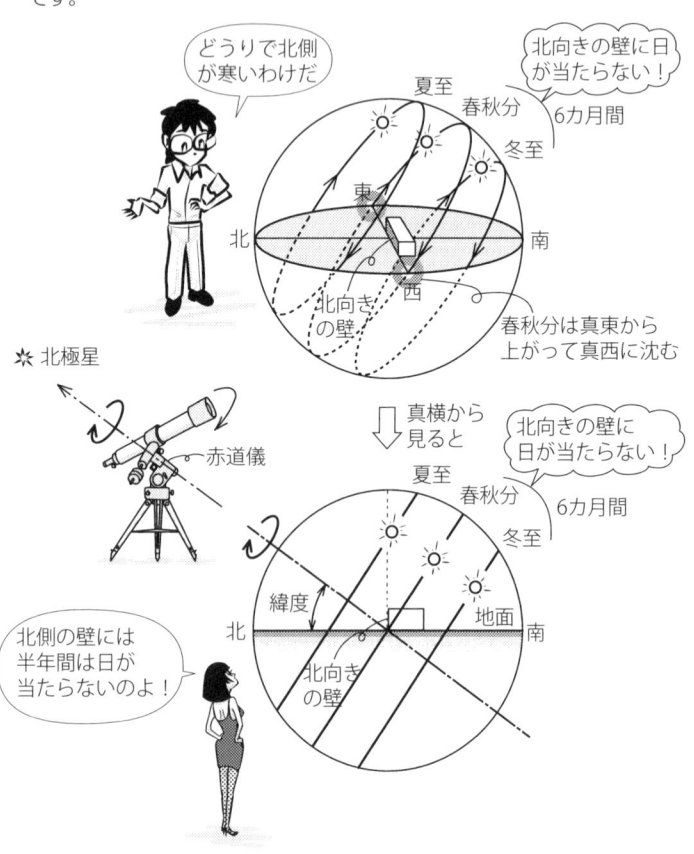

どうりで北側が寒いわけだ

北向きの壁に日が当たらない！ 6カ月間

夏至／春秋分／冬至

春秋分は真東から上がって真西に沈む

※ 北極星　赤道儀

真横から見ると

北向きの壁に日が当たらない！ 6カ月間

夏至／春秋分／冬至

緯度

北側の壁には半年間は日が当たらないのよ！

答え ▶ ○

★ **R160** ○×問題　　　　　　　　　　方位と日照・日射　その6

Q 北緯35°の地点において、夏至の可照時間は、南向き鉛直面よりも北向き鉛直面の方が長い。

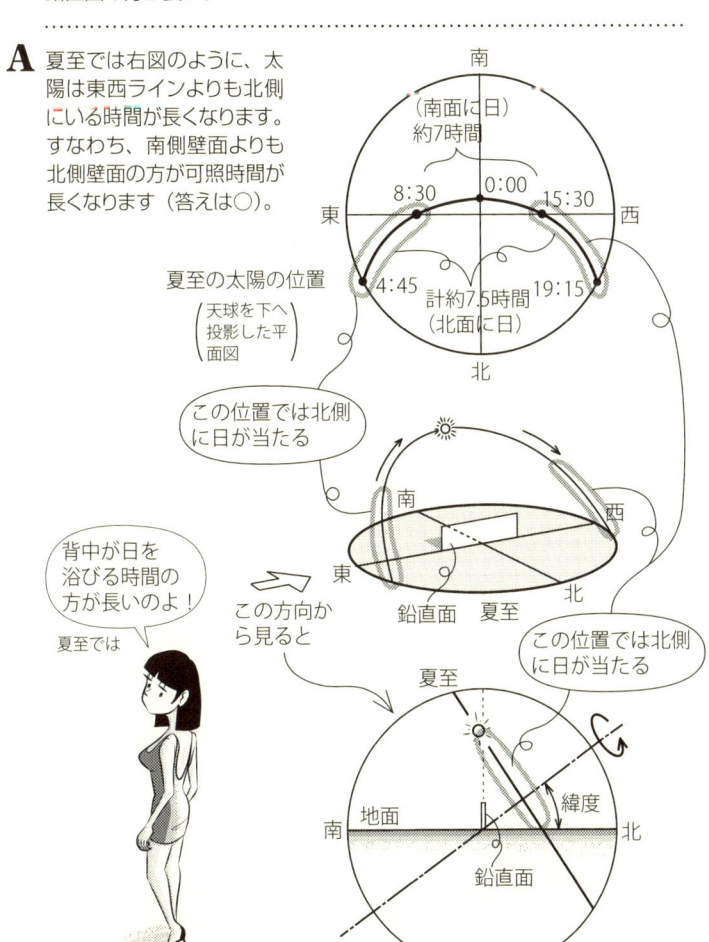

A 夏至では右図のように、太陽は東西ラインよりも北側にいる時間が長くなります。すなわち、南側壁面よりも北側壁面の方が可照時間が長くなります（答えは○）。

（南面に日）
約7時間

8:30　0:00　15:30
東　　　　　　　　　西
4:45　計約7.5時間　19:15
（北面に日）
北

夏至の太陽の位置
（天球を下へ投影した平面図）

この位置では北側に日が当たる

南　　　　　　　西
東　　　　　　　北
鉛直面　夏至

背中が日を浴びる時間の方が長いのよ！
夏至では

この方向から見ると

この位置では北側に日が当たる

夏至
南　　地面　　　緯度　　北
鉛直面

可照時間：日照可能な時間
日照時間：実際に日の照った時間

答え ▶ ○

★ R161 ○×問題

Q 1. 冬至の終日日射量は、南面＞東西面＞水平面、である。
2. 夏至の終日日射量は、水平面＞東西面＞南面、である。
（水平面以外の面は鉛直面を指す）

A 日射量（太陽から受ける熱量）を1日分合計したものが、終日日射量です。

水平面が受ける終日日射量は、太陽高度の高い夏至が最大で、太陽高度の低い冬至が最小となります。

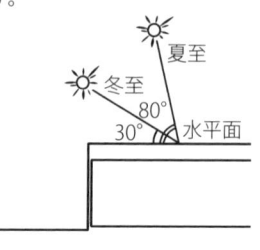

終日日射量
W・h/(m²・day)

南面（南鉛直面）が受ける終日日射量は、太陽高度が高い夏至が、熱線の水平成分が小さくて（R156参照）、終日日射量は最小となります。冬至の高度は低いので南面に強い日が当たりますが、日照時間が短いので、終日日射量は最大とはなりません。

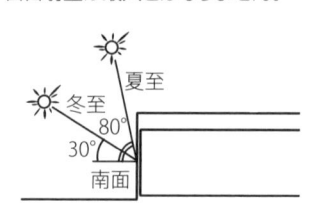

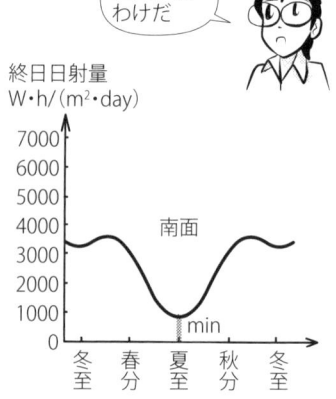

屋根が熱いわけだ

終日日射量
W・h/(m²・day)

方位と日照・日射　その7

東西面（東西鉛直面）の終日日射量は、太陽が東西ラインより北側に大きく回り込む夏至が最大で、可照時間の短い冬至が最低となります。また北面の終日日射量は、季節を通して小さいですが、夏至で最大となります（1は×、2は○）。

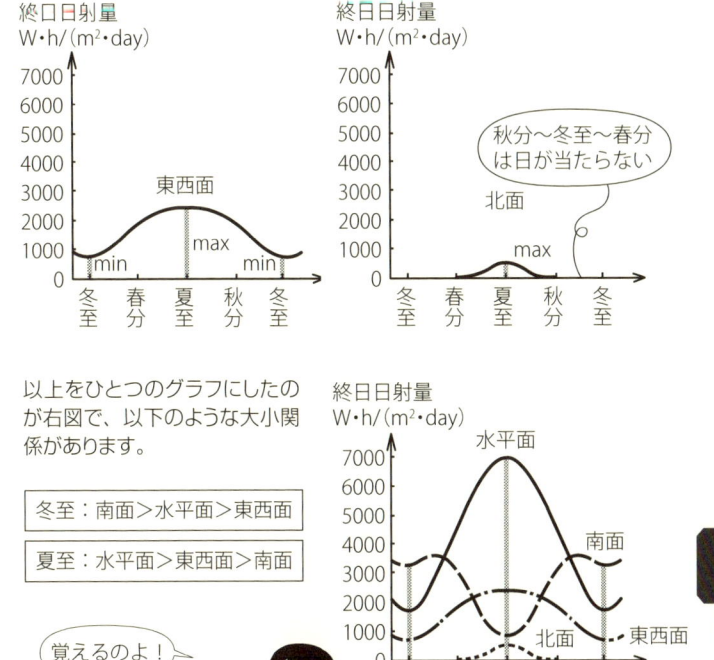

終日日射量
W・h/(m²・day)

（東西面のグラフ：冬至minー夏至maxー冬至min）

終日日射量
W・h/(m²・day)

北面　max
秋分～冬至～春分は日が当たらない

以上をひとつのグラフにしたのが右図で、以下のような大小関係があります。

| 冬至：南面＞水平面＞東西面 |
| 夏至：水平面＞東西面＞南面 |

終日日射量
W・h/(m²・day)

水平面／南面／北面／東西面

覚えるのよ！

― スーパー記憶術 ―

　　冬は縁側でコタツ　　夏は　水　筒
　　　南面＞水平面　　　　水平面＞東西面

縁側は南にあり、コタツの天板から水平と連想する

答え ▶ 1. ×　2. ○

★ **R162** ○×問題　　　　　　　　　　　方位と日照・日射　その8

Q 北緯35°における終日日射量は、
夏至の水平面＞夏至の東西面＞冬至の南面、となる。

A 前項は、夏至と、冬至の時点での各面の比較でした。今回は夏至と冬至を合わせての各面の比較です。ポイントは冬至の南面が、夏至の東西面よりも終日日射量が大きいことです（答えは×）。

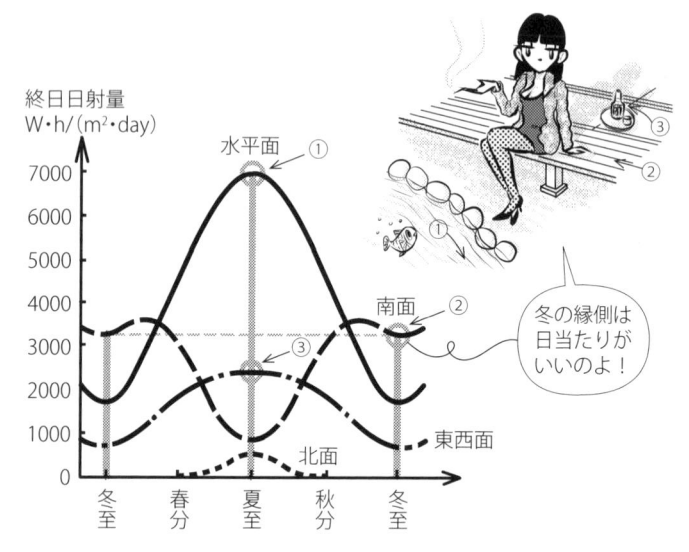

終日日射量 W・h/(m²・day)

①夏至の水平面＞②冬至の南面＞③夏至の東西面

冬の縁側は日当たりがいいのよ！

― スーパー記憶術 ―

冬は縁側でコタツ
　冬至　南面＞水平面

夏は　水　筒
　夏至　水平面＞東西面

縁側の前に　水（池）、後ろに　筒（酒）
　(冬)南面　　(夏)水平面　　(夏)東西面

池を見ながら縁側で酒を飲むイメージから連想する

答え ▶ ×

R163 ○×問題　方位と日照・日射　その9

Q 夏期における冷房負荷を減らすためには、東西面採光より南面採光の方が効果的である。

A 夏の終日日射量は、東西面＞南面です（前項のグラフ参照）。太陽が南にあるときは高度が大きいので、南面に日が当たっても角度がつきすぎていて、伝わる熱量は小さくなります。また東西ラインから北側へ太陽が回ると、南面に日は当たらなくなります。一方東西面には、直角に近い角度で日が当たることもあり、日射量は多くなり、冷房負荷も大きくなります（答えは○）。水平面はさらに大きな日射量を受けるので、屋根の断熱や換気が重要となります。

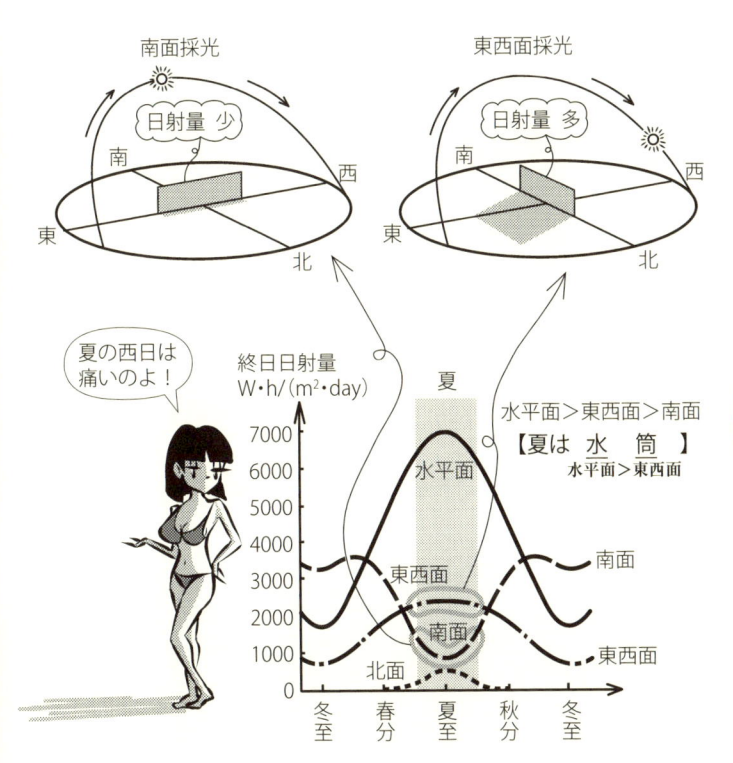

南面採光　日射量 少　南　西　東　北

東西面採光　日射量 多　南　西　東　北

夏の西日は痛いのよ！

終日日射量 W・h/(m²・day)

水平面＞東西面＞南面
【夏は 水　筒 】
水平面＞東西面

7000 水平面
6000
5000
4000 東西面　南面
3000
2000 南面
1000 北面　東西面

冬至　春分　夏至　秋分　冬至

5 日照・日射

【　】内スーパー記憶術

答え ▶ ○

★ R164 ○×問題　方位と日照・日射　その10

Q 防暑を必要とする建築物の平面を計画する場合、東西軸よりも南北軸を長くすることが望ましい。

A 南北軸を長くすると、下図のように、東面と西面に高度の低い太陽から多くの日射を受けることになります。夏の日射を少なくし、冬の日射を多くするには、東西軸を長くするオーソドックスな配置が効果的です（答えは×）。

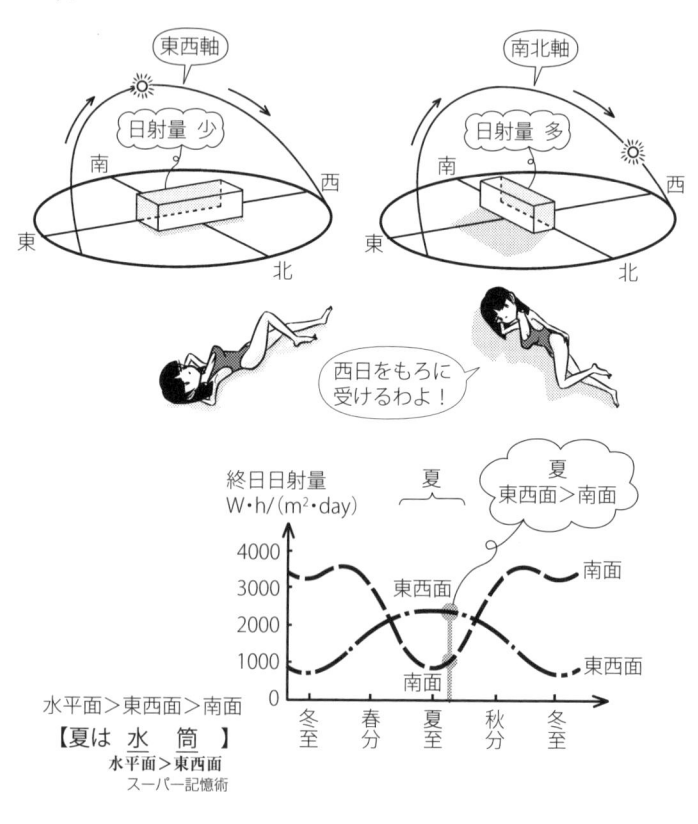

（東西軸）日射量 少
（南北軸）日射量 多

「西日をもろに受けるわよ！」

終日日射量 W·h/(m²·day)

夏　東西面＞南面

水平面＞東西面＞南面

【夏は 水 筒 】
水平面＞東西面
スーパー記憶術

- ル・コルビュジエによるユニテ・ダビタシオンは、棟を南北軸に配置し、居室の窓を東西に向けています。マルセイユのユニテで居住者のひとりに南面していないことを聞いたところ、窓が東西にあるのは気にならないとのことでした。低い太陽の日差しは、庇（ブリーズソレイユ）でも防げませんが、日射への苦情はないようです。

答え ▶ ×

R165 ○×問題　日射の取得・遮へい　その1

Q 窓ガラスの日射取得率は、透過成分（透過率）と、ガラスに吸収された成分（吸収率）のうちの室内側に放出された成分との和である。

A 日射取得率（日射侵入率）は、日射量のうちどれくらい室内に取得されたか、どれくらい侵入したかの割合です。透過した分以外に、暖まったガラスなどから対流、放射で再放出される分も足されます（答は○）。

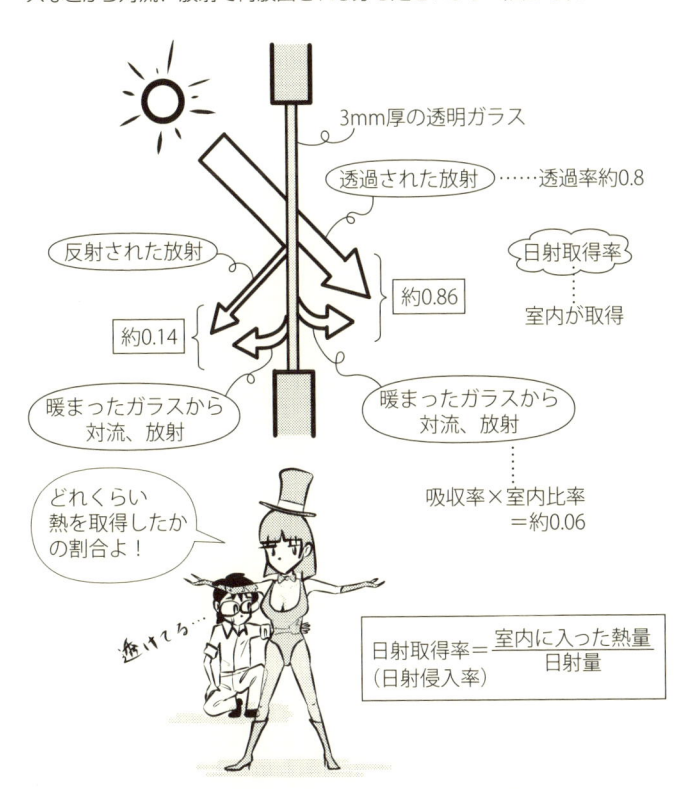

- 3mm厚の透明ガラス
- 透過された放射……透過率約0.8
- 反射された放射
- 約0.86
- 約0.14
- 日射取得率　室内が取得
- 暖まったガラスから対流、放射
- 暖まったガラスから対流、放射
- 吸収率×室内比率＝約0.06
- どれくらい熱を取得したかの割合よ！

$$日射取得率（日射侵入率）＝\frac{室内に入った熱量}{日射量}$$

答え ▶ ○

★ R166 ○×問題　日射の取得・遮へい　その2

Q 日射遮へい係数の大きい窓ほど、日射の遮へい効果が小さい。

A 日射遮へい係数とは、3mm厚の透明ガラスに比べて、どれくらい日射を室内に通すかの割合です。係数名がまぎらわしいのですが、遮へいの度合いではなく、取得の度合いを示しています。日射遮へい係数が大きいほど、室内の日射取得が多く、遮へい効果は小さいことになります（答えは○）。

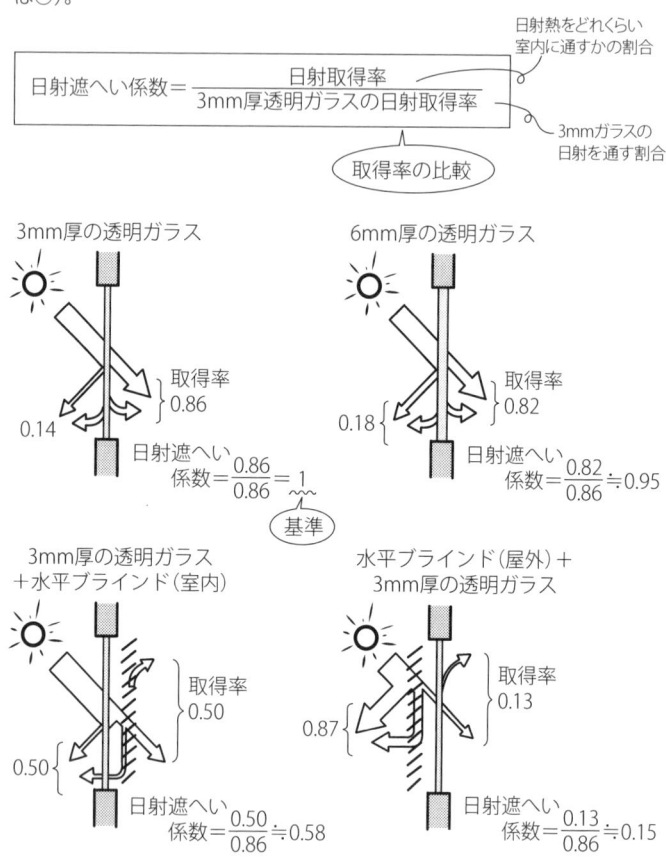

$$日射遮へい係数 = \frac{日射取得率}{3mm厚透明ガラスの日射取得率}$$

- 日射熱をどれくらい室内に通すかの割合
- 3mmガラスの日射を通す割合
- 取得率の比較

3mm厚の透明ガラス
取得率 0.86
0.14
日射遮へい係数 = 0.86/0.86 = 1（基準）

6mm厚の透明ガラス
取得率 0.82
0.18
日射遮へい係数 = 0.82/0.86 ≒ 0.95

3mm厚の透明ガラス＋水平ブラインド（室内）
取得率 0.50
0.50
日射遮へい係数 = 0.50/0.86 ≒ 0.58

水平ブラインド（屋外）＋3mm厚の透明ガラス
取得率 0.13
0.87
日射遮へい係数 = 0.13/0.86 ≒ 0.15

答え ▶ ○

★ R167 ○×問題　日射の取得・遮へい　その3

Q 1. 西向き窓面に設置する水平ルーバーは、西日の日照・日射調整に有効である。
2. 南向き窓面に設置する縦形ルーバーは、夏の日照・日射調整に有効である。

A 水平ルーバーは、高度の高い夏の日差しには有効ですが、高度の低い西日はさえぎることができません（1は×）。南面に水平ルーバーを単純化したひさしを設けると、夏の日をさえぎり、冬の日を室内に入れることができます。南面には最低でもひさしを設けるべきです。蒸し熱い梅雨時でも、深いひさしや軒があれば、雨の吹き込みを防げるので、窓を開けておくことも可能です。南向き窓に縦型ルーバーを付けても、日差しをさえぎれず、水平ルーバーのような効果は得られません（2は×）。

高度の低い日差しをさえぎるには、水平ルーバーは無力です。縦型ルーバーは、下図のように、日射とルーバーの角度によっては、日差しをさえぎることができます。

答え ▶ 1. ×　2. ×

★ R168 ○×問題　日射の取得・遮へい　その4

Q ブラインドは、窓の室内側に設けるよりも屋外側に設ける方が、日射熱を遮へいできる。

A 室内のブラインドが暖められると、その熱が放射、対流で室内に移ってしまいます。一部外へも逃げますが、外に付けるブラインドほどには熱を外に逃がしません（答えは○）。しかし外にブラインドを付けると、風でバタバタしたり、雨やホコリで傷みやすいという欠点があります。すだれや緑で代用したり、2重ガラスの内側に仕込んだり、常設の建築化されたルーバーにしたりなどの工夫が必要です。

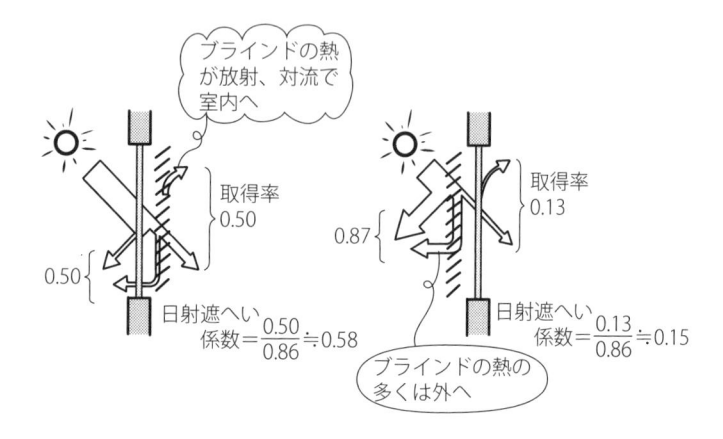

図中：
- ブラインドの熱が放射、対流で室内へ
- 取得率 0.50
- 0.50
- 日射遮へい係数 = $\frac{0.50}{0.86} ≒ 0.58$
- 0.87
- 取得率 0.13
- 日射遮へい係数 = $\frac{0.13}{0.86} ≒ 0.15$
- ブラインドの熱の多くは外へ

吹き出し：
- ブラインドの熱が室内に出てくるのか
- かといって屋外にブラインドは難しくね？

• 水平ブラインド（横型ブラインド）のことを、ベネシャンブラインドともいいます。

【ベニスは 水 の都】
　　　　　　水平

【　】内スーパー記憶術

答え ▶ ○

★ **R169** ○×問題　　　　　　　　　日射の取得・遮へい　その5

Q 建築物の日射取得は、「直達日射」「地面などからの反射」「日射受熱による高温物体からの再放射」による熱取得の合計である。

A 太陽から直接受ける直達日射のほかに、天球から受ける天空日射もあります（答えは×）。周囲の物に反射した放射も受けます。また暖められたものからの放射、対流によっても熱は伝わります。

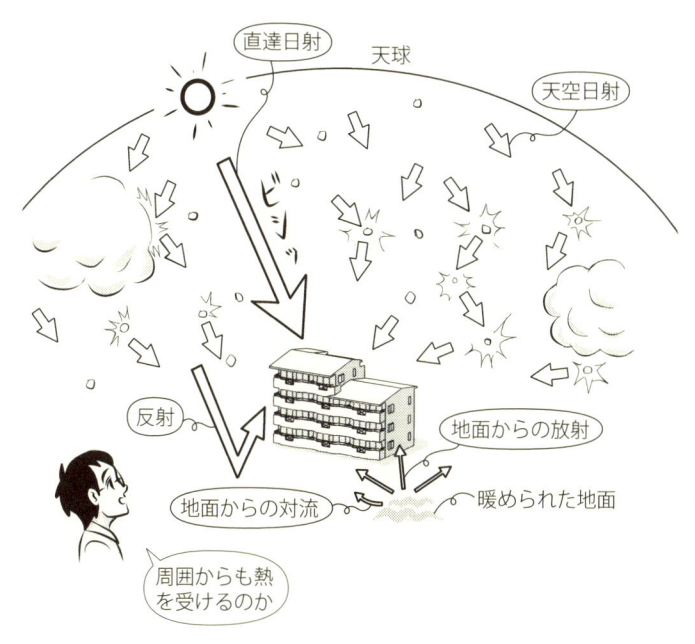

建物の受ける日射＝直達日射＋天空日射　←──────空から来る熱
　　　　　　　　＋反射＋地面からの放射と対流←周囲から来る熱

答え ▶ ×

★ R170 ○×問題　日影曲線、日差し曲線、日照図表　その1

Q 春分の日と秋分の日において、水平面に立てた鉛直棒の直射日光による影の先端の軌跡は、ほぼ直線になる。

A 棒の影の先端をグラフにしたのが、日影曲線です。北を上にすると、冬至は下に凸、夏至は上に凸、春秋分は直線となります。春秋分では地軸の傾きに対して真横に太陽が来るので、地軸の傾きの影響がなくなり、地球が回転しても直線状の軌跡となります。春秋分のグラフは、「凹凸のちょうど中間で直線となる」と覚えておきましょう。

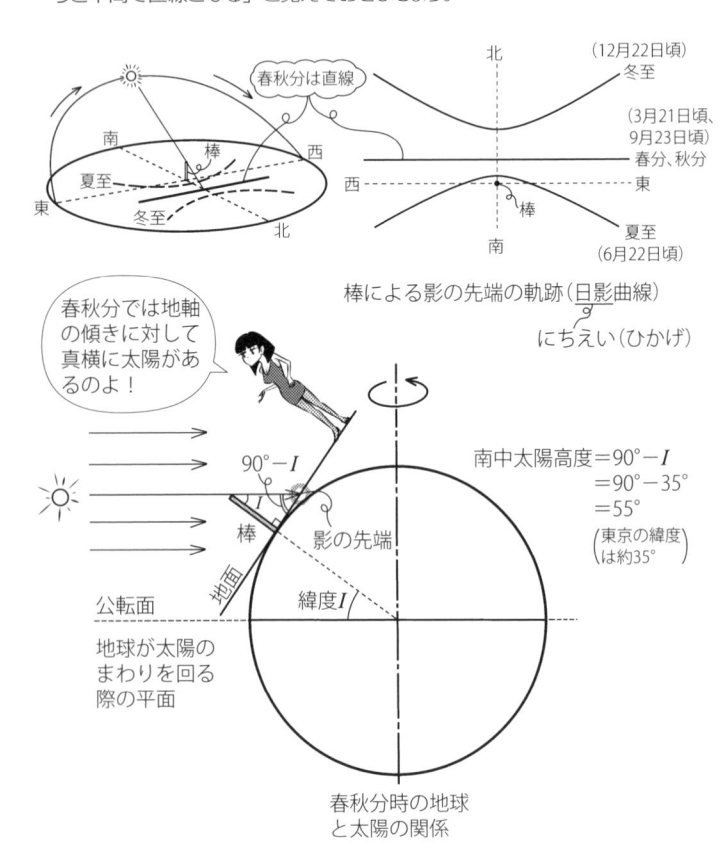

棒による影の先端の軌跡（日影曲線）
にちえい（ひかげ）

（12月22日頃）冬至
（3月21日頃、9月23日頃）春分、秋分
（6月22日頃）夏至

春秋分では地軸の傾きに対して真横に太陽があるのよ！

南中太陽高度＝$90°-I$
　　　　　　＝$90°-35°$
　　　　　　＝$55°$
（東京の緯度は約35°）

公転面
地球が太陽のまわりを回る際の平面

緯度 I

春秋分時の地球と太陽の関係

答え ▶ ○

★ R171 ○×問題　日影曲線、日差し曲線、日照図表　その2

Q 日影曲線から影の長さ（倍率）と方位角を読み、建物の日影図を作成することができる。

A 平面的に見て太陽の真南からどれくらいの角度の位置にあるか（方位角）と、影の長さを日影曲線から読み取れます。それをもとに、建物の日影の平面図（日影図）を描くことができます（答えは○）。

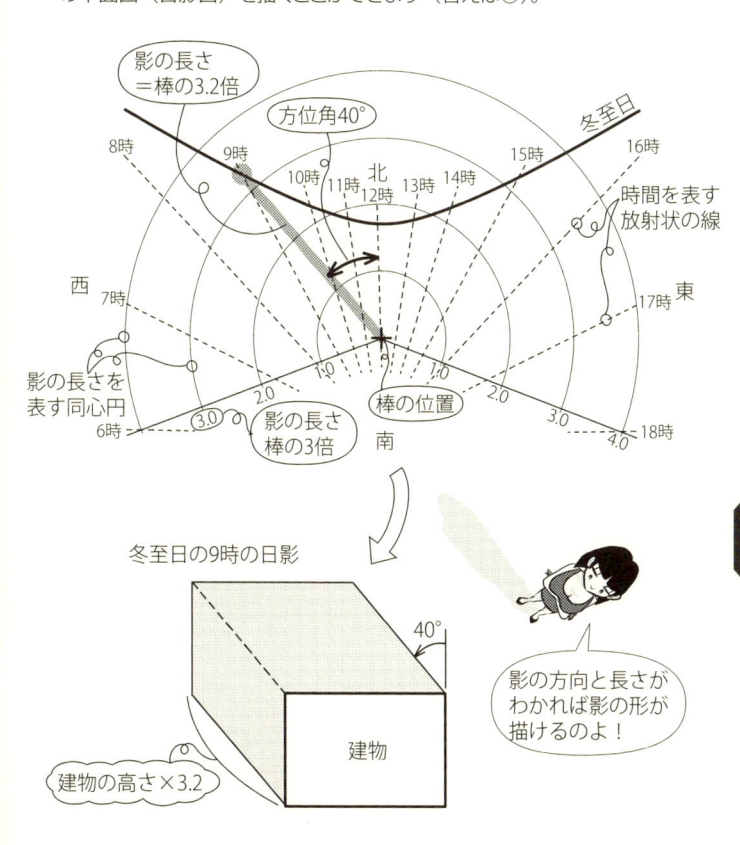

冬至日の9時の日影
建物の高さ×3.2
40°
建物

影の方向と長さがわかれば影の形が描けるのよ！

答え ▶ ○

★ **R172** ○×問題　日影曲線、日差し曲線、日照図表　その3

Q 日差し曲線とは、ある点から太陽に直線を引き、一定の高さにある水平面との交点をとることで、太陽の軌跡を示した図である。

A 日差し曲線は、下図のように、ある点と太陽を結び、水平面との交点をとった図です。太陽の位置と動き（軌跡）がわかります（答えは○）。一方、棒の影の先端の位置と動きを示すのが、日影曲線です。

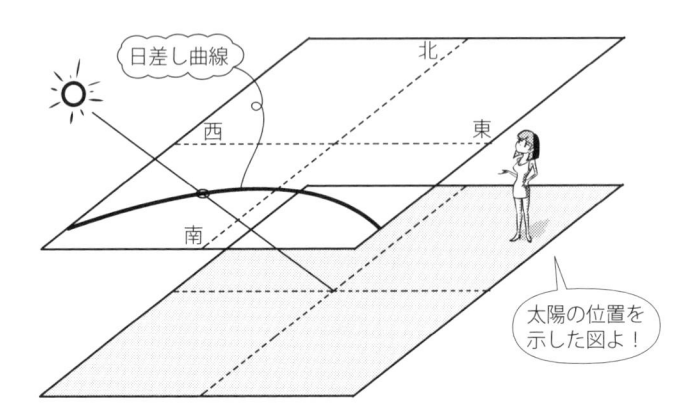

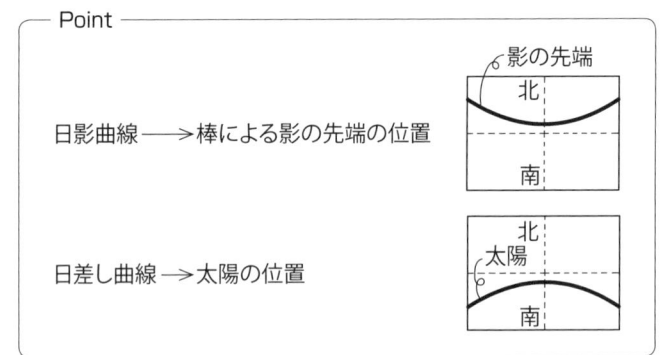

— Point —

日影曲線 ──→ 棒による影の先端の位置

日差し曲線 ──→ 太陽の位置

答え ▶ ○

★ R173　○×問題　日影曲線、日差し曲線、日照図表　その4

Q 水平面で測定した日差し曲線は、水平面で測定した日影曲線と、点対称のグラフとなる。

A 下図のように、太陽の位置と、棒による影の先端の位置は、基準点Oを中心として点対称の関係にあります。よってグラフも点対称です（答えは○）。グラフの形は上下の線対称ですが、時間による位置まで含めると、点対称となります。さらに水平面の高さ h と棒の高さ h が同じならば、大きさも同じグラフとなります。

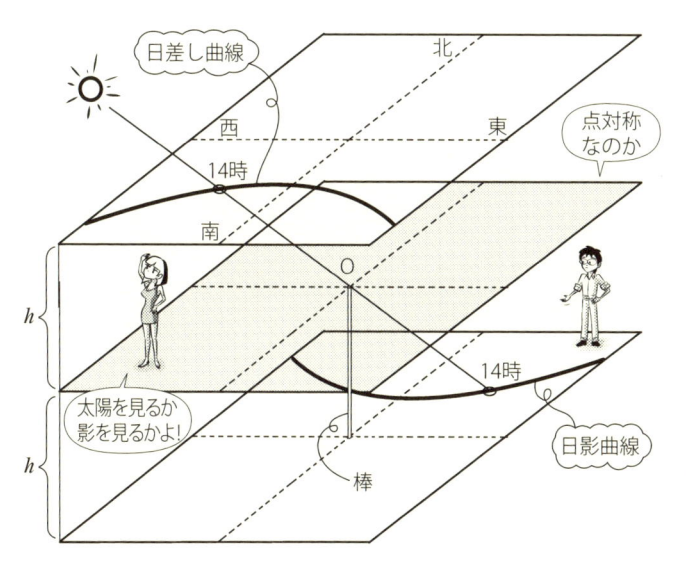

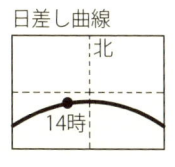

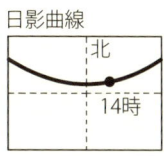

答え ▶ ○

★ R174 ○×問題　日影曲線、日差し曲線、日照図表　その5

Q 日照図表とは、年間の日差し曲線を1枚にまとめた図である。

A ある任意の日と緯度において、5m、10m、15m、20m、25mなどの高さの水平面における日差し曲線を1枚の図にしたのが<u>日照図表</u>です。年間の日差し曲線ではなく、ある1日のいろいろな高さの日差し曲線を1枚の図にしたものです（答えは×）。

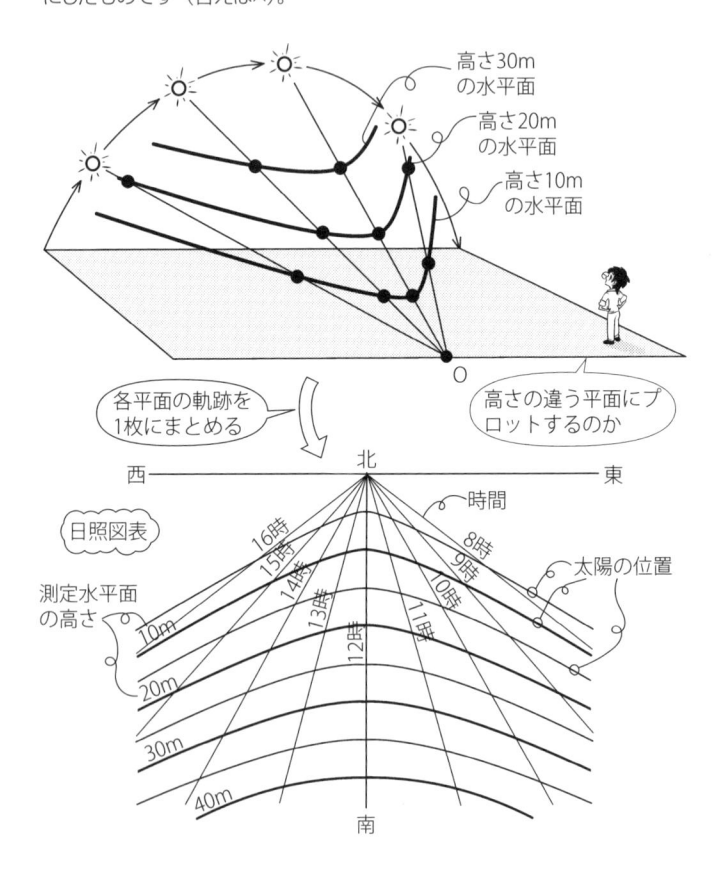

答え ▶ ×

★ **R175** 〇×問題　日影曲線、日差し曲線、日照図表　その6

Q 下の日照図表のような、日時と太陽高度の条件下では、高さ20mの建物の北西側にある検討点Oにおいては、9時30分から13時の間は日影となる。

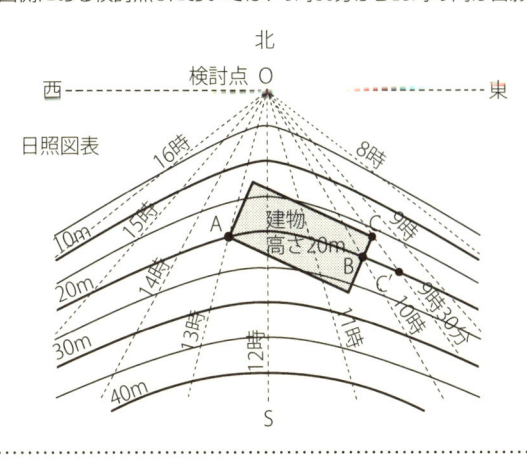

A 点Oから太陽を見るような図に変えて考えてみます。高さ20mの位置に太陽があると想定すると、OCを延長した点C'の太陽は、点Oからは見えません。同様に点B、点Aの太陽も点Oからは見えません。よって点C'から点Aまで、つまり9時30分から10時までは、点Oでは日が当たらないことになります（答えは〇）。

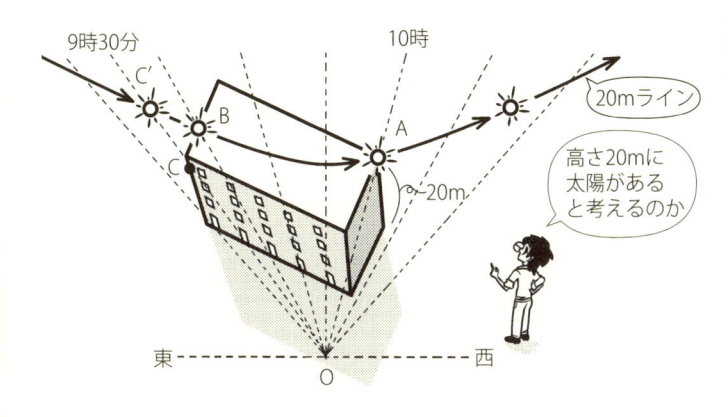

答え ▶ 〇

★ R176 まとめ 日影曲線、日差し曲線、日照図表 その7

日影曲線 棒の影の先端の軌跡。下図のように、日付で曲線を選び、時間で影の長さや角度を知ることができます。建物の日影を考える場合、高さの何倍の影がどの方向にできるかで、日影図をつくることができます。影の一番長い冬至の日影曲線をつくることが多いです。

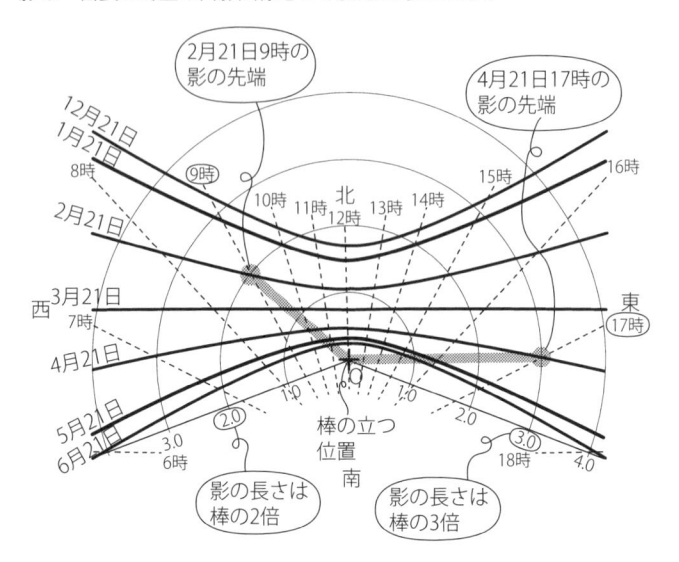

（図：日影曲線）
- 2月21日9時の影の先端
- 4月21日17時の影の先端
- 12月21日、1月21日、2月21日、3月21日、4月21日、5月21日、6月21日
- 影の長さは棒の2倍
- 影の長さは棒の3倍
- 棒の立つ位置

日差し曲線 ⇒ **日照図表** いろいろな高さの日差し曲線を1枚にまとめた図

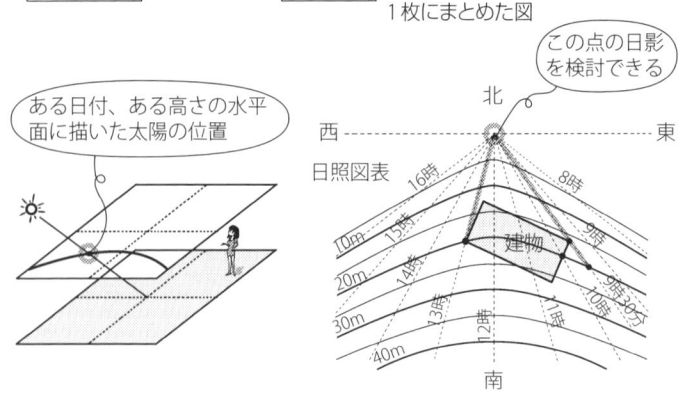

ある日付、ある高さの水平面に描いた太陽の位置

この点の日影を検討できる

日照図表

★ R177 ○×問題　　　　終日日影、永久日影

Q 1. 1日中日影になる部分を、終日日影という。
2. 1年中日影になる部分を、永久日影という。
3. 夏至の日に終日日影となる部分は、永久日影である。

A 終日日影（しゅうじつにちえい）とは1日中日影となる部分、永久日影とは1年中、すなわち永久に日影となる部分です（1、2は○）。夏至の太陽は、南中高度が最も高く（東京で約80°）、東西ラインよりも北側に回り込みます。よって終日日影が、最も小さくなる日です。1年中で終日日影が最も小さくなる部分なので、それが永久日影となります（3は○）。

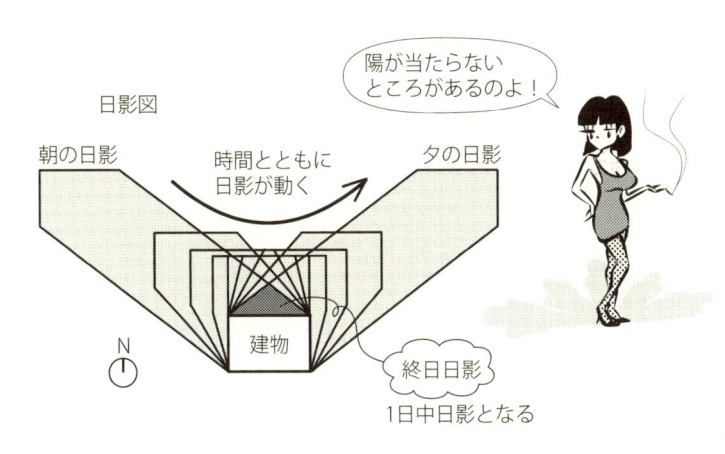

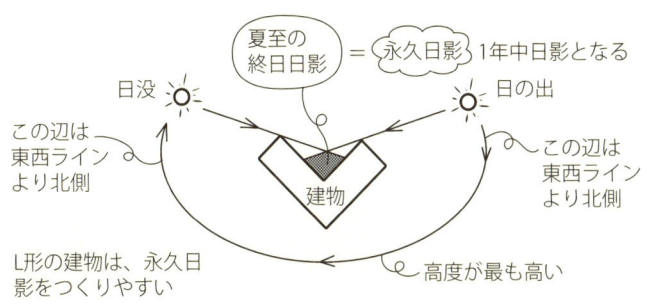

日影図
朝の日影　時間とともに日影が動く　夕の日影
陽が当たらないところがあるのよ！
N　建物
終日日影
1日中日影となる

夏至の終日日影 ＝ 永久日影　1年中日影となる
日没　日の出
この辺は東西ラインより北側
この辺は東西ラインより北側
建物
高度が最も高い
L形の建物は、永久日影をつくりやすい

答え▶ 1. ○　2. ○　3. ○

★ R178 ○×問題

Q 2.5時間、4時間などの一定時間日影となる部分を示した図が、等時間日影図である。

A 日影図とは、ある時間にできる日影を示した図。それに対して等時間日影図とは、一定時間日影となる部分を示した図です（答えは○）。建築基準法では日影時間の規制を調整するため、地盤面より1.5mなど少し高い水平面で日影図をつくり、それから等時間日影図を導きます。

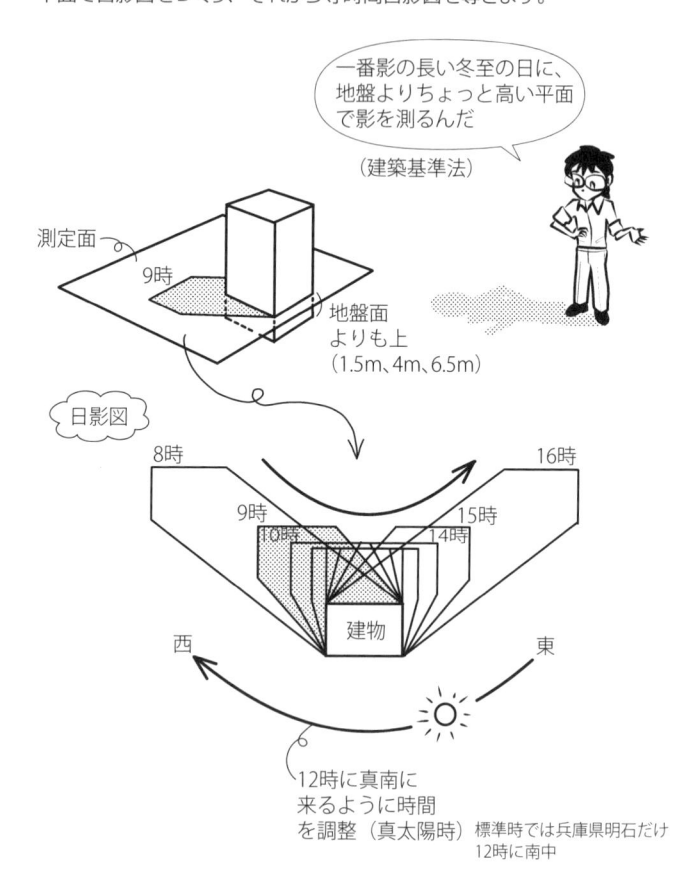

一番影の長い冬至の日に、地盤よりちょっと高い平面で影を測るんだ
（建築基準法）

測定面
9時
地盤面よりも上
(1.5m、4m、6.5m)

日影図

8時　16時
9時　15時
10時　14時
建物

西　東

12時に真南に来るように時間を調整（真太陽時）　標準時では兵庫県明石だけ12時に南中

等時間日影図　その1

建築基準法の別表4から、日影をつくる水平面の高さと、10mと5m以内で許される日影時間を読み取ります。決められた水平面に日影図をつくり、そこから等時間日影図を描いて、10mライン、5mラインの内側に納まるか否かをチェックします。

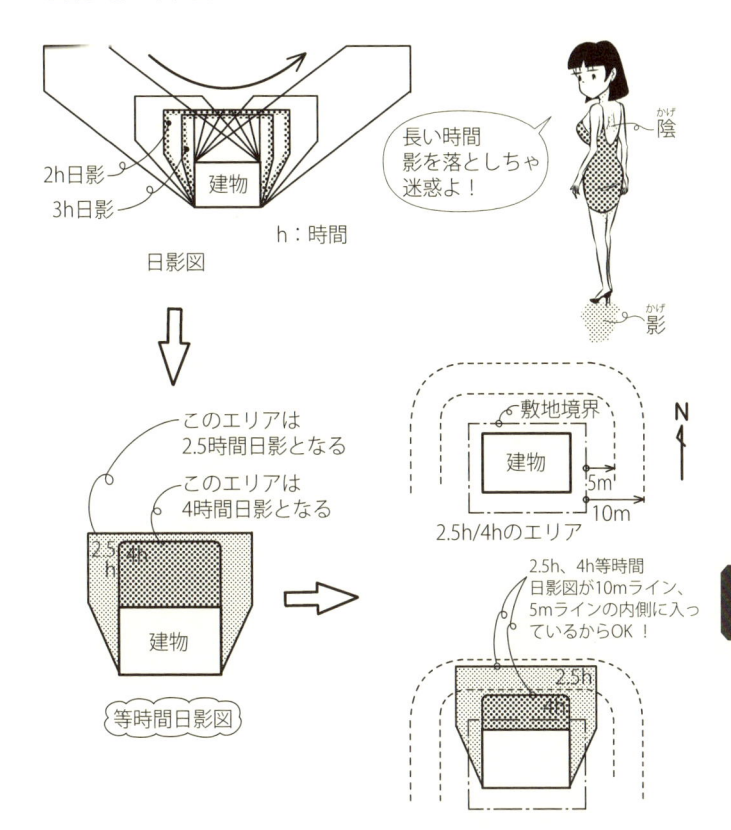

2h日影
3h日影
建物
h：時間
日影図

長い時間影を落としちゃ迷惑よ！

陰
影

このエリアは2.5時間日影となる
このエリアは4時間日影となる

2.5h 4h
建物
等時間日影図

敷地境界
建物
5m
10m
2.5h/4hのエリア
N

2.5h、4h等時間日影図が10mライン、5mラインの内側に入っているからOK！

2.5h
4h
建物

- 筆者が社会人に成り立ての頃は、日影図は苦労して手描きでつくっていました。何時に建物の高さの何倍の影がどの方向にできるかを、日影曲線から読んでひとつひとつの影をつくりました。今ではパソコンが一瞬で、日影図も等時間日影図も描いてくれます。

答え ▶ ○

★ R179 ○×問題

Q 図は、ある地点の水平面に建つ建築物（直方体）の、冬至の日における1時間ごとの日影図（数字は真太陽時）である。1、2の正誤を判定せよ。

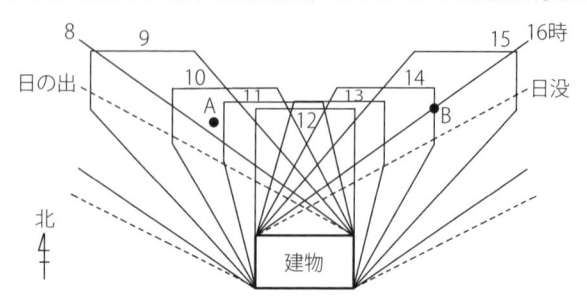

1. 点Aは1日のうち、2時間以上日影になる。
2. 点Bは1日のうち、ちょうど2時間、日影になる。

A 真太陽時とは、太陽が南中したときを12時とした時刻です。標準時で計ると、12時に南中するのは兵庫県の明石だけで、東京は16分ほど早く南中します。

下の左側の図で、点Aは8時少し過ぎに日影に入り、真ん中の図で9時、10時では日影、右側の図で、11時少し前に日影から抜けることがわかります。仮に8時20分から10時40分までとすると、2時間20分、点Aは日影となります（1は○）。

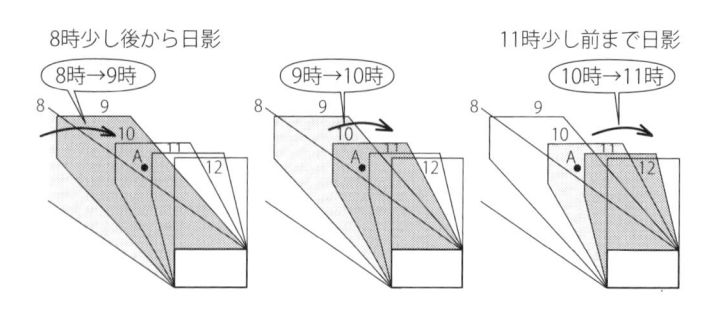

等時間日影図　その2

下図のように点Bは14時から16時までのちょうど2時間、日影となります（2は○）。

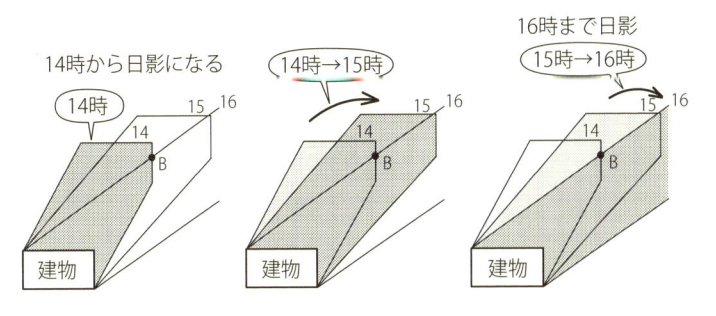

14時から日影になる　　14時→15時　　16時まで日影　15時→16時

等時間日影図は、一般に8時から16時までの日影図を使ってつくります。下図のように2時間ごとの交点を結ぶと、大まかな2時間日影図が描けます。30分ごと、10分ごとなど細かくするほど、正確な等時間日影図とすることができます。1時間日影図、2時間日影図……と各種の等時間日影図を集めて1枚の図にしたものを、<u>日影時間図</u>といいます。

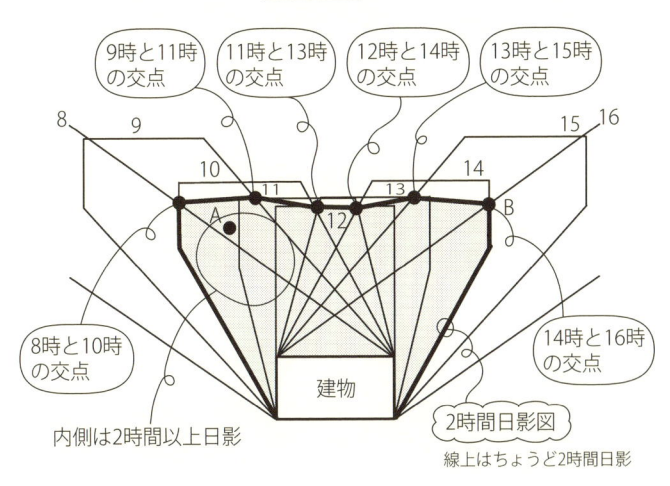

内側は2時間以上日影

2時間日影図
線上はちょうど2時間日影

答え ▶ 1. ○　2. ○

★ R180 ○×問題

Q 図は、ある地点の水平面に建つ建築物（直方体）の、冬至の日における1時間ごとの日影図（数字は真太陽時）である。1、2の正誤を判定せよ。

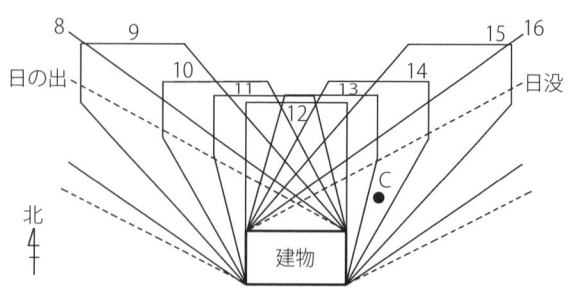

1. 建物の高さが3倍になっても、点Cの日影には影響しない。
2. 建築物の高さが2倍になると、4時間日影図は変化する。

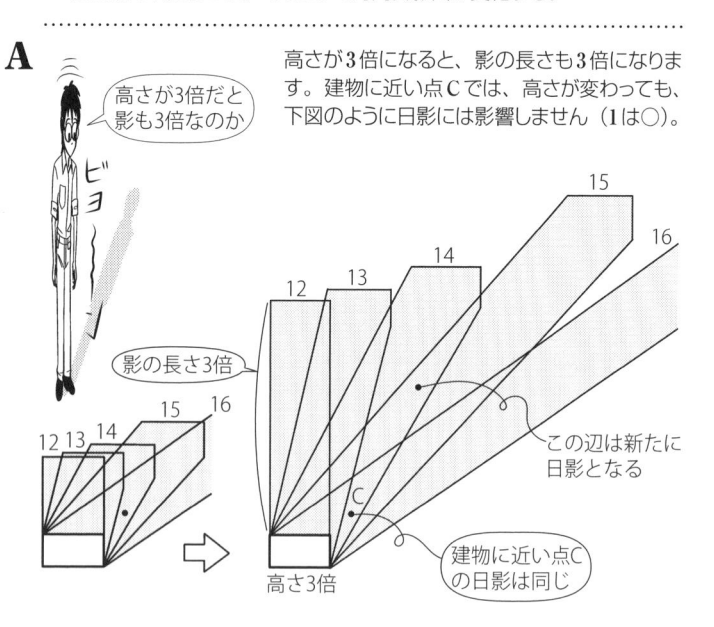

A 高さが3倍になると、影の長さも3倍になります。建物に近い点Cでは、高さが変わっても、下図のように日影には影響しません（1は○）。

等時間日影図　その3

8時の日影と12時の日影の交点Dは、ちょうど4時間日影となります。9時と13時の日影の交点Eは、やはりちょうど4時間日影となります。4時間ごとの日影の交点は、ちょうど4時間の日影となり、それを結ぶと4時間日影図ができ上がります。

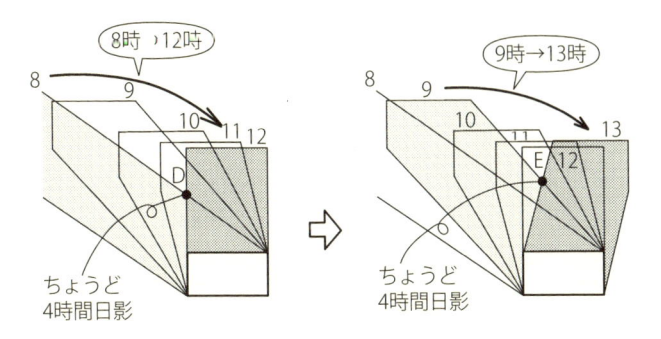

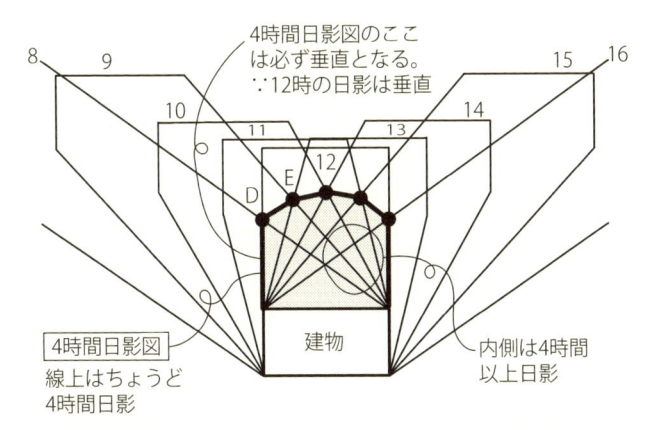

建物の高さが2倍になると、影の長さも2倍になります。影の先端が影響する1時間日影図などは変わりますが、影の根元の方の交点でつくられる4時間日影図は変化しません（2は×）。

答え ▶ 1. ○　2. ×

★ R181 ○×問題

Q 図A、Bは、直方体の建物の冬至日における等時間日影時間図（図中の数字は日影時間を示す）である。各建物の幅（W）、奥行（D）、高さ（H）の比は、2：1：3と2：1：1である。1、2の正誤を判定せよ。

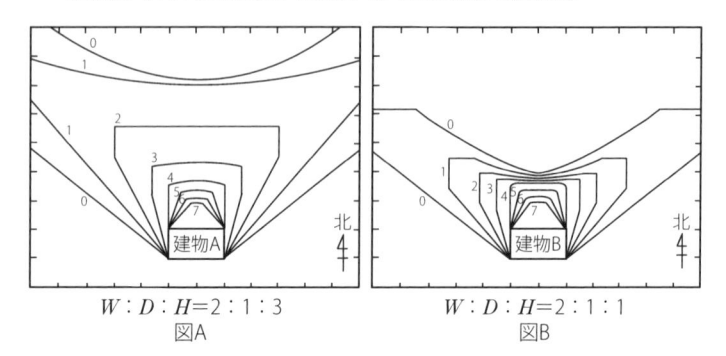

$W:D:H=2:1:3$
図A

$W:D:H=2:1:1$
図B

1. 2時間以上日影となる範囲は、建物AよりもBの方が小さい。
2. 4時間以上日影となる範囲は、建物AとBであまり差がない。

A

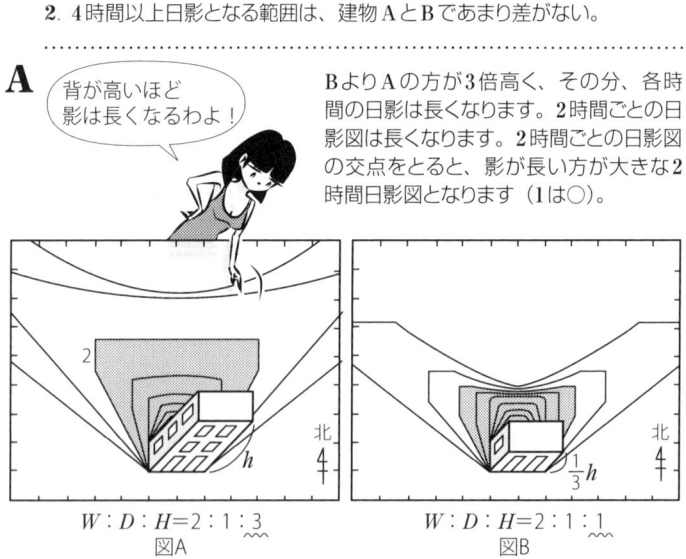

> 背が高いほど影は長くなるわよ！

BよりAの方が3倍高く、その分、各時間の日影は長くなります。2時間ごとの日影図は長くなります。2時間ごとの日影図の交点をとると、影が長い方が大きな2時間日影図となります（1は○）。

$W:D:H=2:1:3$
図A

$W:D:H=2:1:1$
図B

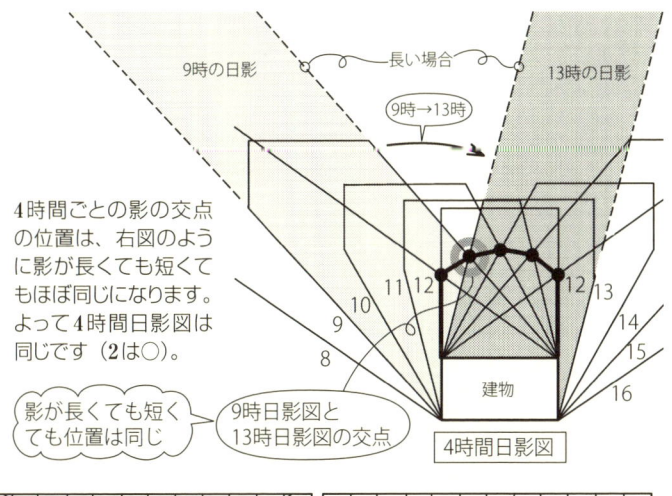

等時間日影図　その4

4時間ごとの影の交点の位置は、右図のように影が長くても短くてもほぼ同じになります。よって4時間日影図は同じです（2は○）。

影が長くても短くても位置は同じ

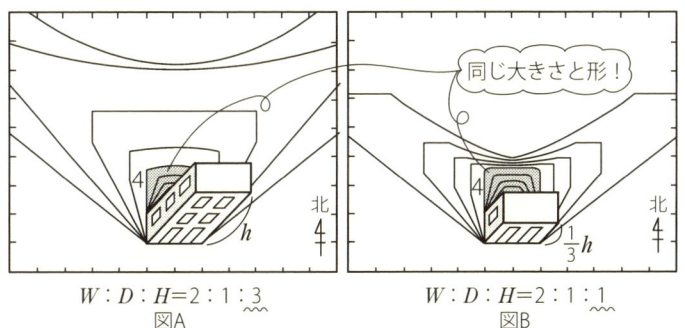

9時日影図と13時日影図の交点

$W : D : H = 2 : 1 : 3$
図A

$W : D : H = 2 : 1 : 1$
図B

同じ大きさと形！

4時間以上の日影図は同じになることが多いわよ！
高さが変わっても

Point

4時間日影図
⇩
高さが変わってもほぼ同じ！

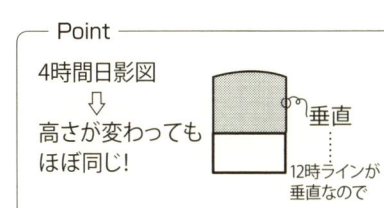

12時ラインが垂直なので

5 日照・日射

答え ▶ 1. ○　2. ○

★ R182 ○×問題

Q 図A、Bは、直方体の建物の冬至日における等時間日影時間図（図中の数字は日影時間を示す）である。各建物の幅（W）、奥行（D）、高さ（H）の比は、2：1：3と3：1：3である。下記の記述の正誤を判定せよ。

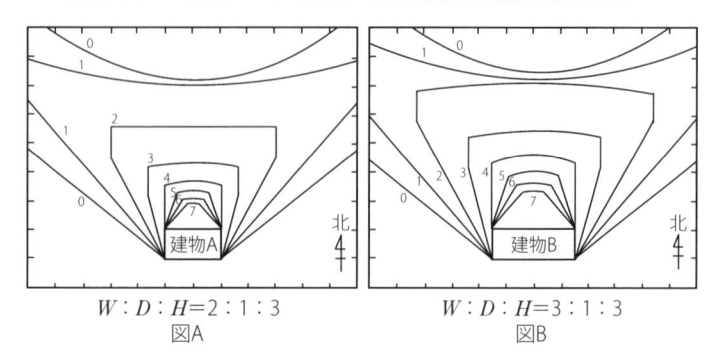

$W:D:H=2:1:3$
図A

$W:D:H=3:1:3$
図B

4時間以上日影となる範囲は、図Aに比べて図Bの方が大きくなる。

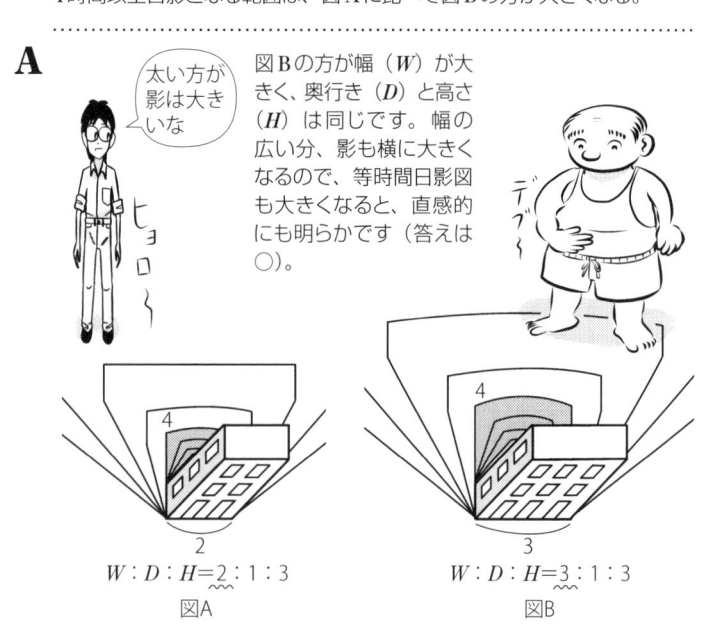

A

「太い方が影は大きいな」

図Bの方が幅（W）が大きく、奥行き（D）と高さ（H）は同じです。幅の広い分、影も横に大きくなるので、等時間日影図も大きくなると、直感的にも明らかです（答えは○）。

$W:D:H=2:1:3$
図A

$W:D:H=3:1:3$
図B

208

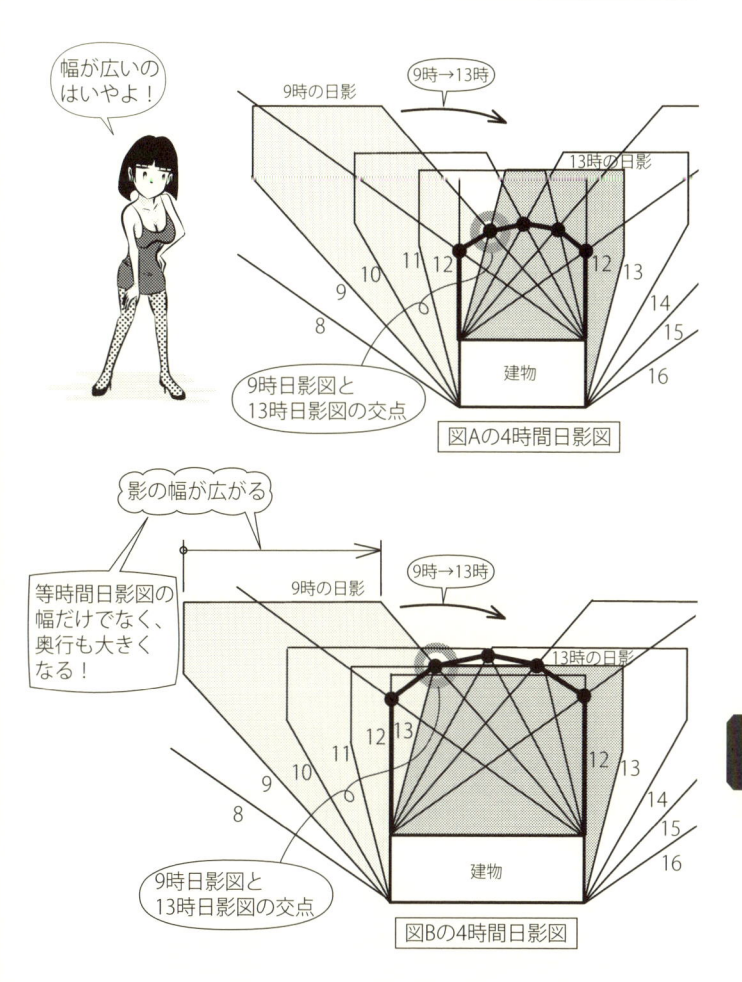

等時間日影図　その5

「幅が広いのはいやよ！」

9時の日影
9時→13時
13時の日影
9時日影図と13時日影図の交点
建物
図Aの4時間日影図

影の幅が広がる
等時間日影図の幅だけでなく、奥行も大きくなる！
9時の日影
9時→13時
13時の日影
9時日影図と13時日影図の交点
建物
図Bの4時間日影図

5 日照・日射

答え ▶ ○

★ R183 ○×問題

Q 図Aは、北緯35°の冬至日における建物Aの4時間日影図（4時間以上日影となる範囲を示した図）である。形状の異なる1、2、3の4時間日影図の正誤を判定せよ。

（寸法の単位はm）

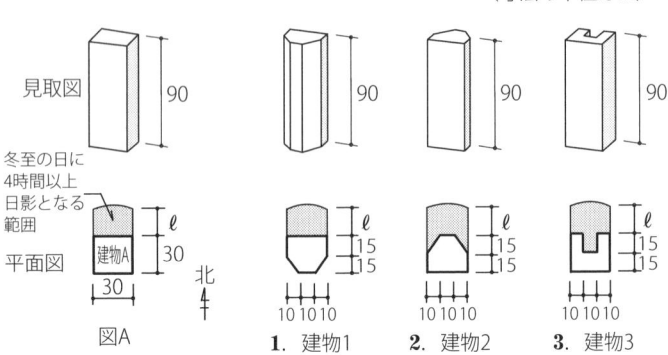

見取図

冬至の日に4時間以上日影となる範囲

平面図

図A

1. 建物1
2. 建物2
3. 建物3

A 4時間ごとの日影図の交点が、ちょうど4時間日影になる点です。建物1の南側の斜めにカットされた角は、この交点を求めるラインには影響しないので、建物Aと同じ4時間日影図となります（1は○）。

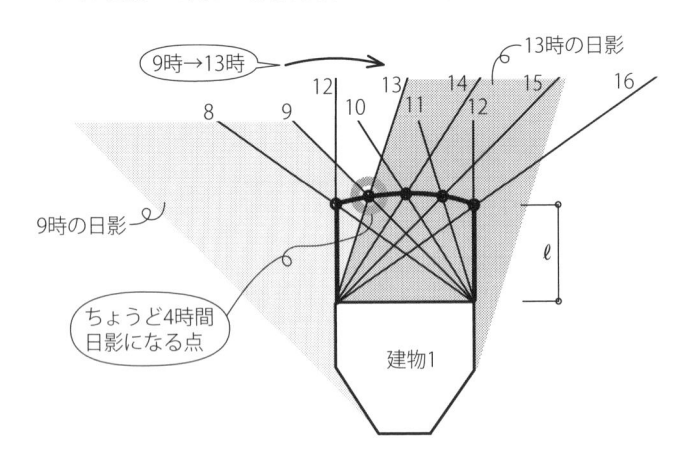

等時間日影図　その6

建物2の北側中央の凸部角から、8、9、10時の日影ラインが出ます。日影の幅が狭くなるので、4時間日影図は、建物Aよりも北方向が短くなります（2は×）。

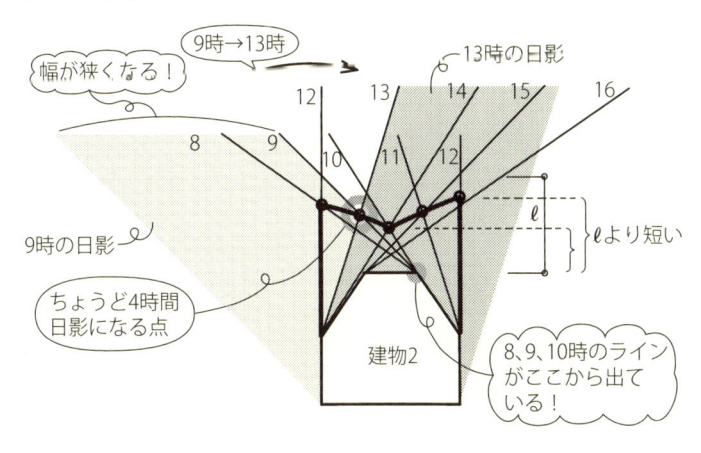

建物3の北側中央のへこみは日影に影響しないので、建物Aと同じ4時間日影となります（3は〇）。

答え ▶ 1. 〇　2. ×　3. 〇

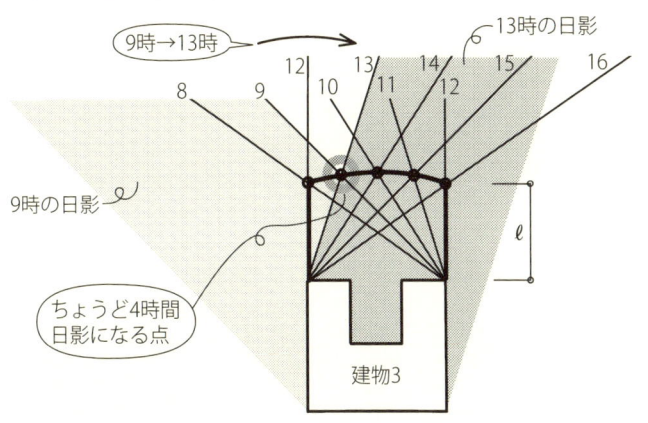

★ R184 ○×問題

Q 図Aは、北緯35°の冬至日における建物Aの4時間日影図である。形状の異なる1、2の4時間日影図の正誤を判定せよ。

(寸法の単位はm)

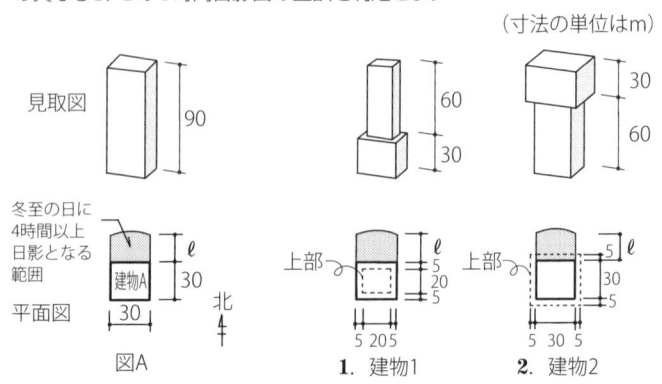

見取図

平面図

冬至の日に4時間以上日影となる範囲

図A

1. 建物1

2. 建物2

A 冬至12時（南中時）の影の長さは、高さの1.5倍弱、8時ラインとの交点は、下図のように、下部の太い方の影の交点で決まります。

その他の点も基壇部分の影の交点で決まるので、建物1の4時間日影図は、建物Aと同じになります（1は○）。

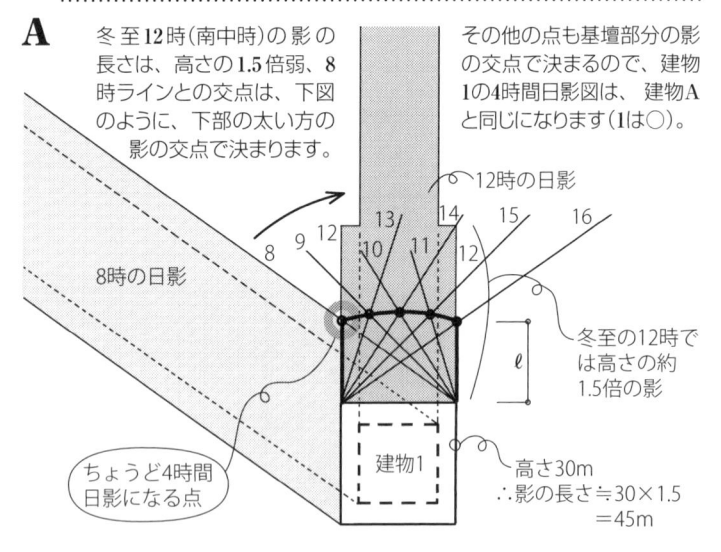

12時の日影

8時の日影

ちょうど4時間日影になる点

建物1

冬至の12時では高さの約1.5倍の影

高さ30m
∴影の長さ ≒ 30×1.5 = 45m

8時と12時の交点、9時と13時の交点と、影を描きながら考えれば、足元の影だけで4時間日影図ができるのがわかります。

等時間日影図 その7

建物2の上に広がった部分の影は、12時では下図のように建物から北であらわれます。しかし、4時間日影図は足元の日影図の交点で求められるので、広がった部分は関係なくなります（2は○）。

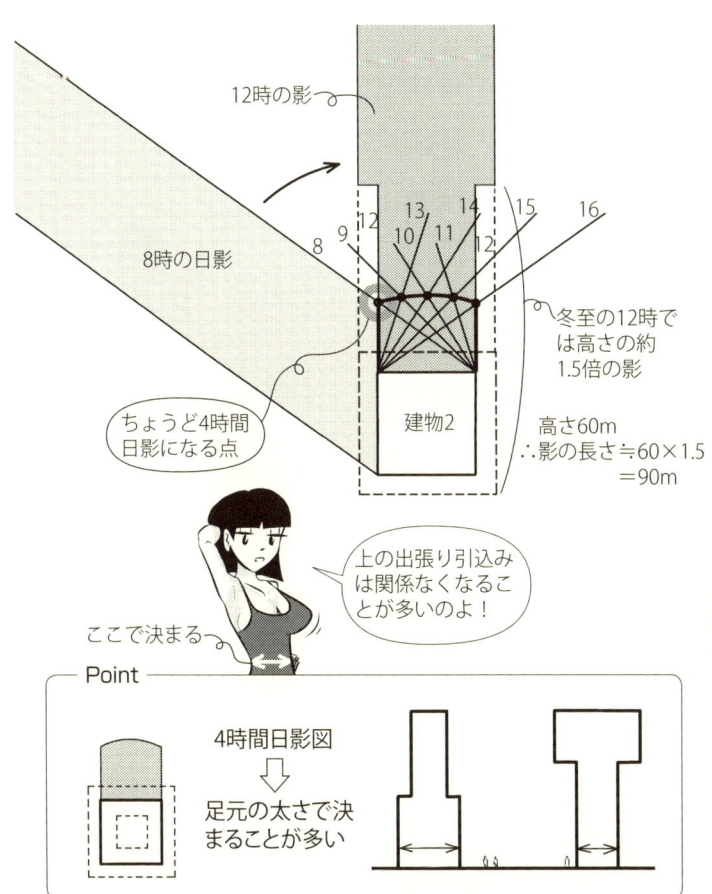

- 12時の影
- 8時の日影
- ちょうど4時間日影になる点
- ここで決まる
- 建物2
- 冬至の12時では高さの約1.5倍の影
- 高さ60m ∴影の長さ≒60×1.5 ＝90m
- 上の出張り引込みは関係なくなることが多いのよ！

Point

4時間日影図
⇩
足元の太さで決まることが多い

答え ▶ 1. ○ 2. ○

★ R185 ○×問題　等時間日影図　その8

Q 2つ以上の建物がある場合、別々の等時間日影図をつくって足し算することができる。

A 日影を別々に計算すると、一緒に計算した場合と比べて、違いがでます。2つ以上の日影は複合されて大きくなったり、島状に浮いた日影（島日影）ができることもあります（答えは×）。

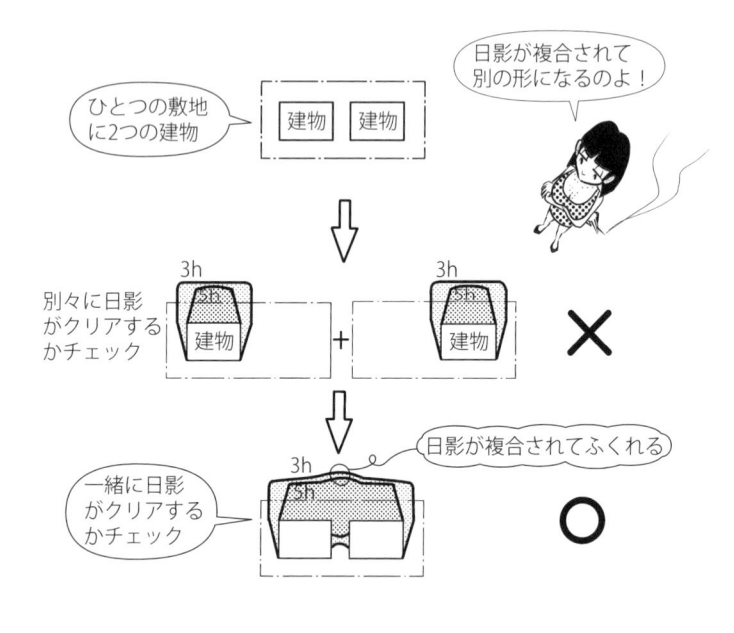

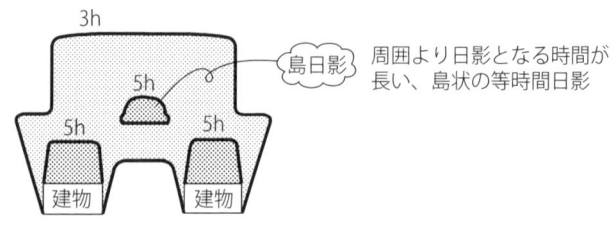

- ひとつの敷地に2つの建物
- 別々に日影がクリアするかチェック
- 日影が複合されて別の形になるのよ！
- 一緒に日影がクリアするかチェック
- 日影が複合されてふくれる
- 島日影：周囲より日影となる時間が長い、島状の等時間日影

答え ▶ ×

★ R186 ○×問題　　　　　　　　　　　比視感度　その1

Q 人間が感じる明るさの度合いを、最大を1として波長別に表したものを比視感度という。

A 人間の目の感度は、赤や紫の光には低く、緑や黄の光には高い傾向があります。一番感度の高い波長の視感度を1として、この黄は0.8、この青は0.1などと比で視感度を表した指標を、比視感度といいます（答えは○）。

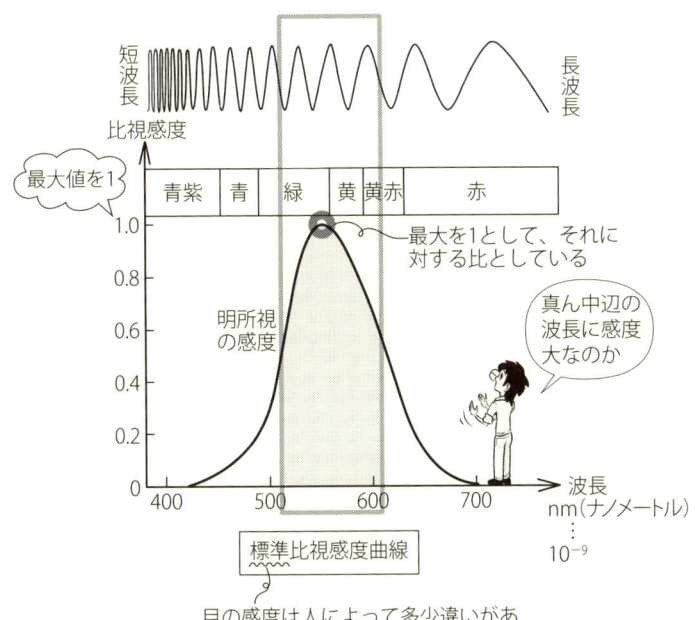

答え ▶ ○

★ R187 ○×問題　　比視感度　その2

Q 暗い所では、同じ明るさの黄や赤よりも緑や青が、明るく見える。

A 明るい所では緑から黄の波長で感度は最大となりますが、暗くなるとグラフが左にずれて、青から緑で最大となります。視感度が青い方、波長の短い方にずれる現象を、プルキンエ現象といいます。19世紀のチェコの生理学者の名からつけられた名称です。

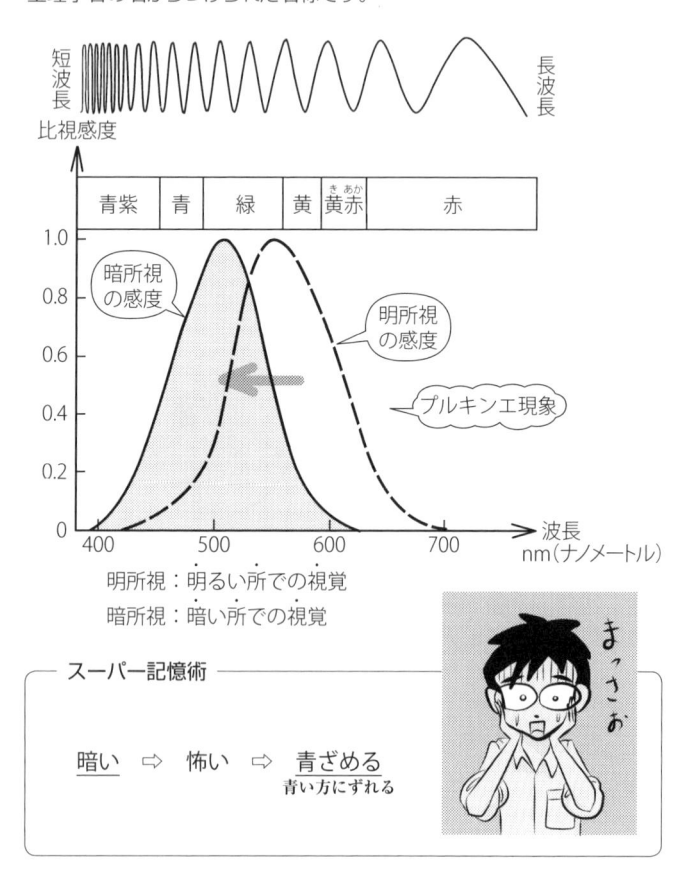

明所視：明るい所での視覚
暗所視：暗い所での視覚

─ スーパー記憶術 ─

暗い　⇒　怖い　⇒　青ざめる
　　　　　　　　　青い方にずれる

まっさお

答え ▶ ○

★ R188　○×問題　　　　　　　　　　　　　　　　　　　　光束

Q 光束とは、人間が感じる明るさに基づいた光のエネルギー量で、単位はlmである。

A 光のエネルギーは、熱でもあり、明るさでもあります。明るさの場合、エネルギー量のJ（ジュール）や、1秒当たりのエネルギー量W（ワット）をそのまま使うと、人が感じる明るさとのギャップが大きくなってしまいます。そのため波長ごとに視感度で補正をかけて、可視光線の波長全体で総計したエネルギー量を光束としました。人の感じる明るさに合うように補正した光のエネルギー量が光束であり、単位はlm（ルーメン）です（答えは○）。

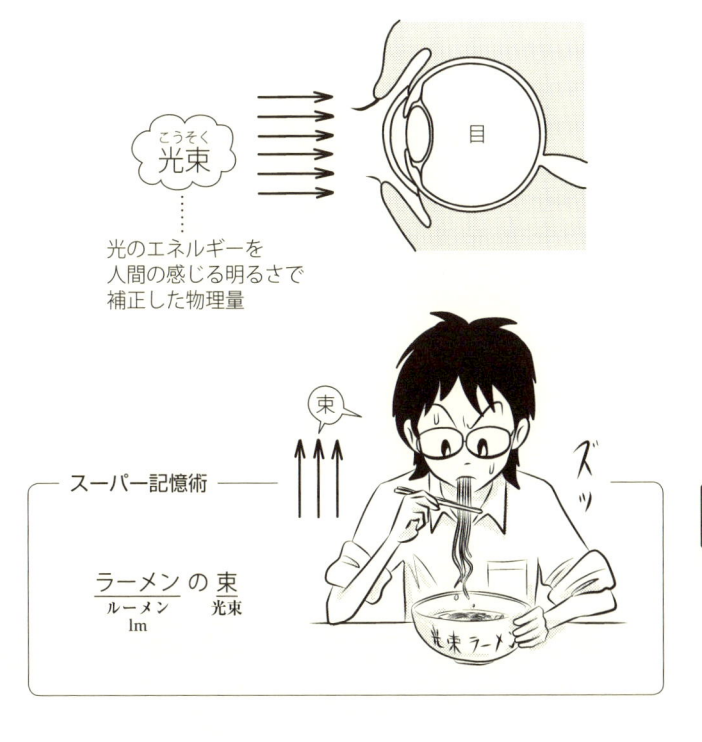

こうそく
光束

目

光のエネルギーを
人間の感じる明るさで
補正した物理量

― スーパー記憶術 ―

ラーメン の 束
ルーメン　　光束
lm

答え ▶ ○

★ R189 ○×問題　　光度と輝度　その1

Q 弧度の単位は sr（ステラジアン）である。

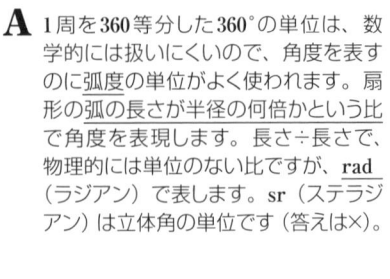

A 1周を360等分した360°の単位は、数学的には扱いにくいので、角度を表すのに弧度の単位がよく使われます。扇形の弧の長さが半径の何倍かという比で角度を表現します。長さ÷長さで、物理的には単位のない比ですが、<u>rad</u>（ラジアン）で表します。sr（ステラジアン）は立体角の単位です（答えは×）。

復習するのよ！

弧の長さ ℓ
半径 r
θ（シータ）

$$\text{弧度 } \theta = \frac{\text{弧の長さ }\ell}{\text{半径 }r} \text{ (rad)}$$

円周率の定義から：直径の何倍が円周かの比が円周率（π：パイ）

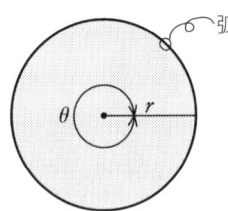

弧の長さ＝円周＝円周率×直径
　　　　＝ $\pi \times (2r)$
　　　　＝ $2\pi r$

$$360°\text{の弧度 } \theta = \frac{2\pi r}{r} = 2\pi \text{ (rad)}$$

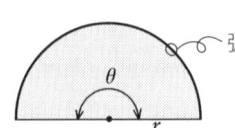

弧の長さ $= \frac{1}{2} \times$ 円周 $= \frac{1}{2}\{\pi \times (2r)\} = \pi r$

$$180°\text{の弧度 } \theta = \frac{\pi r}{r} = \pi \text{ (rad)}$$

答え ▶ ×

★ R190 ○×問題　光度と輝度　その2

Q 立体角の単位は、rad（ラジアン）である。

A 3次元的な角度を表すのに、球の表面積を使います。半径 r を1辺とする正方形の面積 r^2 に対して、立体的な角度で切り取った表面積がどれくらいになるかが、立体角です。傘を開いたときの角度は、中心を通る断面の平面的角度で考えることができます。しかし、不整形に広がる立体角を表すには、球の表面積を使うしかありません。半径 r の球の表面積と1辺 r の正方形の面積との比で表した3次元的角度を立体角といい、単位は sr（ステラジアン）を使います。rad（ラジアン）は平面的角度で使う弧度の単位です（答えは×）。

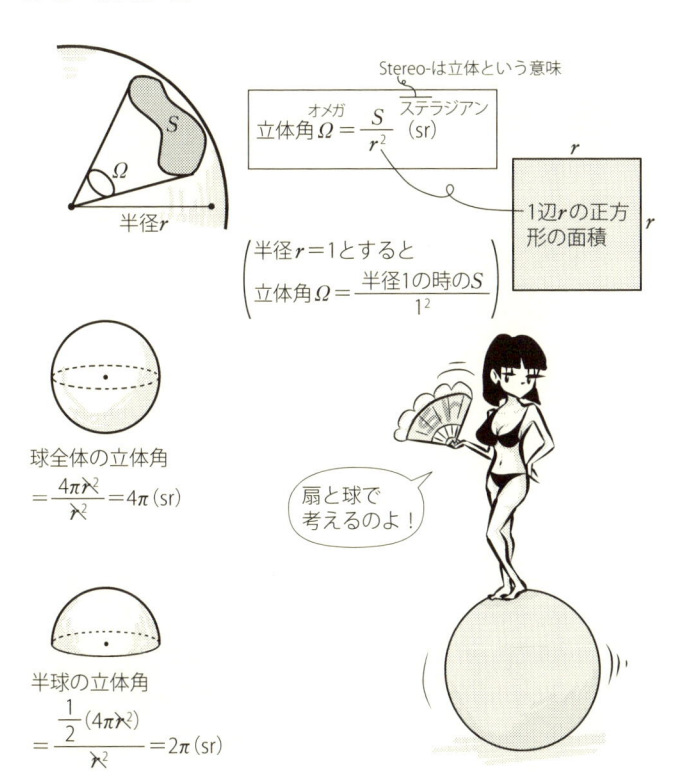

Stereo-は立体という意味

$$\text{立体角}\ \Omega = \frac{S}{r^2}\ (\text{sr})$$

1辺 r の正方形の面積

半径 $r=1$ とすると
立体角 $\Omega = \dfrac{\text{半径1の時の}S}{1^2}$

球全体の立体角
$= \dfrac{4\pi r^2}{r^2} = 4\pi\ (\text{sr})$

半球の立体角
$= \dfrac{\frac{1}{2}(4\pi r^2)}{r^2} = 2\pi\ (\text{sr})$

扇と球で考えるのよ！

答え ▶ ×

★ R191 ○×問題　　光度と輝度　その3

Q 点光源から単位立体角当たりに射出される光束を光度といい、単位は cd（カンデラ）を使う。

A 点光源から放射状に発せられる光束を測るのに、立体角を使います。1sr 当たりに何 lm の光束が発せられているかが光度です。光度の単位は 1sr あたりの lm 数なので、lm/sr ですが、それを cd（カンデラ）ともいいます（答えは○）。大きなロウソクの明るさが約 1cd です。カンデラはロウソクのキャンドルから来ています。

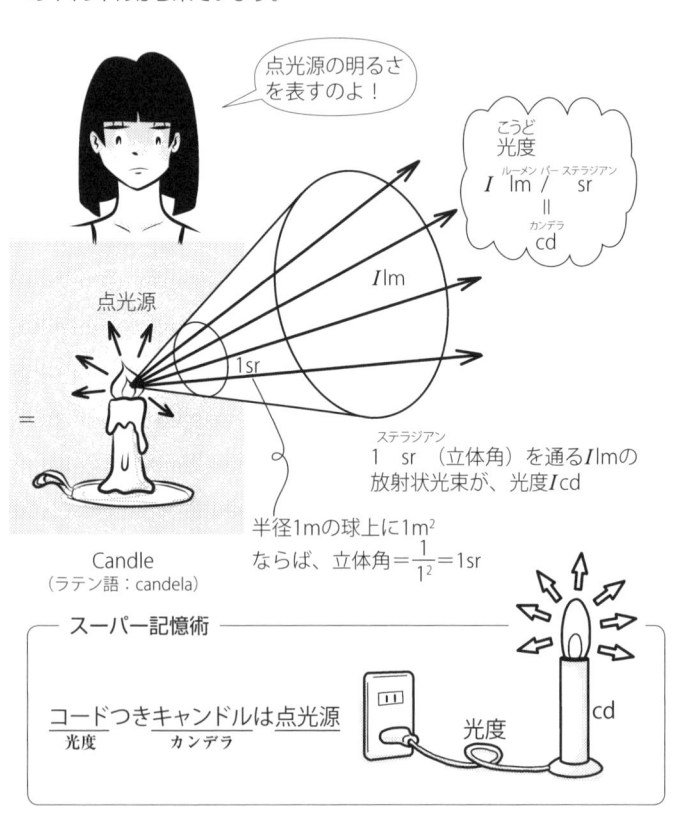

点光源の明るさを表すのよ！

こうど
光度
I lm / sr
＝
cd
ルーメン パー ステラジアン
カンデラ

点光源

I lm

1sr

1 sr（立体角）を通る I lm の放射状光束が、光度 I cd

半径1mの球上に1m² ならば、立体角＝$\frac{1}{1^2}$＝1sr

Candle
（ラテン語：candela）

--- スーパー記憶術 ---

<u>コード</u>つき<u>キャンドル</u>は<u>点光源</u>
光度　　　カンデラ

光度　　cd

答え ▶ ○

★ R192 ○×問題　　光度と輝度　その4

Q ある面の特定方向に射出する、単位面積当たり、単位立体角当たりの光束を輝度といい、単位は cd/m² である。

A 光度は点光源の明るさで、面の見かけの明るさを測るのは輝度です。自分で光るモニター、透過して光るフロストガラス、反射して光るテーブルなどの見かけの明るさは、輝度で測ります。テーブルは見る角度で明るさが異なるので、視線の方向に垂直な面を通過する光束を考えます。テーブル表面、モニター表面は点光源が集合して光る面とし、その各部から出る光は光度で測ります。輝度は放射状の光束量を立体角で割って、さらに見かけの面積で割るので、単位は lm/(sr·m²) ですが、lm/sr は cd なので、cd/m² となります（答えは○）。

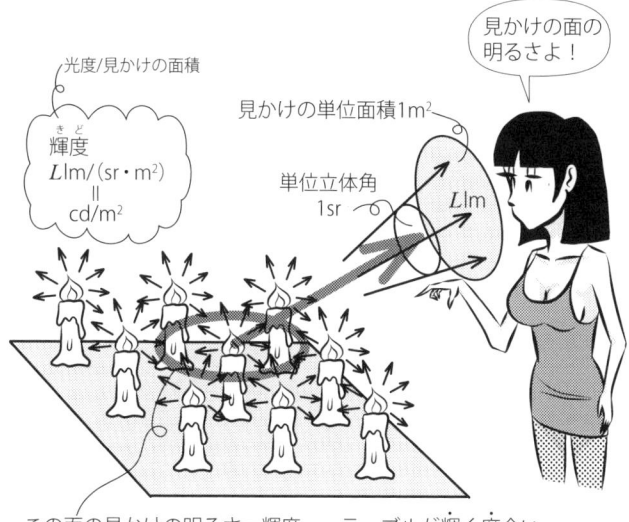

光度/見かけの面積

輝度
L lm/(sr・m²)
＝
cd/m²

見かけの面の明るさよ！

見かけの単位面積 1m²

単位立体角 1sr

L lm

この面の見かけの明るさ＝輝度……テーブルが輝く度合い

答え ▶ ○

★ R193 まとめ　光度と輝度 その5

明るさの指標は何通りもあり、ややこしくて覚えにくいものです。特に光度と輝度は、2文字の漢字で混同しやすく、間違う学生も多くいます。ここで両者の理屈を納得したうえで、きちんと覚えておきましょう。

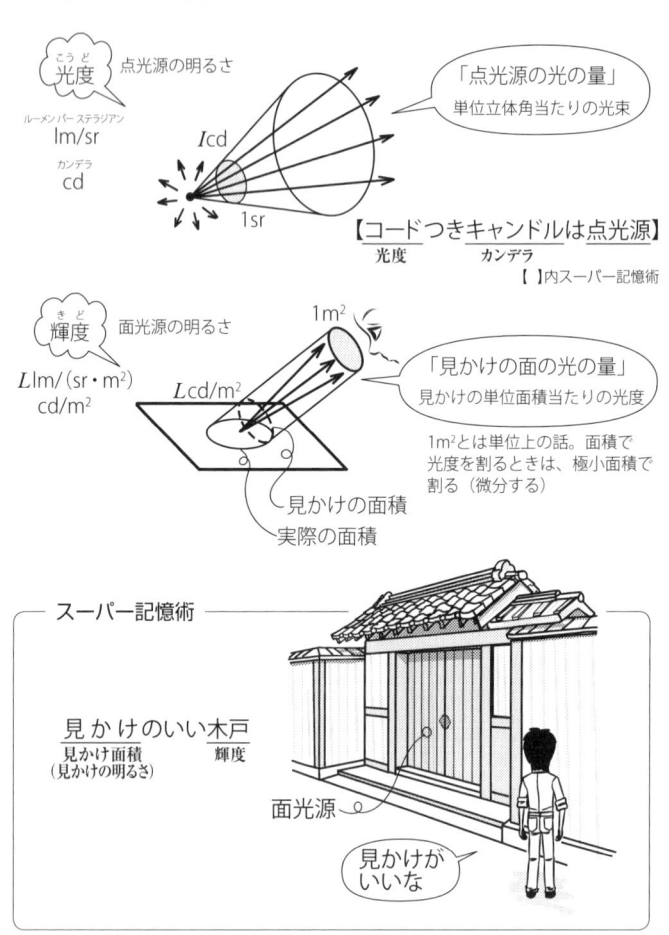

光度（こうど） 点光源の明るさ
lm/sr（ルーメンパーステラジアン）
cd（カンデラ）

I cd / 1sr

「点光源の光の量」
単位立体角当たりの光束

【コードつきキャンドルは点光源】
　　光度　　　　カンデラ
【】内スーパー記憶術

輝度（きど） 面光源の明るさ
L lm/(sr・m^2)
cd/m^2

L cd/m^2　1m^2

「見かけの面の光の量」
見かけの単位面積当たりの光度

1m^{2}とは単位上の話。面積で光度を割るときは、極小面積で割る（微分する）

見かけの面積
実際の面積

--- スーパー記憶術 ---

見 かけのいい木戸
見かけ面積　　　輝度
（見かけの明るさ）

面光源

見かけがいいな

★ R194 ○×問題　　　　　光束発散度

Q 光束発散度とは、ある面から射出する単位面積当たりの光束で、単位は lm/m^2 である。

A 面から発散される光束を面積で割った、光束の発散密度が光束発散度です。光束の量 lm を面積 m^2 で割った lm/m^2 が単位となります（答えは○）。輝度は人間が見る見かけの面で考えているのに対し、光束発散度は発光面そのもので考えています。

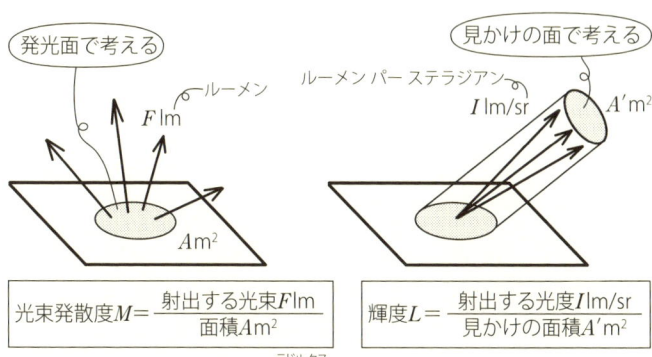

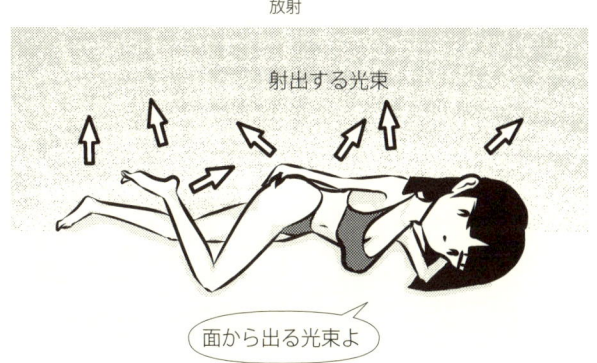

（発光面で考える）　ルーメン　　　　ルーメン パー ステラジアン　（見かけの面で考える）
$F\ lm$　　　　　　　　　　　$I\ lm/sr$　　　$A'\ m^2$
$A\ m^2$

$$光束発散度 M = \frac{射出する光束 F\ lm}{面積 A\ m^2}$$

$$輝度 L = \frac{射出する光度 I\ lm/sr}{見かけの面積 A'\ m^2}$$

$= F/A\ lm/m^2 = rlx$ (ラドルクス)
radiation 放射

$= I/A\ lm/(sr \cdot m^2) = cd/m^2$

射出する光束

面から出る光束よ

答え ▶ ○

★ R195 ○×問題　照度

Q 受照面に入射する単位面積あたりの光束を照度といい、単位はlm/m²かlx（ルクス）を使う。

A テーブルなどの面に入射する光束を面積で割った光束密度を、照度といいます。光束発散度は面から出ていく光束、照度は面に入ってくる光束を扱います。テーブルが黒っぽいと、照度は同じでも、光束発散度や輝度は小さくなります（答えは○）。

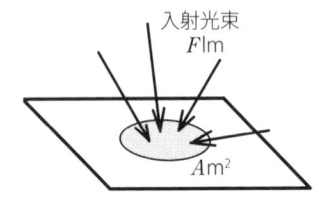

$$照度 E = \frac{射出する光束 F\text{lm}}{面積 A\text{m}^2}$$

$$= F/A \ \text{lm/m}^2 = \text{lx ルクス}$$

テーブルが黒っぽいと

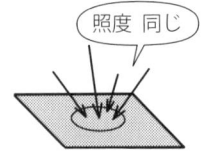

- 照度 同じ：入射光束が同じなら照度は同じ
- 光束発散度 小：反射光束が少ないので、光束発散度は小さくなる
- 輝度 小：反射光束が少ないので、輝度は小さくなる

― スーパー記憶術 ―

照れるほどルックスがいい！
照度　　　　lx

私のこと？

答え ▶ ○

★ / R196 / ○×問題　　　　　　　　　　　　　　　　均等拡散面　その1

Q 1. どの方向から見ても光度が一様となる面を、均等拡散面という。
2. 均等拡散面において、光束発散度は輝度に比例する。

A 均等拡散面とは、どの方向から見ても輝度が一様となる面のことです。光度は点光源の指標、輝度は面光源の指標です（1は×）。均等拡散面のうち、反射率または透過率が100％のものを、完全拡散面といいます
円錐状の光束を考え、輝度が一定という条件で計算すると、光束発散度＝π×輝度という式が導かれます。すなわち均等拡散面では、光束発散度は輝度に比例します（2は○）。

どの方向から見ても輝度は同じ！

光束発散度 $M = \pi \times$ 輝度 L
　　　　　　　　　輝度に比例

均等拡散面

― スーパー記憶術 ―

パイの輝く
π × 輝度

写真が拡散！
＝光束発散度
（均等拡散面）

答え▶ 1. ×　2. ○

★ R197 ○×問題　　均等拡散面　その2

Q 均等拡散面における輝度は、照度と反射率の積に比例する。

A 照度 E は入ってくる光束の面密度、光束発散度 M は出ていく光束の面密度です。出ていく光束が反射光だけなら、M は $E×$反射率ρ となります。出ていく光束が、どこから見ても輝度 L が同じならば、前項より、$M=\pi L$ が成り立ちます。$M=E\rho$ と $M=\pi L$ から、$L=E\rho/\pi$ となり、輝度は照度と反射率の積に比例することがわかります（答えは○）。

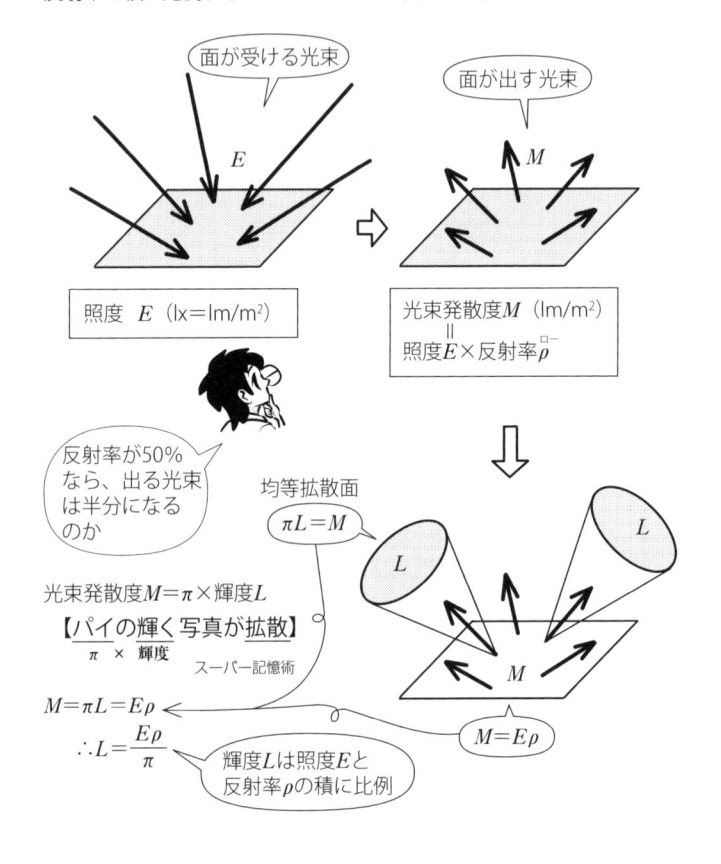

面が受ける光束　　E

照度 E（lx＝lm/m²）

面が出す光束　　M

光束発散度 M（lm/m²）
＝
照度 E ×反射率 ρ（ロー）

反射率が50%なら、出る光束は半分になるのか

均等拡散面
$\pi L = M$

L

L

M

光束発散度 $M = \pi ×$ 輝度 L

【パイの輝く写真が拡散】
　π × 輝度
スーパー記憶術

$M = \pi L = E\rho$

$\therefore L = \dfrac{E\rho}{\pi}$

$M = E\rho$

輝度 L は照度 E と反射率 ρ の積に比例

答え ▶ ○

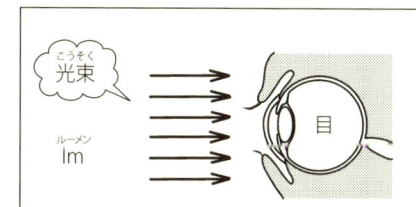

★ R198 まとめ 光を表す単位 その1

光束（こうそく）

ルーメン lm

光のエネルギーを人間の明るさ感で補正した物理量

【<u>ラーメン</u> の <u>束</u>】
　　lm　　　光束

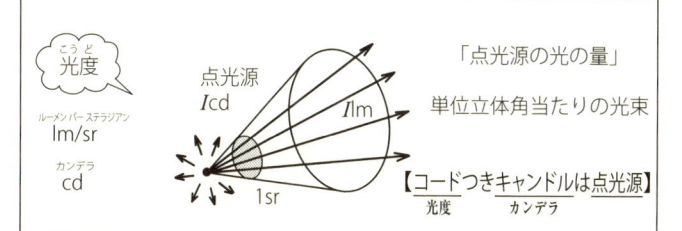

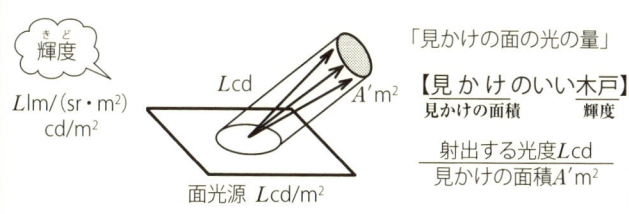

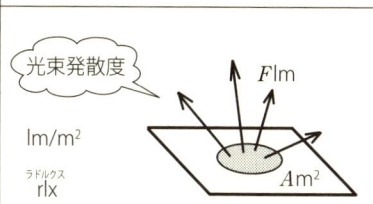

光度（こうど）

lm/sr（ルーメンパーステラジアン）
cd（カンデラ）

点光源 Icd、Ilm、1sr

「点光源の光の量」

単位立体角当たりの光束

【<u>コードつきキャンドル</u>は<u>点光源</u>】
　光度　　カンデラ

輝度（きど）

Llm/(sr・m²)
cd/m²

Lcd、A'm²、面光源 Lcd/m²

「見かけの面の光の量」

【<u>見かけ</u>のいい<u>木戸</u>】
　見かけの面積　　輝度

$$\frac{射出する光度 L\text{cd}}{見かけの面積 A'\text{m}^2}$$

光束発散度

lm/m²
rlx（ラドルクス）

Flm、Am²

「面が出す光の量」

$$\frac{射出する光束 F\text{lm}}{面積 A\text{m}^2}$$

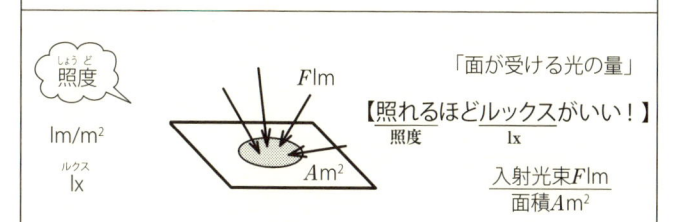

照度（しょうど）

lm/m²
lx（ルクス）

Flm、Am²

「面が受ける光の量」

【<u>照れる</u>ほど<u>ルックス</u>がいい！】
　照度　　　　lx

$$\frac{入射光束 F\text{lm}}{面積 A\text{m}^2}$$

★ R199 まとめ　　　光を表す単位　その2

光束「補正した光の量」
lm

光度「点光源の光の量」
点光源　1sr
lm/sr＝cd

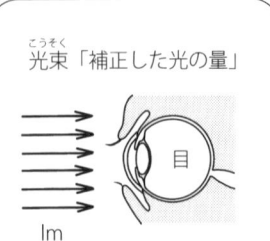

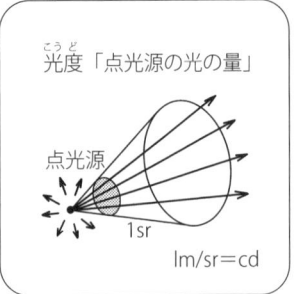

↓ 光束/面積

↓ 光度/見かけの面積

光束発散度「面が出す光の量」
lm/m²

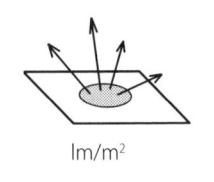

⇐ （均等拡散面ならば） π×輝度

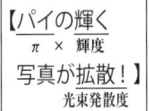

【パイの輝く写真が拡散！】
π × 輝度　光束発散度

輝度「見かけの面の光の量」
lm/(sr・m²)＝cd/m²

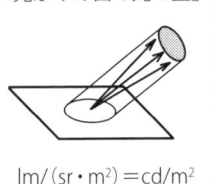

↑ 反射率×照度

照度「面が受ける光の量」
lm/m²

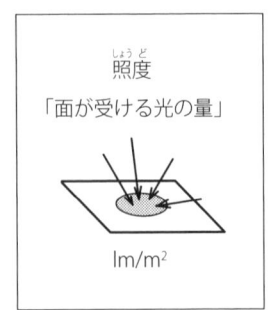

覚えるのよ！

π×輝度

【 】内スーパー記憶術

228

★ R200 計算問題　点光源の光度と照度　その1

Q 図のような点光源に照らされた点Aの水平面照度を求めよ。

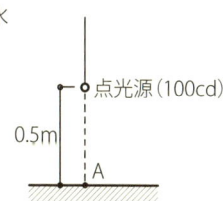

点光源（100cd）
0.5m
A

A 光度100cd（カンデラ）とは、1立体角（1sr：ステラジアン）当たり100lm（ルーメン）の放射状光束があるということです。I(cd)の点光源からr(m)離れた点Aでは、下のようにI/r^2（lm/m²＝lx：ルクス）の照度となります。
よって、$100 \div (0.5)^2 = 400$lx です。

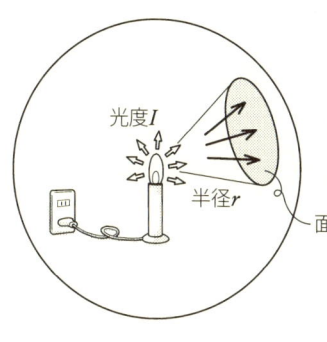

光度I

半径r

面積A

光度I(lm/sr＝cd)とは、1立体角（1sr）当たりの光束がI(lm)ということ

立体角$\Omega = \dfrac{A}{r^2}$（立体角の定義）

面積A内の光束＝光度I×立体角Ω
$= I \times \dfrac{A}{r^2}$

面積Aの照度$E = \dfrac{\text{光束}I \times \dfrac{A}{r^2}}{\text{面積}A}$
$= \dfrac{I}{r^2}$

∴ $\boxed{E = \dfrac{I}{r^2}}$

設問の数値、100cd、0.5mを代入すると、
$E = \dfrac{100\text{cd}}{(0.5)^2\text{m}^2} = \underline{400\text{lx}}$

─ スーパー記憶術 ─

カンデラ　（光度）コード　あるじ　⇒　$\dfrac{光度(cd)}{r^2}$

答え ▶ **400lx**

★ R201 計算問題 — 点光源の光度と照度 その2

Q 図のような点光源に照らされた点Aの水平面照度を求めよ。

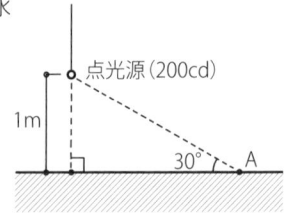

点光源（200cd）、高さ1m、角度30°、点A

A 正3角形を半分にした直角3角形の辺の比は、$1:2:\sqrt{3}$ です。その比から光源までの距離は、**2m** とわかります。

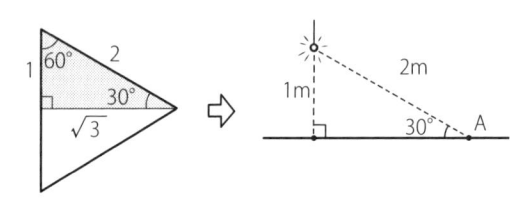

照度 $E = I/r^2$ から、点Aでの光源からの半径方向の E を出します。E は大きさと方向をもつベクトルなので、そのベクトルを分解して、床に垂直な方向の照度を求めます。

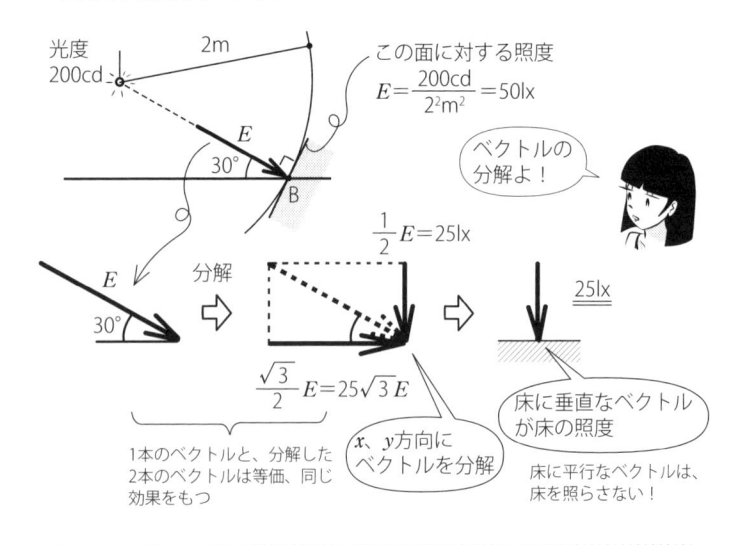

光度 200cd、2m

この面に対する照度
$$E = \frac{200\text{cd}}{2^2\text{m}^2} = 50\text{lx}$$

ベクトルの分解よ！

E、30° ⇒ 分解 ⇒ $\frac{\sqrt{3}}{2}E = 25\sqrt{3}\,E$、$\frac{1}{2}E = 25\text{lx}$ ⇒ 25lx

1本のベクトルと、分解した2本のベクトルは等価、同じ効果をもつ

x、y 方向にベクトルを分解

床に垂直なベクトルが床の照度

床に平行なベクトルは、床を照らさない！

答え ▶ **25lx**

★ R202 計算問題　点光源の光度と照度　その3

Q 図のような点光源に照らされた点A、点Bの鉛直面照度を求めよ。

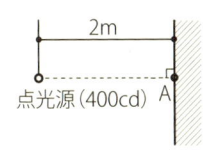

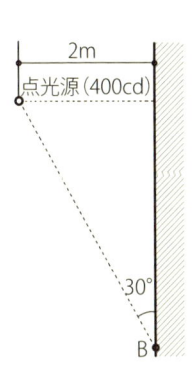

A

点Aの照度E_Aは、I/r^2の式を使えば求まります。I/r^2の大きさが、壁に垂直なE_Aのベクトルの大きさだからです。

壁に垂直なベクトルの大きさ

$$E_A = \frac{400\text{cd}}{2^2\text{m}^2} = \underline{100\text{lx}}$$

点Bの照度E_Bは、壁に対して斜めに光が入るので、壁に垂直なベクトルだけ照度として有効になります。

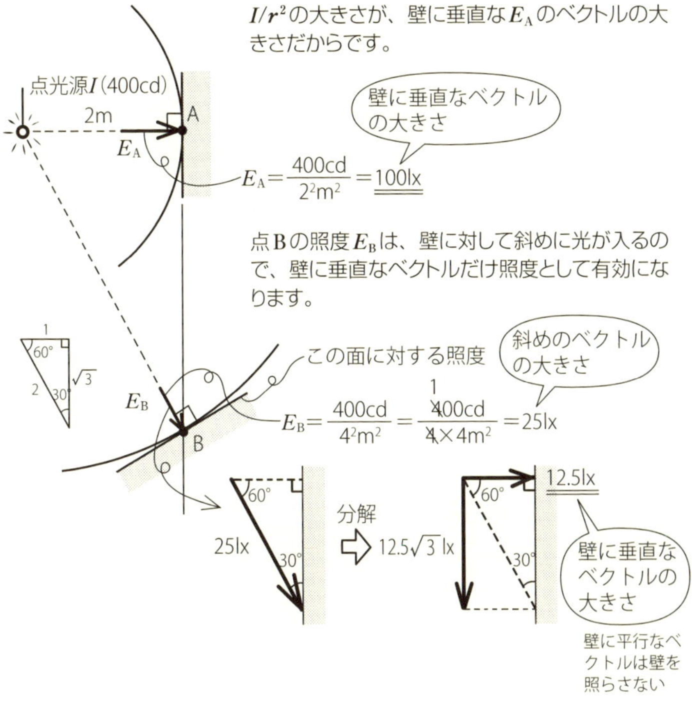

この面に対する照度

斜めのベクトルの大きさ

$$E_B = \frac{400\text{cd}}{4^2\text{m}^2} = \frac{1}{4} \times \frac{400\text{cd}}{4\text{m}^2} = 25\text{lx}$$

25lx → 分解 → 12.5√3 lx → 12.5lx

壁に垂直なベクトルの大きさ

壁に平行なベクトルは壁を照らさない

答え ▶ 点A　100lx、点B　12.5lx

★ R203 計算問題　点光源の光度と照度　その4

Q 図のような2つの点光源 A、B の両方が点灯している場合、点 C の水平面照度を求めよ。

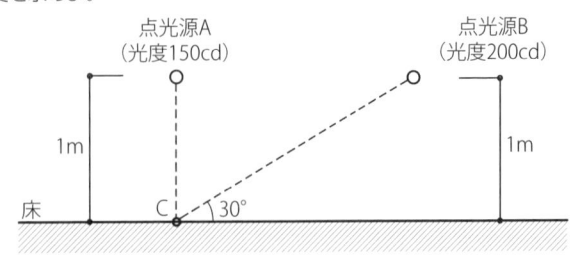

点光源A（光度150cd）　点光源B（光度200cd）
1m　　1m
床　　C　30°

A

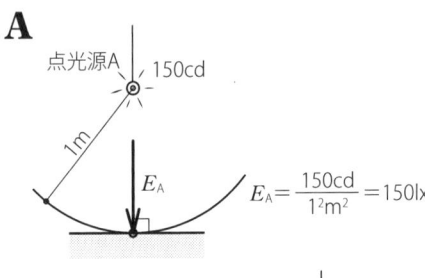

点光源 A による点 C での照度 E_A は、$150/1^2 = 150\text{lx}$ となります。

$$E_A = \frac{150\text{cd}}{1^2\text{m}^2} = 150\text{lx}$$

点光源 B による点 C での照度 E_B は、$200/2^2 = 50\text{lx}$ となります。E_B は床に対して斜めのベクトルなので xy 方向に分解します。y 方向の照度 E_{By} は、25lx となります。

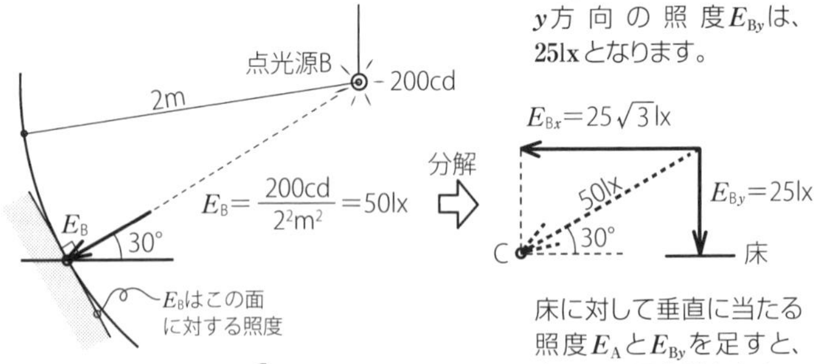

$$E_B = \frac{200\text{cd}}{2^2\text{m}^2} = 50\text{lx}$$

E_B はこの面に対する照度

$E_{Bx} = 25\sqrt{3}\text{lx}$
$E_{By} = 25\text{lx}$

床に対して垂直に当たる照度 E_A と E_{By} を足すと、点 C での照度が出ます。

（y方向の照度を足し算するのか）

点Cでの照度 $= E_A + E_{By} = 150 + 25 = \underline{175\text{lx}}$

答え ▶ **175lx**

R204 計算問題　点光源の光度と照度　その5

Q 図のような点光源による点Aの水平面照度を求めよ。

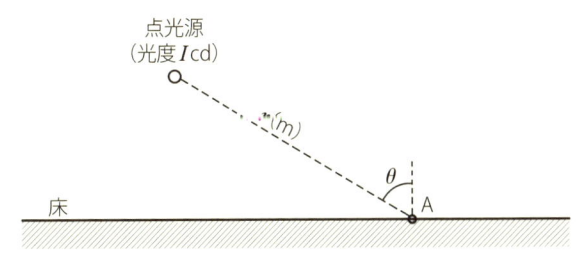

点光源（光度 I cd）

床　　A

A 光度 I (cd) の光源から球状に広がった光は、r (m) の地点で I/r^2 (lx) の照度となります。その照度は球に接する平面に対する照度、球の半径方向の照度です。入射角が θ の場合、ベクトルを分解して床に垂直なベクトルとし、その大きさは $\cos\theta$ をかけた $I/r^2 \cdot \cos\theta$ (lx) となります。

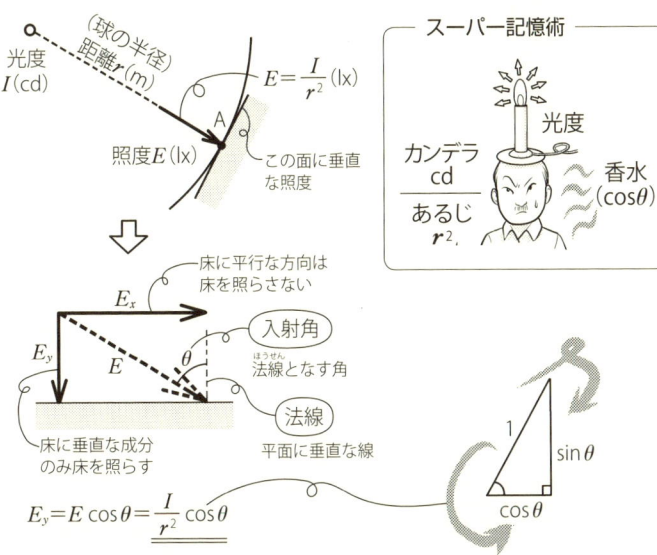

光度 I (cd)　（球の半径）距離 r (m)

$$E = \frac{I}{r^2} \text{(lx)}$$

照度 E (lx)　この面に垂直な照度

スーパー記憶術

光度

カンデラ cd ／ あるじ r^2　　香水 ($\cos\theta$)

床に平行な方向は床を照らさない　E_x

E_y　E　入射角　法線となす角

床に垂直な成分のみ床を照らす　法線　平面に垂直な線

$$E_y = E\cos\theta = \frac{I}{r^2}\cos\theta$$

$\sin\theta$，$\cos\theta$，1

答え ▶ $\dfrac{I}{r^2}\cos\theta$

★ R205 まとめ　点光源の光度と照度 その6

点光源の光度→面の受ける照度

スーパー記憶術
コードつきキャンドルは点光源
（光度／カンデラ）

(1sr) 単位立体角当たりに射出される光束

光度 I cd

光の方向に対して垂直な面

(1m²) 単位面積当たりに入射する光束

半径 r

照度 $E = \dfrac{I}{r^2}$ (lx)

スーパー記憶術
カンデラ（光度）コード　→　$\dfrac{光度(cd)}{r^2}$
あるじ

ベクトル E が受照面に対して斜めの場合

$E\sin\theta$ ／ E ／ 入射角 θ ／ $E\cos\theta$

E が面に垂直な線（法線）となす角 θ

$E_x = \dfrac{I}{r^2}\cos\theta$ (lx)

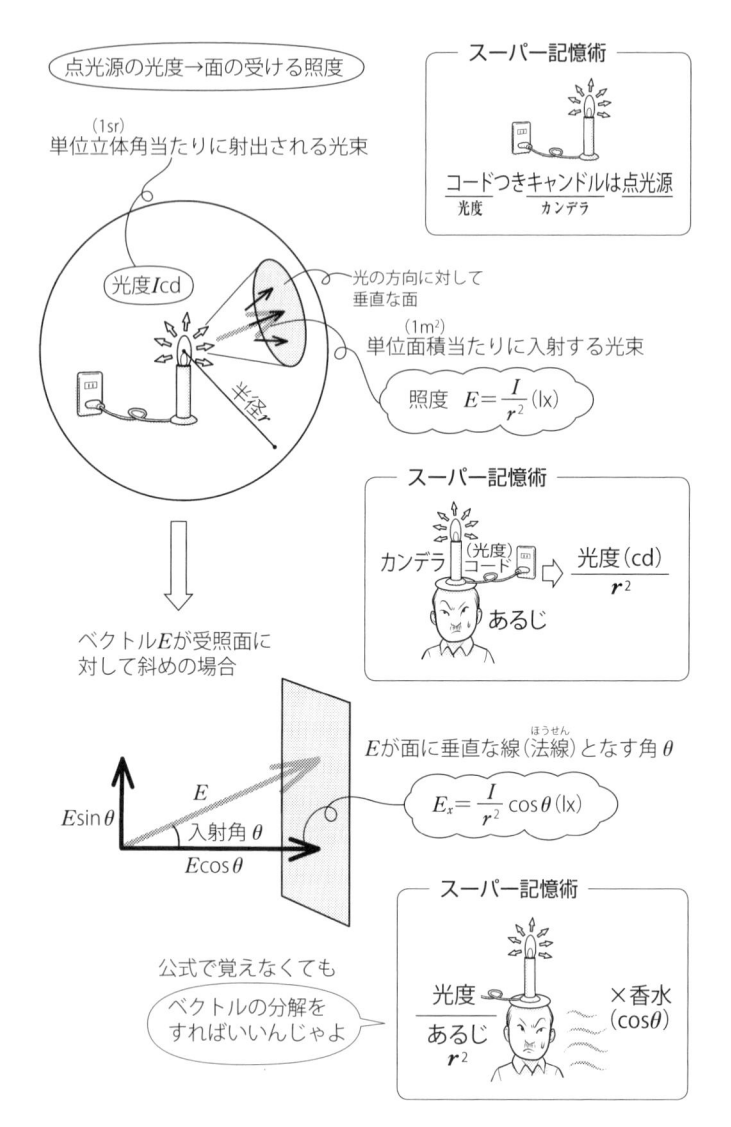

公式で覚えなくても
ベクトルの分解をすればいいんじゃよ

スーパー記憶術
$\dfrac{光度}{あるじ\ r^2}$　×香水($\cos\theta$)

★ R206 ○×問題　配光曲線

Q 配光曲線は、光源の各方向に対する照度の分布を表すものである。

A 照度とは、光を受ける面の側で、$1m^2$当たりに入ってくる光束（lx：ルクス）の量を示したものです。光源の光が出る側は、点光源では光度で単位はlm/sr（ルーメン・パー・ステラジアン）またはcd（カンデラ）、面光源では光束発散度で単位はlm/m^2です。

配光曲線は、どの方向にどれくらいの光度で光が射出されるかを示したグラフです（答えは×）。同じ点光源でも、笠や電球の種類によって、周囲に射出される光束は異なります。点光源から球状に均等に放射されれば、照明の中心から円のグラフとなり、下向きにのみ放射されれば、下側にだけ突出したグラフとなります。

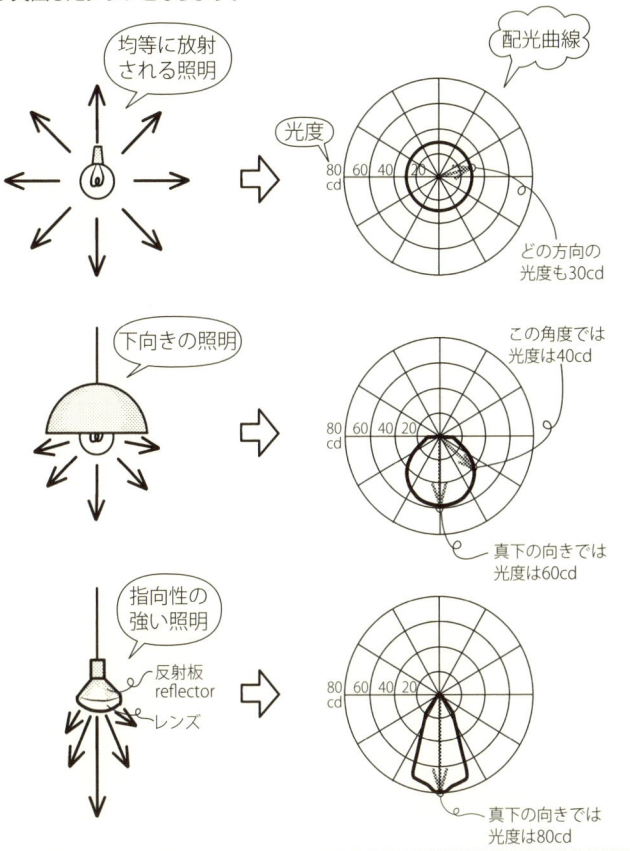

【均等に放射される照明】→【配光曲線】光度 80 60 40 20 cd／どの方向の光度も30cd

【下向きの照明】→ この角度では光度は40cd／80 60 40 20 cd／真下の向きでは光度は60cd

【指向性の強い照明】反射板 reflector／レンズ → 80 60 40 20 cd／真下の向きでは光度は80cd

答え ▶ ×

★ R207 ○×問題　　　グレア

Q グレアは、視野内の高輝度の部分や極端な輝度対比などによって、対象の見やすさが損なわれることである。

A glareはまぶしい光、ギラギラする光、まぶしく光るといった意味の英単語です。眩輝（げんき）という訳語を当てることもあります。太陽や強い照明の光を直接見ると、まぶしく感じます。強い光とは高光度の光です。車を夜間に運転していると、対向車のヘッドライトがまぶしく感じます。ヘッドライトは15000cd以上の高光度であるうえに、周囲が真っ暗なので視界の中での輝度対比が大きいからです。昼間ヘッドライトを点けても、まわりが明るいので輝度対比は小さく、夜間ほどまぶしさを感じません（答えは○）。

照明器具では、人間の水平の視野に対して30°以内に強い照明が入らないようにする、拡散パネルやルーバーなどを照明器具に付けて、ランプが直接見えないようにする、間接照明とするなどの工夫をして、グレアを防ぎます。

答え ▶ ○

★ R208　○×問題　　　　　　　　　　　　　　明視4条件

Q 明視4条件とは、明るさ、輝度対比、大きさ、距離である。

A 明視とは、物や文字などがはっきりと見えること、見やすいことをいいます。文字通り、明るく見えることがまず第一です。明るいだけだと、同じ明るさどうし、すなわち同輝度どうしでは見えにくい場合があります。そこで明るさの違い、輝度対比が必要となります。極端な輝度対比は、前項のようなグレアの原因となりますが、適度な輝度対比は明視の条件です。

「暗いとダメ！」

明視というからには
「明るいのが必須」

コントラスト
「輝度対比があるとさらに見やすいわよ！」

明視4条件：明るさ、輝度対比、大きさ、動き、（色）　　明るさ（輝度）の違い 大

文字があまりに小さいと見にくいので、大きさも明視の条件です。距離の離れた物は小さくて見にくいですが、距離と大きさは比例関係にあるので、大きさをひとつの条件にすると、距離は不要となります（答えは×）。
明視のもうひとつの条件に、動きが挙げられます。適度な動きのある物の方が、じっとして止まっている物よりも見やすくなります。さらに5つ目の条件として、色を挙げることもあります。

答え ▶ ×

★ R209 ○×問題　　　明順応と暗順応

Q 明順応に要する時間に比べて、暗順応に要する時間の方が長い。

A トンネルに入ると急に暗くなり、目が慣れるのに時間がかかります。暗さに目が慣れて視力が回復することを、暗順応といいます。トンネルから出た瞬間、まぶしくて目が慣れるのにやはり時間がかかります。明順応といいます。暗順応の方が明順応よりも、時間が長くかかります（答えは○）。

かかる時間
暗順応 ＞ 明順応

暗順応　長時間
明順応　短時間

暗くなると目がなかなか慣れないのよ！

暗！
まぶし！

答え ▶ ○

R210 ○×問題　全天空照度と天空日射　その1

Q 1. 全天空照度の単位は、lm/m²またはlxである。
2. 天空日射量の単位は、lm/m²またはlxである。

A 照度とは、光を受ける面における単位面積当たりの光束で、明るさの指標です。全天空照度とは、直射日光を除いた全天空光による水平面照度です。太陽の光は、チリや雲で乱反射されて天空全体を光らせていますが、その天空全体によって照らされる水平面の照度です。光束の量（lm）は、人間の感覚に応じて、波長ごとに重み付けされてから合計したものです。1m²当たりの光束が照度です（1は○）。

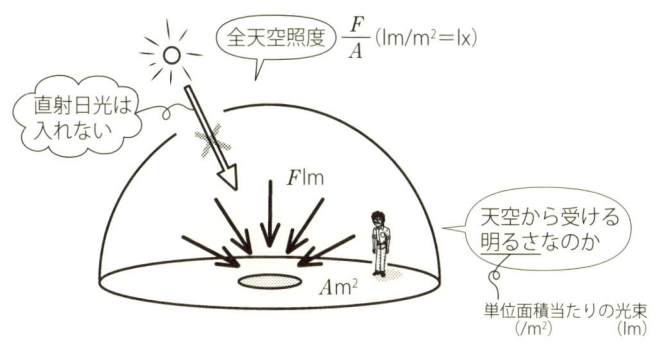

全天空照度 $\dfrac{F}{A}$ (lm/m²=lx)

直射日光は入れない

F lm

天空から受ける明るさなのか

単位面積当たりの光束
（/m²）　　（lm）

A m²

一方日射（量）とは、太陽からの光のエネルギーそのものです。人間の感覚によらず、1m²当たり、単位時間に受けるエネルギー量（J/(s·m²)＝W/m²）で表されます（2は×）。天空日射量は、直達日射量を除いた、乱反射されて来る天空の日射量のことです。

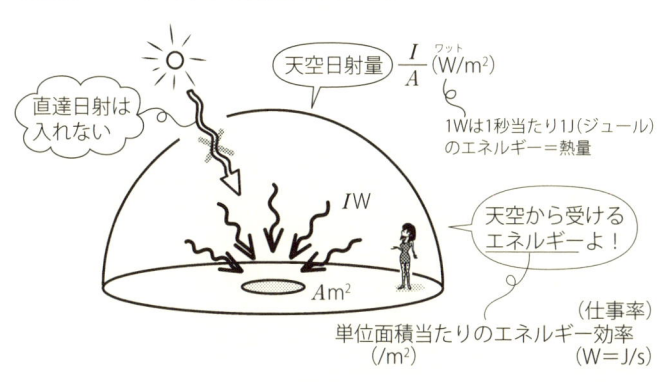

天空日射量 $\dfrac{I}{A}$ (W/m²)

直達日射は入れない

1Wは1秒当たり1J（ジュール）のエネルギー＝熱量

I W

天空から受けるエネルギーよ！

A m²

（仕事率）
単位面積当たりのエネルギー効率
（/m²）　　　　（W=J/s）

答え▶ 1. ○　2. ×

★ R211 ○×問題　全天空照度と天空日射　その2

Q 全天空照度は、快晴時より薄曇りの時の方が大きい。

A 直射日光による水平面照度は、6万～10万lxと非常に大きい値です。全天空照度は乱反射の多い薄曇りで約5万lx、乱反射のまったくない快晴では約1万lxとなります（答えは○）。快晴時の空は、太陽のないところを見ると暗い青色をしています。

直射日光は入れない
天空全体が明るいのよ！
薄曇り　50000lx
乱反射して天空は明るい

直射日光は入れない
反射しないで光が抜け出て暗いのか
快晴　10000lx
反射光がないので天空は暗い

設計用全天空照度

天候条件	lx
特に明るい日（薄曇り、雲の多い晴天）	50000
明るい日	30000
普通の日（標準の状態）	15000
快晴の青空	10000
暗い日	5000
非常に暗い日（雷雲、降雪中）	2000

（直射日光は含まない）

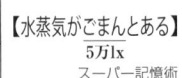

最大！

【水蒸気がごまんとある】
5万lx
スーパー記憶術

答え ▶ ○

★ R212 ○×問題　　　昼光率　その1

Q 昼光率は、室内におけるある点の昼光による照度と、全天空照度との比率である。

A 昼光率とは、外の明るさに対する室内のある点の明るさを比で表したものです（答えは○）。図のようにテーブル上の照度と、建物がなかった場合の照度を比較します。室内の場所によって、昼光率は異なります。

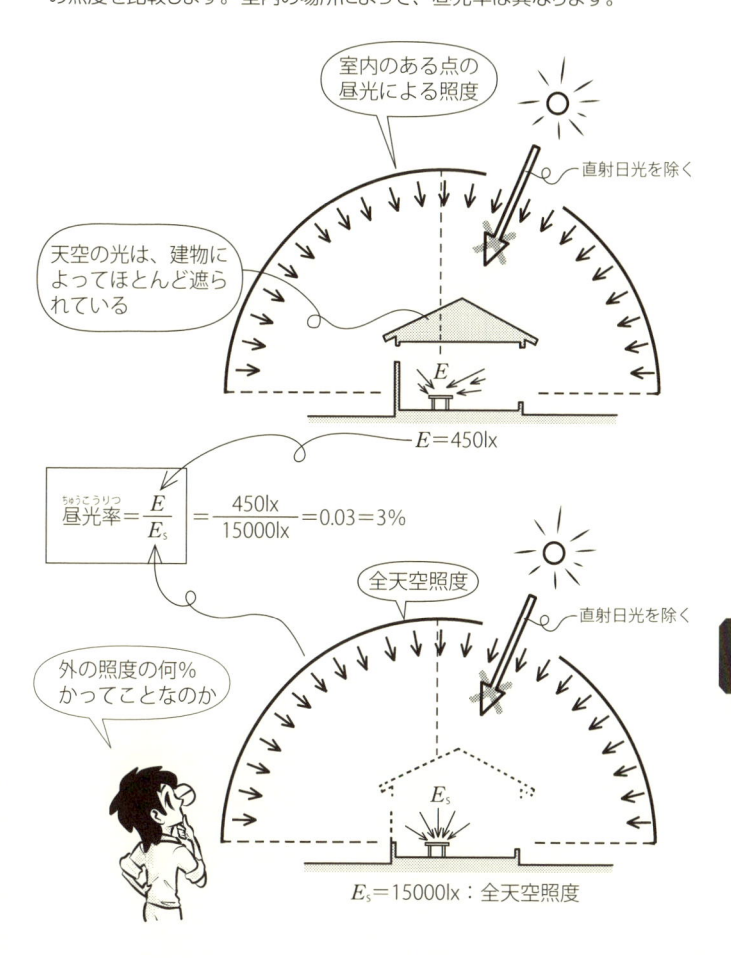

室内のある点の昼光による照度

直射日光を除く

天空の光は、建物によってほとんど遮られている

$E = 450\text{lx}$

$$\text{昼光率} = \frac{E}{E_s} = \frac{450\text{lx}}{15000\text{lx}} = 0.03 = 3\%$$

全天空照度

直射日光を除く

外の照度の何%かってことなのか

$E_s = 15000\text{lx}$：全天空照度

答え ▶ ○

★ R213 ○×問題　　　昼光率　その2

Q 室内におけるある点の昼光率は、全天空照度が大きいほど高い。

A 昼光率は、外の明るさに対する室内のある点での明るさの比です。外が明るくなると室内のある点も明るくなり、外が暗くなるとある点も暗くなります。つまり外と室内のある点での照度の比は、一定になります（答えは×）。

空が明るい時

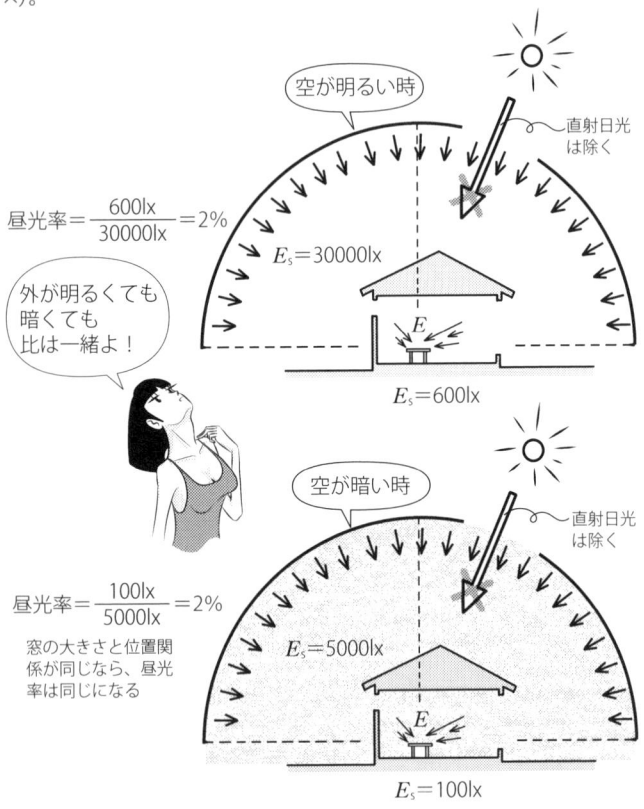

直射日光は除く

$$昼光率 = \frac{600lx}{30000lx} = 2\%$$

$E_s = 30000lx$

$E_s = 600lx$

外が明るくても暗くても比は一緒よ！

空が暗い時

直射日光は除く

$$昼光率 = \frac{100lx}{5000lx} = 2\%$$

窓の大きさと位置関係が同じなら、昼光率は同じになる

$E_s = 5000lx$

$E_s = 100lx$

答え ▶ ×

R214 ○×問題　　　　　　昼光率　その3

Q 昼光率は窓と受照点の位置関係だけでなく、窓外の建築物や樹木などの影響を考慮して計算する。

A 天空の光による照度に対して、今の環境における照度がどれくらいあるかが昼光率です。その今の環境には、壁、天井のほかに、周囲の木や建物も入ります（答えは○）。

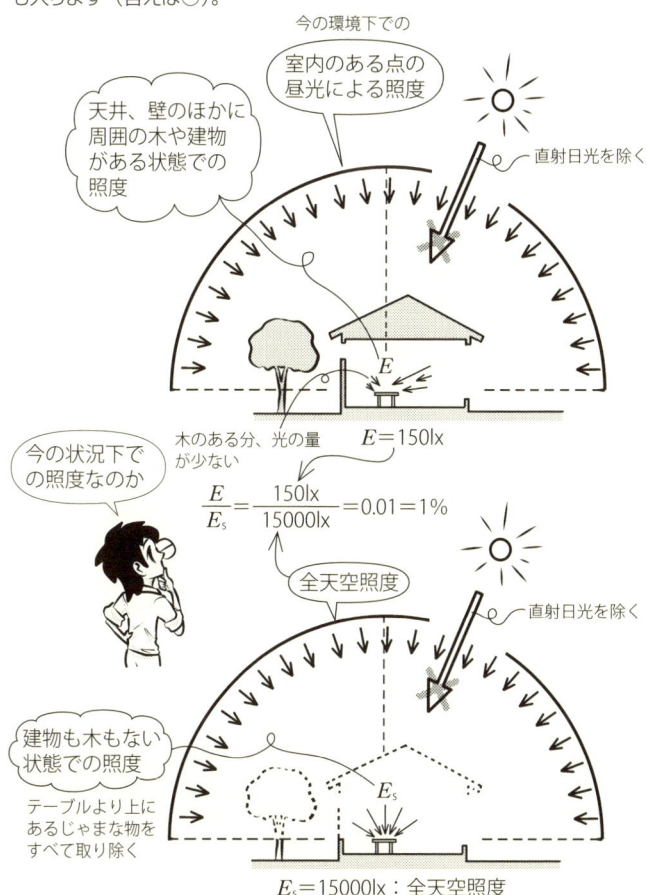

今の環境下での
室内のある点の
昼光による照度

直射日光を除く

天井、壁のほかに周囲の木や建物がある状態での照度

木のある分、光の量が少ない　　$E = 150\text{lx}$

今の状況下での照度なのか

$$\frac{E}{E_s} = \frac{150\text{lx}}{15000\text{lx}} = 0.01 = 1\%$$

全天空照度

直射日光を除く

建物も木もない状態での照度

テーブルより上にあるじゃまな物をすべて取り除く

E_s

$E_s = 15000\text{lx}$：全天空照度

答え ▶ ○

★ R215 ○×問題　　　昼光率　その4

Q 室内のある点の昼光率は、窓からの距離に関係する。

A 窓に近い方が、昼の光を多く取り入れられるので、昼光率は大きくなります（答えは○）。昼光率は照度計で測れば簡単に出ますが、図面から出すには多少面倒な計算が必要となります。また天空の輝度は場所によって変わり、均質ではないなどの理由で、計算値と測定値にずれが生じます。

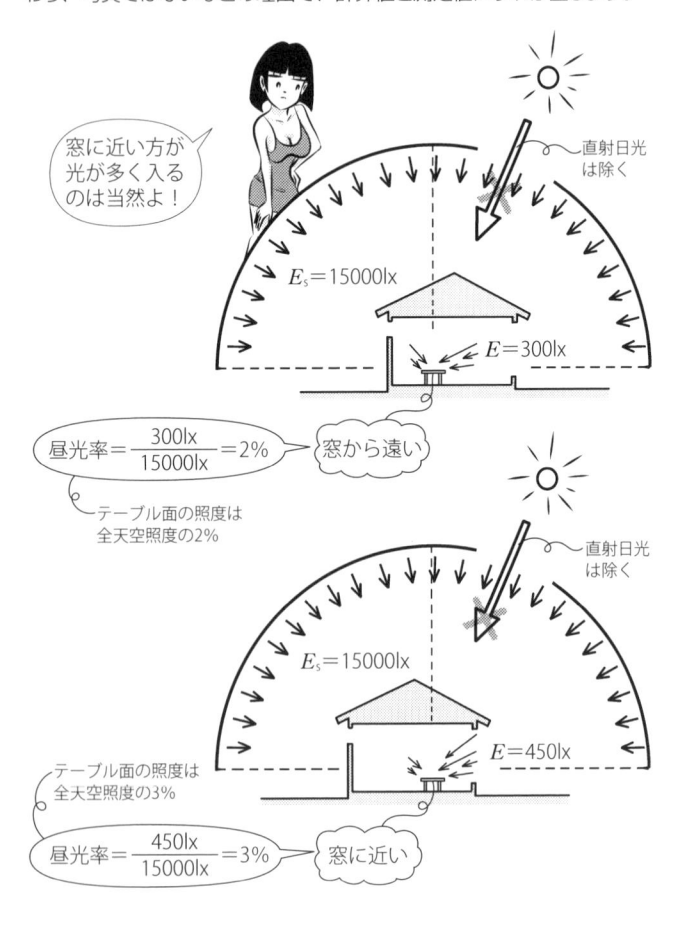

窓に近い方が光が多く入るのは当然よ！

直射日光は除く

$E_s = 15000\text{lx}$

$E = 300\text{lx}$

$$昼光率 = \frac{300\text{lx}}{15000\text{lx}} = 2\%$$

窓から遠い

テーブル面の照度は全天空照度の2%

直射日光は除く

$E_s = 15000\text{lx}$

$E = 450\text{lx}$

テーブル面の照度は全天空照度の3%

$$昼光率 = \frac{450\text{lx}}{15000\text{lx}} = 3\%$$

窓に近い

答え ▶ ○

★ R216 ○×問題　　　　　　　　　　　　　　　昼光率　その5

Q 昼光率は開口部の大きさ、形、位置だけでなく、ガラス面の状態や室の内装によっても影響を受ける。

A 下図のように、窓の高さ、ガラスの透過率、室内面の反射率によっても、昼光率は変わります（答えは○）。窓から直接入る昼光による照度は<u>直接照度</u>、それによる昼光率を<u>直接昼光率</u>といいます。一方室内面の反射光によるものは、<u>間接照度</u>、<u>間接昼光率</u>です。昼光率は直接と間接の和です。

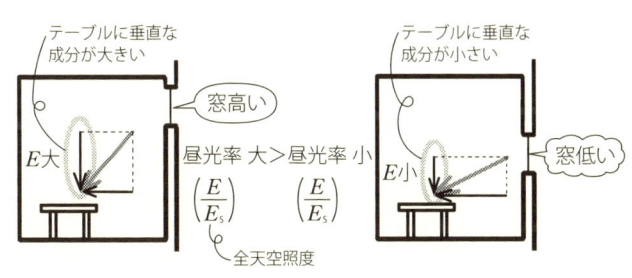

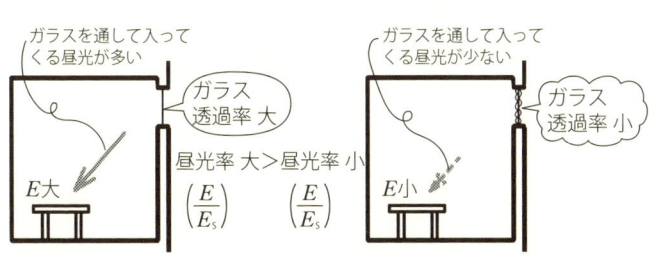

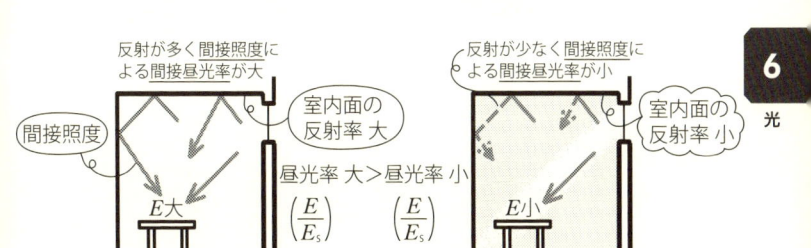

- テーブルに垂直な成分が大きい / 窓高い / E大 / 昼光率 大 $\left(\dfrac{E}{E_s}\right)$ > 昼光率 小 $\left(\dfrac{E}{E_s}\right)$ / 全天空照度
- テーブルに垂直な成分が小さい / 窓低い / E小

- ガラスを通して入ってくる昼光が多い / ガラス透過率 大 / E大 / 昼光率 大 $\left(\dfrac{E}{E_s}\right)$ > 昼光率 小 $\left(\dfrac{E}{E_s}\right)$
- ガラスを通して入ってくる昼光が少ない / ガラス透過率 小 / E小

- 反射が多く間接照度による間接昼光率が大 / 室内面の反射率 大 / 間接照度 / E大 / 昼光率 大 $\left(\dfrac{E}{E_s}\right)$ > 昼光率 小 $\left(\dfrac{E}{E_s}\right)$
- 反射が少なく間接照度による間接昼光率が小 / 室内面の反射率 小 / E小

昼光率＝直接昼光率＋間接昼光率

答え ▶ ○

★ **R217** ○×問題　　　　　　　　　　　　　　　　　昼光率　その6

Q 1. 普通教室の机上面と黒板の照度は、500lx以上が望ましい。
2. 普通教室の昼光率は、2%程度あればよい。

A JISの照度基準によると、教室は200〜750lx、製図室は300〜1500lxとなっています。また文部科学省の告示によると、机上面と黒板は500lx以上が望ましいとされています（1は○）。
照度基準を満たすように室用途別に昼光率を求めたのが、基準昼光率です。普通教室1.5%、一般製図室3%とされています（2は○）。大ざっぱに普通教室500lx、1.5%、一般製図室1000lx、3%と覚えておきましょう。

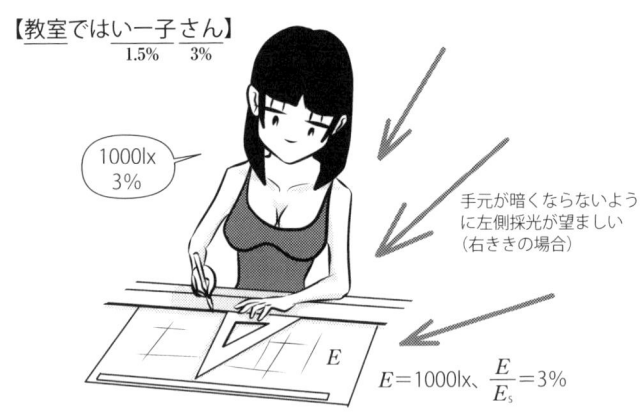

	照度	昼光率
普通教室	約500lx	1.5%
一般製図室	約1000lx	3%

照明+昼光 ← 照度
昼光のみで照度を満たす場合 ← 昼光率

【教室ではいー子さん】
　　1.5%　3%

1000lx
3%

手元が暗くならないように左側採光が望ましい（右ききの場合）

$E=1000\text{lx}$、$\dfrac{E}{E_s}=3\%$

【　】内スーパー記憶術

答え ▶ 1. ○　2. ○

★ R218 ○×問題　　　　　　　　　　　　　　　立体角投射率　その1

Q 右図でAの面積の点Pにおける立体角投射率Uは、
$U = \dfrac{S'}{r^2}$ で表せる。

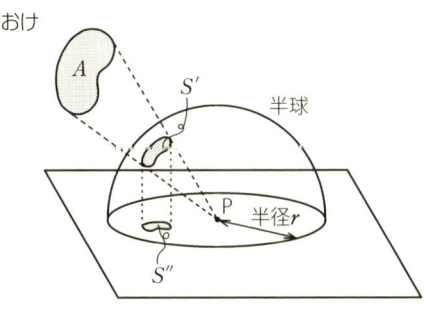

A ① 半球の中心Pから見たAを半球に投射した面積S'を求めます。
② S'を半球の底円に投射した面積S''を求めます。
③ S''が底円の面積πr^2に対してどれくらいの割合になるかが<u>立体角投射率</u>です（答えは×）。

点Pから上に魚眼レンズを向けて写真を撮ったとすると、その窓の面積が<u>全視界に対してどれくらいあるかが、立体角投射率</u>となります。

③ 立体角投射率 $= \dfrac{S''}{\text{底円の面積}} = \dfrac{S''}{\pi r^2}$

魚眼レンズの写真で考えると
立体角投射率 $= \dfrac{\text{窓の面積}}{\text{視界全体の面積}} = \dfrac{S''}{\pi r^2}$

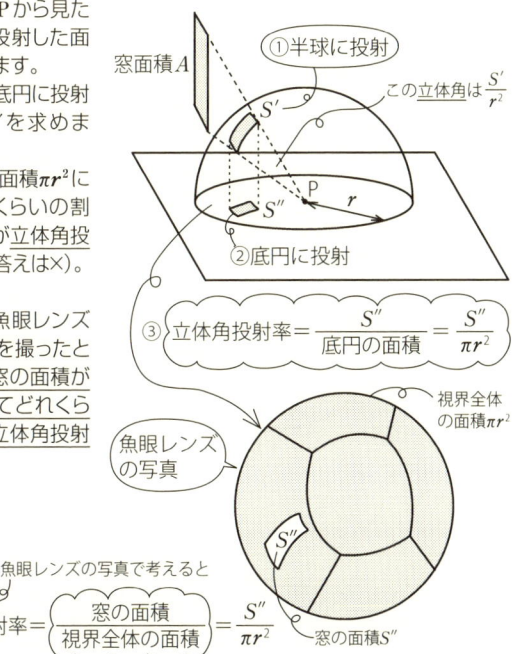

- 実際の魚眼レンズの写真は、正確な立体角投射にはなっていないので、写真を補正する必要があります。

答え ▶ ×

★ R219 ○×問題　　立体角投射率　その2

Q 建物が視界に占める割合を表すのに、立体角投射率が使われる。

A 下図のように、ある点Pから建物を見た場合に、全視界の中でどれくらい建物が占めているかを示すのに、建物の立体角投射率が有効です（答えは○）。また逆に、建物に占められていない天空部分が全視界の中でどれくらいあるかの天空率も、法規制でよく使われます。
建物の立体角投射率が大きければ、建物による圧迫感が大きいことになります。天空率が大きければ、開放感が大きいことになります。

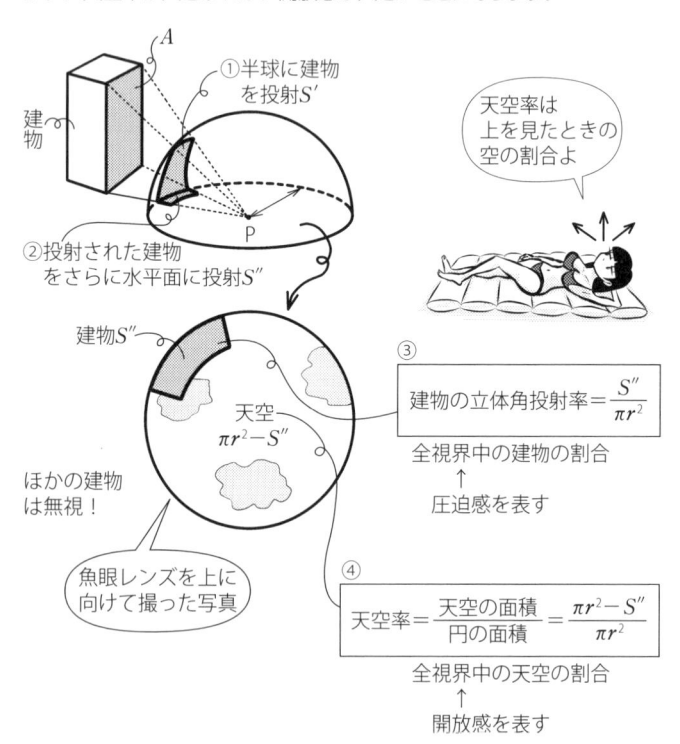

①半球に建物を投射 S'

②投射された建物をさらに水平面に投射 S''

天空率は上を見たときの空の割合よ

建物 S''

天空 $\pi r^2 - S''$

ほかの建物は無視！

魚眼レンズを上に向けて撮った写真

③
$$\text{建物の立体角投射率} = \frac{S''}{\pi r^2}$$

全視界中の建物の割合
↑
圧迫感を表す

④
$$\text{天空率} = \frac{\text{天空の面積}}{\text{円の面積}} = \frac{\pi r^2 - S''}{\pi r^2}$$

全視界中の天空の割合
↑
開放感を表す

- 半径1の半球で S'' をとれば、建物の立体角投射率 $= \dfrac{S''}{\pi r^2} = \dfrac{S''}{\pi \cdot 1^2} = \dfrac{S''}{\pi}$、
  天空率 $= \dfrac{\pi r^2 - S''}{\pi r^2} = \dfrac{\pi \cdot 1^2 - S''}{\pi \cdot 1^2} = 1 - \dfrac{S''}{\pi}$ と単純化できます。

答え ▶ ○

★ R220 ○×問題　　　立体角投射率　その3

Q 室内のある点における直接昼光率は、窓ガラスが100％の光を通すとすると、その点から見た窓の立体角投射率に等しい。

A 窓から直接来る昼光による直接昼光率と、窓から入った光が室内面に反射して来る光による間接昼光率があります。<u>直接昼光率は、測定点を中心とした半球を用いて求めた立体角投射率と等しくなります</u>（答えは○）。

①窓の面積A_1、A_2を半球に投射してS_1'、S_2'を求めます。
②S_1'、S_2'を底円に投射してS_1''、S_2''を求めます。
③$S_1'' + S_2''$と底円の面積の比、立体角投射率を求めます。
その立体角投射率が、直接昼光率となります。

$$\frac{建物のおおいがある場合の照度}{何もおおいのない場合の照度}$$

が直接昼光率です。直感的には、魚眼レンズの写真で、窓が全体に占める割合と考えるとわかりやすくなります。

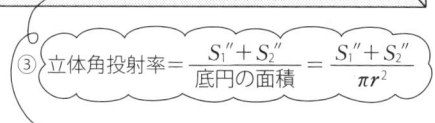

③ 立体角投射率 $= \dfrac{S_1'' + S_2''}{底円の面積} = \dfrac{S_1'' + S_2''}{\pi r^2}$

魚眼レンズの写真で考えると

立体角投射率 $= \dfrac{窓の面積}{視界全体の面積}$

視界全体の面積 πr^2

建物がないと、円全体が明るいはず

窓の部分は、水平面に対して、この面積だけ効果がある

- 正確には、天空の明るさ（輝度）が一様とした場合のみ、直接昼光率＝窓の立体角投射率となります。天空の一部が明るく、一部が暗い場合、照度計で測った直接昼光率と計算の値は異なります。

答え ▶ ○

★ **R221** 計算問題 立体角投射率 その4

Q 下図のような窓の、点Pにおける直接昼光率を、右の立体角投射率の算定図を用いて求めよ。

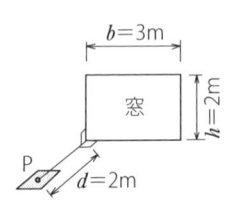

立体角投射率の算定図

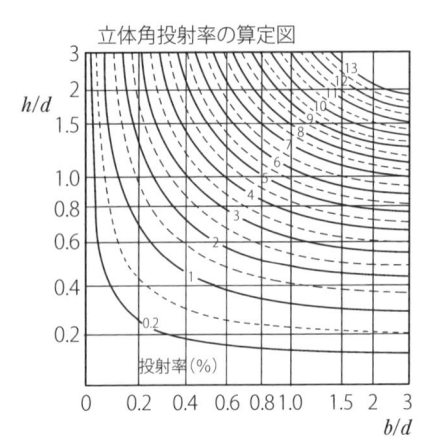

A 立体角投射率を数学的に求めるのはやっかいなので、算定図が用意されています。図表の b/d、h/d を計算して交点に近い曲線を探し、立体角投射率を用めます。

$\dfrac{b}{d}$、$\dfrac{h}{d}$ からグラフを探すのよ

$\begin{cases} \dfrac{h}{d} = \dfrac{2m}{2m} = 1 \\ \dfrac{b}{d} = \dfrac{3m}{2m} = 1.5 \end{cases}$

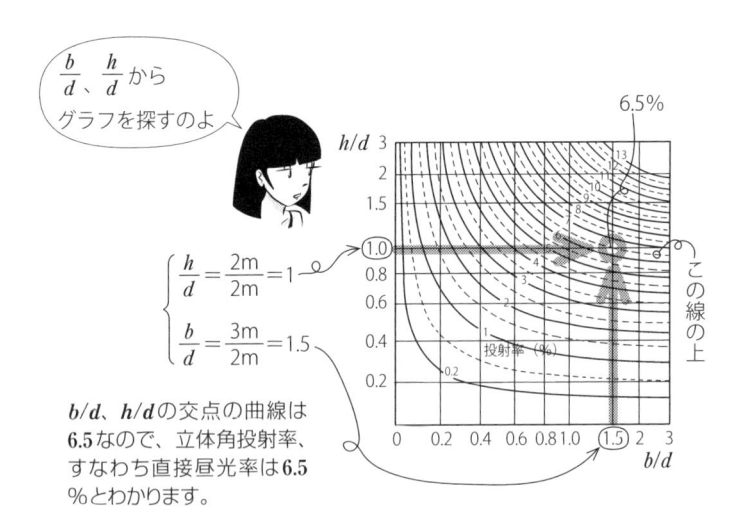

b/d、h/d の交点の曲線は **6.5** なので、立体角投射率、すなわち直接昼光率は **6.5%** とわかります。

答え ▶ **6.5%**

★ R222 計算問題　立体角投射率　その5

Q 下図のような窓の、点Pにおける直接昼光率を、右の立体角投射率の算定図を用いて求めよ。

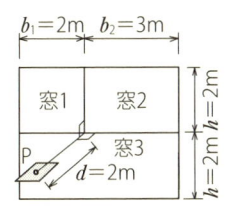

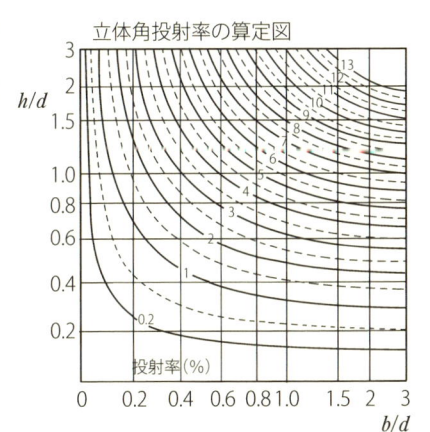

立体角投射率の算定図

$b_1 = 2m$　$b_2 = 3m$

窓1　窓2　$h = 2m$
窓3
P　$d = 2m$　$h = 2m$

A

$\begin{cases} \dfrac{b_1}{d} = \dfrac{2m}{2m} = 1 \\ \dfrac{h}{d} = \dfrac{2m}{2m} = 1 \end{cases}$

グラフから窓1の
直接昼光率 $U_1 = 5.6\%$

$\begin{cases} \dfrac{b_2}{d} = \dfrac{3m}{2m} = 1.5 \\ \dfrac{h}{d} = \dfrac{2m}{2m} = 1 \end{cases}$

グラフから窓2の
直接昼光率 $U_2 = 6.5\%$

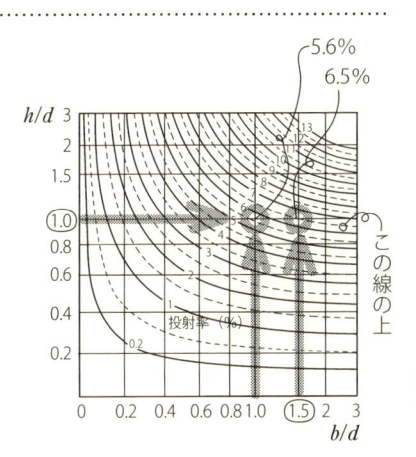

<u>点Pを含む水平面（たとえばテーブル）から下の窓3は、水平面を照らしません。よって窓3の直接昼光率 $U_3 = 0\%$ となります。</u>

点Pの直接昼光率 $= U_1 + U_2 = 5.6\% + 6.5\% = \underline{12.1\%}$

答え ▶ **12.1%**

★ R223 計算問題　　立体角投射率　その6

Q 下図のような窓の、点Pにおける直接昼光率を、右の立体角投射率の算定図を用いて求めよ。

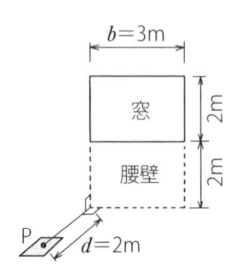

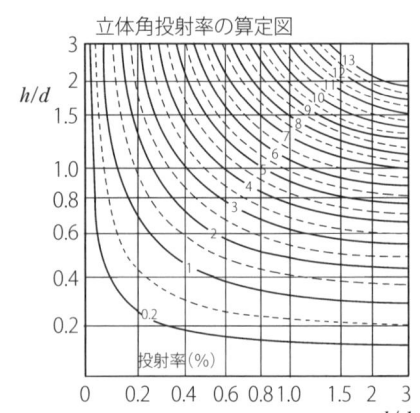

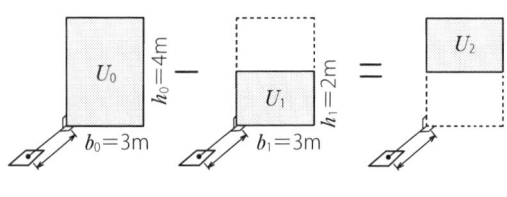

立体角投射率の算定図

A

上図のように、窓+腰壁の立体角投射率 U_0 から、腰壁の立体角投射率 U_1 を引いて、窓の立体角投射率 U_2 を求めます。

$\begin{cases} b_0=3\text{m} \\ h_0=4\text{m} \end{cases} \rightarrow \begin{cases} b_0/d=3/2=1.5 \\ h_0/d=4/2=2 \end{cases}$
から、$U_0=11.5\%$

$\begin{cases} b_1=3\text{m} \\ h_1=2\text{m} \end{cases} \rightarrow \begin{cases} b_1/d=3/2=1.5 \\ h_1/d=2/2=1 \end{cases}$
から、$U_1=6.5\%$

∴ $U_2=U_0-U_1=11.5-6.5=\underline{5\%}$

設問の窓の立体角投射率は5%なので、直接昼光率も5%となります。

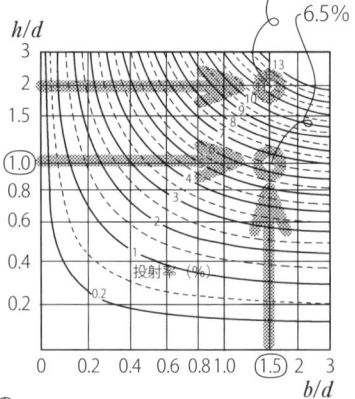

答え ▶ 5%

★ R224 計算問題　　立体角投射率　その7

Q 下図のような窓の、点Pにおける直接昼光率を、右の立体角投射率の算定図を用いて求めよ。

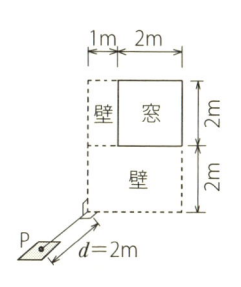

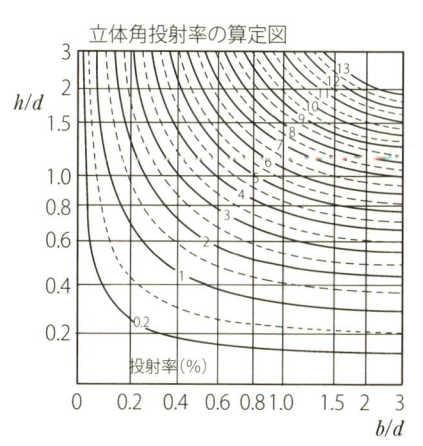

立体角投射率の算定図

A
① まず前項のように、腰壁部分を引きます。

② 次に $b=1m$、$h=4m$ の部分を引きます。算定図では計算する長方形の左下か右下を、点Pからの垂線の足と一致させなければなりません。
図で⊖の部分は引きすぎてしまっています。

③ 引きすぎた部分を足すと、設問の窓の立体角投射率、すなわち直接昼光率が出ます。

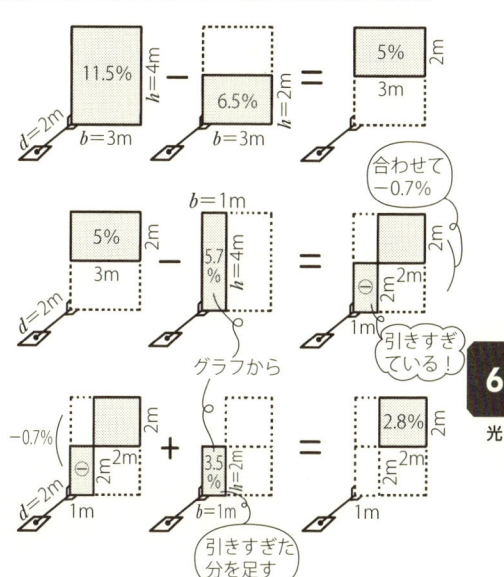

$11.5\% - 6.5 - 5.7 + 3.5 = \underline{2.8\%}$

答え ▶ **2.8%**

★ R225 まとめ　　立体角投射率　その8

立体角投射率の算定図から窓の立体角投射率（直接昼光率）を出すやり方を、ここでまとめておきます。

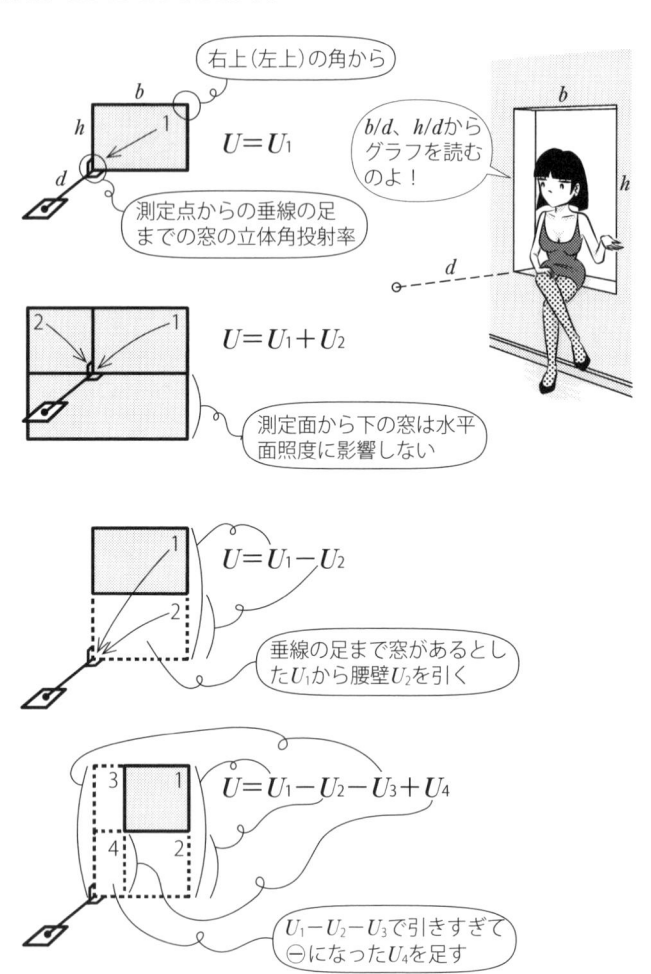

$U = U_1$

右上（左上）の角から

測定点からの垂線の足までの窓の立体角投射率

b/d、h/dからグラフを読むのよ！

$U = U_1 + U_2$

測定面から下の窓は水平面照度に影響しない

$U = U_1 - U_2$

垂線の足まで窓があるとしたU_1から腰壁U_2を引く

$U = U_1 - U_2 - U_3 + U_4$

$U_1 - U_2 - U_3$で引きすぎて⊖になったU_4を足す

R226　〇×問題　　　　　　　　　　　立体角投射率　その9

Q 図のような横4m、縦1mの窓における直接昼光率は、点Qの方が点Pより大きい。

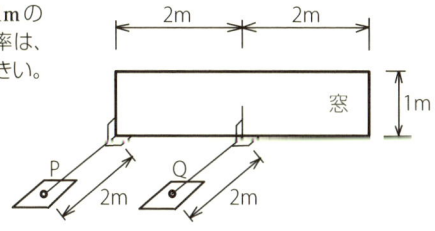

A R224のグラフを使って求めると、

点P $\begin{cases} \dfrac{b}{d} = \dfrac{4m}{2m} = 2 \\ \dfrac{h}{d} = \dfrac{1m}{2m} = 0.5 \end{cases}$

点Q　右半分の窓 $\begin{cases} \dfrac{b}{d} = \dfrac{2m}{2m} = 1 \\ \dfrac{h}{d} = \dfrac{1m}{2m} = 0.5 \end{cases}$

R224のグラフから、2.5%

R224のグラフから、2%。全体では2倍して4%

∴点Qのほうが大きい（答えは〇）。

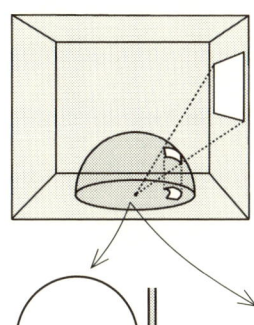

このような計算をしなくとも、立体角投射の図を上から見た平面図で考えると、直感的に明らかです。<u>立体角投射率は、窓の中央に寄るほど大きくなります。</u>

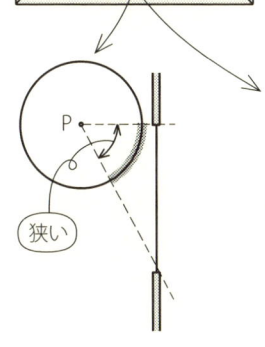

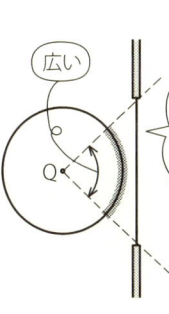

中央に寄るほど窓への視界が広がり、立体角投射率（直接昼光率）は大きくなる

答え ▶ 〇

★ R227 ○×問題　立体角投射率　その10

Q 直接昼光率は、窓の立体角投射率のほかに、窓ガラスの透過率、保守率、窓面積有効率により異なる値となる。

A 直接昼光率＝窓の立体角投射率となるのは、窓がガラスの入っていない孔の場合のみです。実際は光を100%透過するわけではないガラスがあり、そのガラスも汚れていたり曇っていたりします。またサッシの枠もあるので、開口面積が100%有効ではありません（答えは○）。直接昼光率は、これらの要素を補正するために、以下の式で求められます。

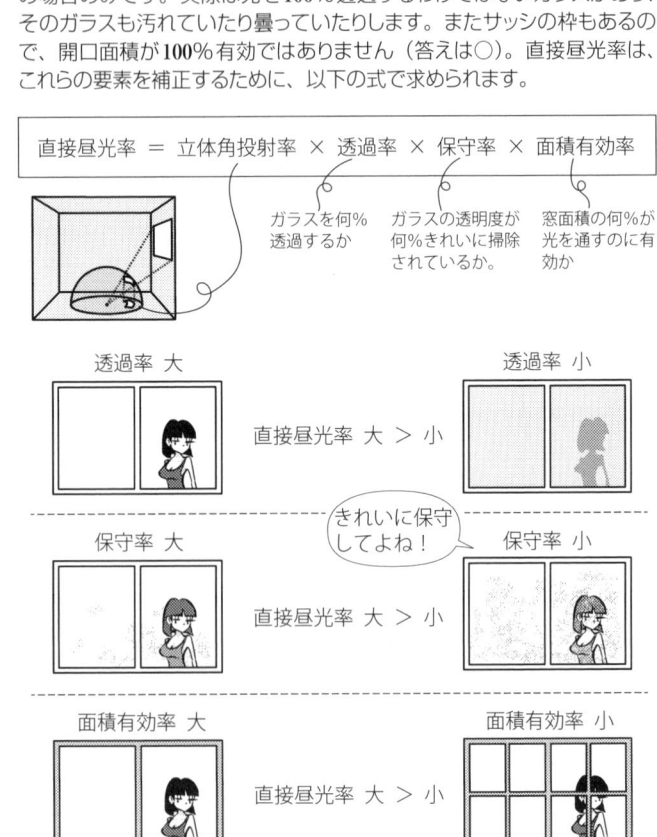

$$直接昼光率 ＝ 立体角投射率 × 透過率 × 保守率 × 面積有効率$$

- 透過率：ガラスを何%透過するか
- 保守率：ガラスの透明度が何%きれいに掃除されているか。
- 面積有効率：窓面積の何%が光を通すのに有効か

透過率 大　／　透過率 小
直接昼光率 大 ＞ 小

きれいに保守してよね！

保守率 大　／　保守率 小
直接昼光率 大 ＞ 小

面積有効率 大　／　面積有効率 小
直接昼光率 大 ＞ 小

答え ▶ ○

★ R228 ○×問題 　　　　　　　　　　　　　　均斉度 その1

Q 照度の均一さを表す均斉度は、最低照度を最高照度で割ったものである。

A 均斉度は、最低照度÷最高照度という比で表す、明るさの均一さ度合いの指標です（答えは○）。分母の最高照度を、平均照度とすることもあります。似たような指標に輝度対比があります。照度は面が受ける光の単位、輝度は見かけの面が出す光の単位です。

（輝度対比では出す光）

$$均斉度 = \frac{最低照度}{最高照度}$$

床面、作業面などが受ける光の均一さの度合い。1（100%）に近いほど均一となる。

最少と最大の比よ！

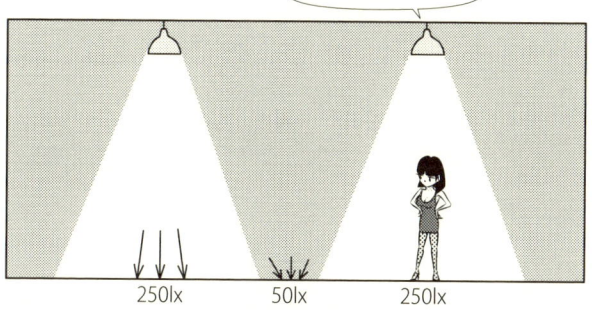

250lx　50lx　250lx

$$均斉度 = \frac{50lx}{250lx} = 0.2 = 20\%$$

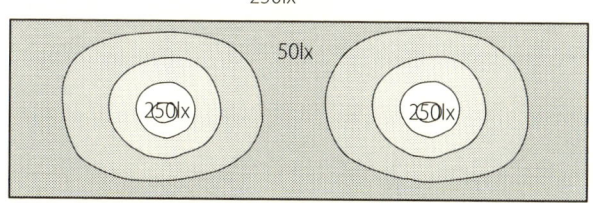

答え ▶ ○

★ R229 ○×問題　　　　　　　　　　　　　　　均斉度　その2

Q 机上面の均斉度は、人工照明では1/3以上、昼光による片側採光では1/10以上が望ましい。

A 作業をする机上面の照度は、なるべく均一の方が良く、人工照明では1/3以上、昼光による片側採光では1/10以上が望ましいとされています（答えは○）。下図のように、照明は1灯よりも多い方が、机上面照度は均一になり、均斉度は上がります。

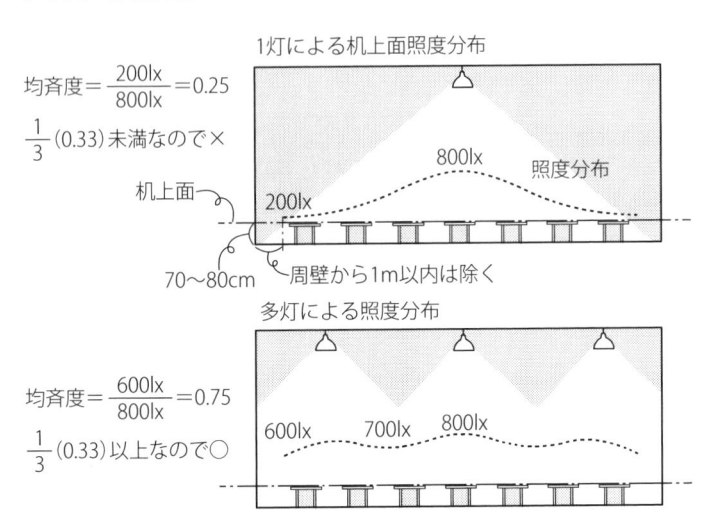

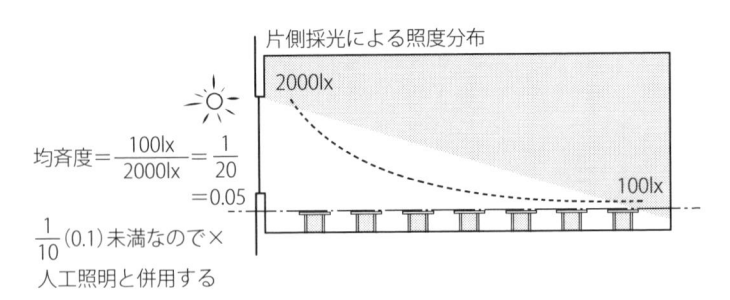

1灯による机上面照度分布

均斉度 $= \dfrac{200\text{lx}}{800\text{lx}} = 0.25$

$\dfrac{1}{3}$ (0.33) 未満なので×

- 机上面
- 800lx 照度分布
- 200lx
- 70〜80cm
- 周壁から1m以内は除く

多灯による照度分布

均斉度 $= \dfrac{600\text{lx}}{800\text{lx}} = 0.75$

$\dfrac{1}{3}$ (0.33) 以上なので○

- 600lx　700lx　800lx

片側採光による照度分布

均斉度 $= \dfrac{100\text{lx}}{2000\text{lx}} = \dfrac{1}{20} = 0.05$

$\dfrac{1}{10}$ (0.1) 未満なので×
人工照明と併用する

- 2000lx
- 100lx

【 父 さんは オフィスで働く 】
　1/10 1/3　　机上

【 】内スーパー記憶術

答え ▶ ○

★ R230　○×問題　　　　　　　　　　　　　　　　　均斉度　その3

Q 壁の中央付近に設けられる同面積の側窓では、横長窓より縦長窓の方が、床面の照度の均斉度は大きい。

A 床は水平なので、縦長窓にすると、どうしても均斉度は低くなってしまいます（答えは×）。下図は、縦長窓、横長窓の室内における明るさのイメージです。

均斉度 $= \dfrac{40\text{lx}}{800\text{lx}} = \dfrac{1}{20} = 0.05$

均斉度低い→照度のばらつきが大きい

　　　　　→部屋の中のいる位置によって明るさが大きく変わる

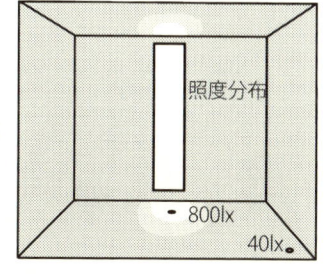

「縦長は暗いのか」

均斉度 $= \dfrac{60\text{lx}}{600\text{lx}} = \dfrac{1}{10} = 0.1$

均斉度高い→照度のばらつきが小さい

　　　　　→部屋のどこにいても明るさはあまり変わらない

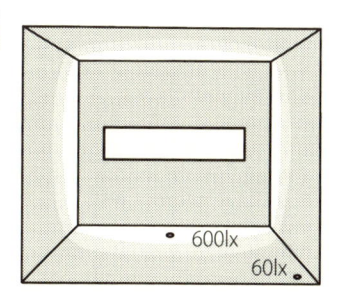

- ル・コルビュジエ（1887～1965）が近代建築の5原則（1926）で、横長連続窓を提唱しました。縦長窓に比べて部屋全体が明るいとした彼の主張は、均斉度の面でも立証されます。レンガを積んでつくる組積造（そせきぞう）では壁で重さを支えるため、窓は縦長にせざるをえません。コルビュジエの横長連続窓は、鉄筋コンクリートや鉄によるフレームで支える構造で、世界中に流布しました。部屋の中は光の面からも均質になりましたが、逆に光のめりはりがなくなり、どこも同じで退屈な空間となってしまうという弊害もありました。

答え ▶ ×

R231 ○×問題　　　　　　　　　均斉度　その4

Q 正方形の側窓で総面積が等しい場合、ひとつの窓とするよりも、いくつかに分割して水平方向に分散配置した方が、床面の照度の均斉度は大きい。

A 側窓（がわまど、そくそう）とは、鉛直壁面にあけられた一般的な窓のことです。天井にあけられた窓が天窓（てんまど、top light）、天井付近の鉛直壁面にあけられた側窓を、頂側窓（ちょうそくそう、top side light、high side light）といいます。下図のようにひとつの窓とするよりも、分割、分散した方が、明るさは均一に近くなり、均斉度は上がります（答えは○）。

隅が暗くなるのか

800lx　40lx

同じ面積で窓を分割、分散

$$均斉度 = \frac{40lx}{800lx} = \frac{1}{20} = 0.05$$

均斉度は上がる

明るさが均等に近づく

600lx　60lx

$$均斉度 = \frac{60lx}{600lx} = \frac{1}{10} = 0.1$$

答え ▶ ○

★ R232 ○×問題　　均斉度　その5

Q ひとつの正方形の側窓で採光される同面積の部屋を比較すると、細長い部屋より正方形に近い部屋の方が、床面の照度の均斉度は高い。

A 細長い部屋の場合、ひとつの窓をどこにあけても、下図のように暗い部分ができます。奥や隅まで光がよく届かず、奥や隅の床の照度は小さくなります。窓下の最大照度に比べて最低照度は低く、均斉度も低くなります。正方形の部屋では逆に、均斉度は高くなります（答えは○）。

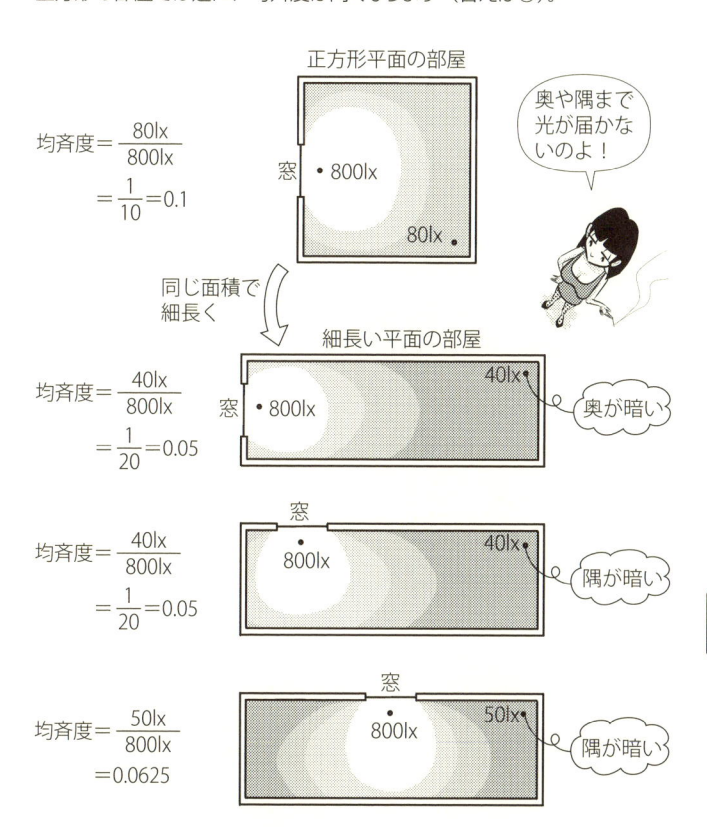

正方形平面の部屋

均斉度 $= \dfrac{80\text{lx}}{800\text{lx}}$
$= \dfrac{1}{10} = 0.1$

・800lx
80lx

奥や隅まで光が届かないのよ！

同じ面積で細長く

細長い平面の部屋

均斉度 $= \dfrac{40\text{lx}}{800\text{lx}}$
$= \dfrac{1}{20} = 0.05$

窓・800lx
40lx
奥が暗い

均斉度 $= \dfrac{40\text{lx}}{800\text{lx}}$
$= \dfrac{1}{20} = 0.05$

窓
800lx
40lx
隅が暗い

均斉度 $= \dfrac{50\text{lx}}{800\text{lx}}$
$= 0.0625$

窓
800lx
50lx
隅が暗い

答え ▶ ○

★ R233 ○×問題　　均斉度　その6

Q ライトシェルフは、室内照度の均斉度を高めるとともに、直射日光を遮へいしながら眺望を妨げない窓システムである。

A ライトシェルフ（light shelf）とは、直訳すると光の棚です。太陽の光を棚板に反射させて天井に当て、天井でもう1回反射させて部屋の奥に届けます。室内の光は、より均質になり、均斉度が上がります。ひさしと同様に直射日光を防ぎ、雨の日に窓を開けることもできます。ブラインドと違って眺望をさえぎることもありません（答えは○）。

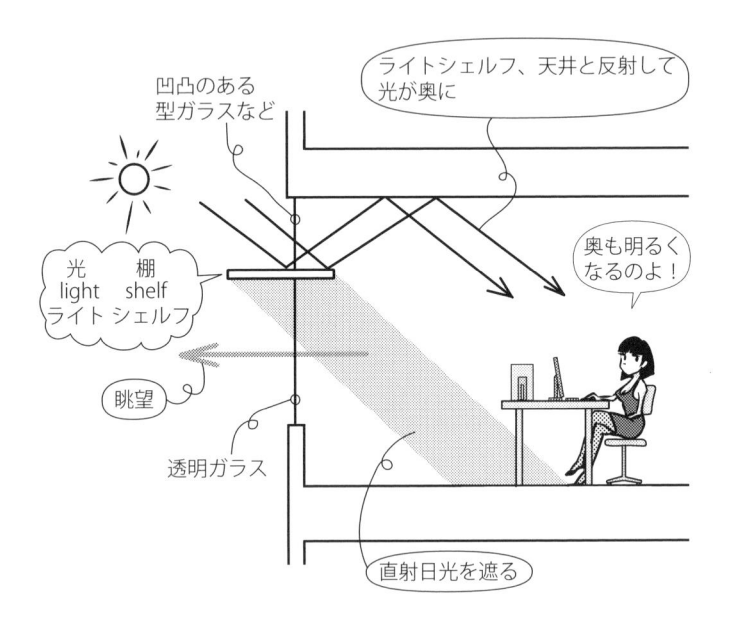

- ライトシェルフを付けると、外観の水平性が強くなります。水平性の強い近代建築のデザインと合うので、水平性を強調する要素としてよく使われました。ライトシェルフを縦横につけたのが、ル・コルビュジエのブリーズ・ソレイユともいえます。

答え ▶ ○

★ R234 ○×問題　　　均斉度　その7

Q 高所において、鉛直や鉛直に近い向きに設置される窓を頂側窓といい、特に北側採光にすると安定した光環境が得られる。

A 頂側窓（ちょうそくそう）とは、一般にトップサイドライト（top side light）とかハイサイドライト（high side light）と呼ばれ、天井付近の壁に付ける窓のことです。南側側窓（そくそう、がわまど）では、太陽の位置や晴れ具合で、大きく光環境が変わります。北側頂側窓は、天空光のみを安定して取り込むので、光環境は安定します（答えは○）。画家のアトリエなどで多く用いられます。

答え ▶ ○

★ R235 ○×問題　作業面の輝度比

Q 事務机上で作業対象周囲の輝度は、作業対象の輝度に比べて、1/3以上が望ましい。

A 輝度は、見かけの面光源からどれだけ光が出ているかの指標です。照度は、面がどれだけ光を受けているかの指標です。照度との対応には反射率が介在します。モニターなどの自分で光る面は、輝度で測るしかありません。作業対象と周囲の輝度の比は、1/3以上とされています（答えは○）。1/5などになると、周囲が暗すぎて、目が疲れます。

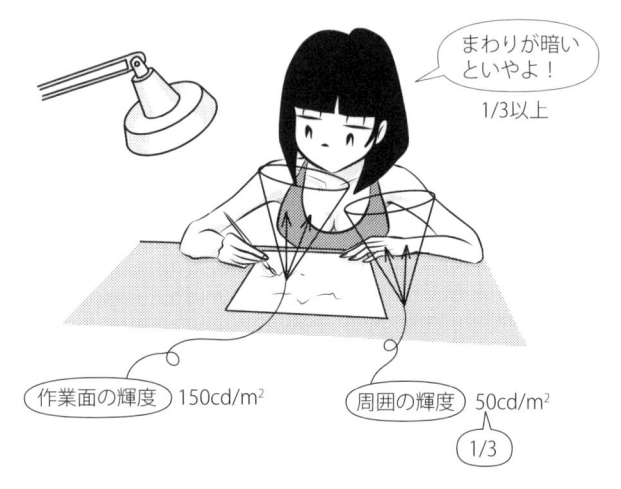

まわりが暗いといやよ！
1/3以上

作業面の輝度 150cd/m²　周囲の輝度 50cd/m²
1/3

スーパー記憶術

<u>父</u> さんは <u>オフィス</u> で働く
1/10　1/3　　机上面

（照度の比→）均斉度 1/10～1/3 …部屋全体で
　　　　　　輝度の比 1/3以上 …机の上で

● 輝度対比が極端だと、グレアとなります（R207 参照）。

答え ▶ ○

★ R236 ○×問題　　　　　　　　　　　　　　モデリング

Q モデリングを改善するために、方向性のない拡散光を用いた。

A 立体感を出すために照明を調整することを、モデリングといいます。人物や物などを撮影する際には、均一な光を当てると同時に、方向性のある強い光を当てて、陰影をつくり、立体感を出します。拡散光は全体を明るくしますが、立体感を出すには方向性のある光が必要です（答えは×）。

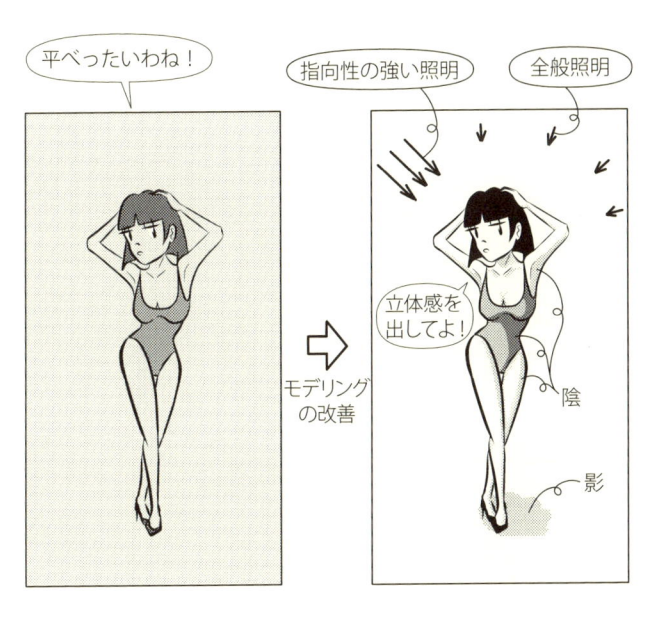

modeling：絵画などでの陰影による立体感の表現法

答え ▶ ×

★ R237 ○×問題　　3原色　その1

Q 光の3原色は、赤、黄、青である。

A 赤（R）、緑（G）、青（B）を光の3原色といいます（答えは×）。各々の色の光を重ねて、足し算して色をつくります。パソコンのディスプレイ（モニター）は、RGBの信号を光に変え、各色の光を同時に出して重ねる、加えることで、別の色をつくります。各色の強度を変えることで、さまざまな色をつくることができます。加法混色と呼ばれます。混ぜてもつくることのできない、大もとの色がRGBの原色、光の3原色です。加法混色の3原色ともいいます。RGBを100％ずつ混色すると、明るいW（白）になります。

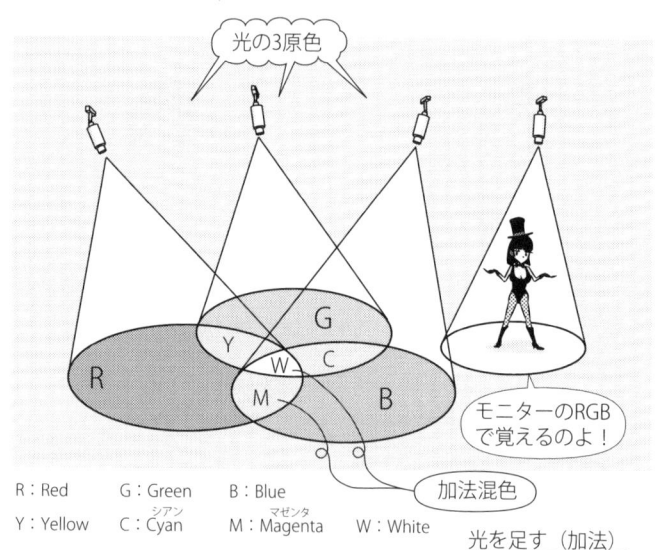

光の3原色

モニターのRGBで覚えるのよ！

加法混色

R：Red　　G：Green　　B：Blue
Y：Yellow　C：Cyan（シアン）　M：Magenta（マゼンタ）　W：White

光を足す（加法）と明るい色になる。RGBの3原色をそれぞれ100％の濃度で混ぜると白になる。

答え ▶ ×

R238 ○×問題　3原色　その2

Q
1. 減法混色は、色を吸収する媒体を<u>重ね合わせ</u>て別の色をつくることをいい、混ぜ合わせを増すごとに黒色に近づく。
2. 減法混色の3原色は、シアン、マゼンタ、イエローである。

A 絵の具やインクは、<u>色を吸収する</u>ことで、それ以外の色を出す媒体です。それを混ぜることによって異なる色を出せますが、光をより多く吸収して暗い色となります。C（シアン）、M（マゼンタ）、Y（イエロー）の100％の濃度を混ぜると黒になり、<u>減法混色の3原色</u>または<u>色の3原色</u>といいます（1、2は○）。

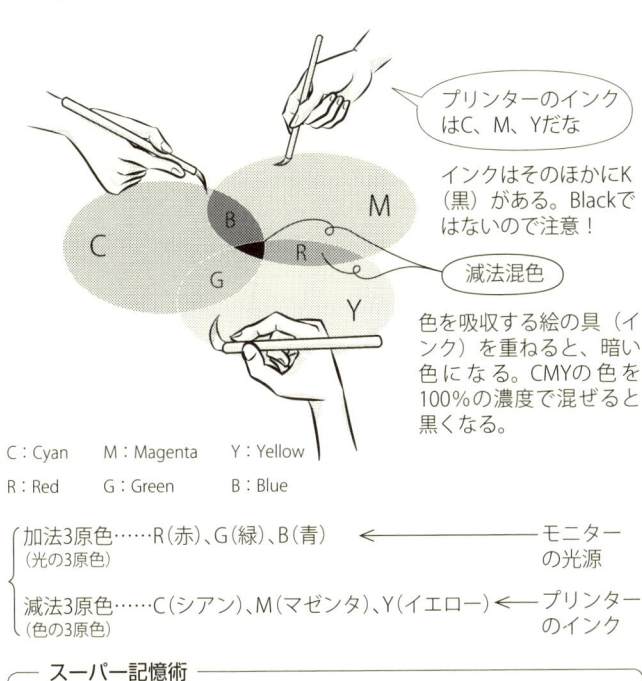

> プリンターのインクはC、M、Yだな

> インクはそのほかにK（黒）がある。Blackではないので注意！

> 減法混色

> 色を吸収する絵の具（インク）を重ねると、暗い色になる。CMYの色を100％の濃度で混ぜると黒くなる。

C：Cyan　M：Magenta　Y：Yellow
R：Red　G：Green　B：Blue

- 加法3原色……R(赤)、G(緑)、B(青) ← モニターの光源
  (光の3原色)
- 減法3原色……C(シアン)、M(マゼンタ)、Y(イエロー) ← プリンターのインク
  (色の3原色)

―― スーパー記憶術 ――
<u>明</u>るいうちから<u>ある</u><u>じ</u>ビール　　<u>インク</u>の<u>し</u><u>み</u><u>い</u>
光の3原色　　R　G　B　　　　　　　C　M　Y

答え ▶ 1. ○　2. ○

★ **R239** ○×問題　　　　　　　　　　マンセル表色系　その1

Q 1. 色の3属性は、色相、明度、彩度である。
2. マンセル表色系は、色相、明度、彩度という3つの属性を用いて色を表示する体系である。

A 色の3属性とは、赤、青、緑などの色合い、色の種別を表す色相（ヒュー：Hue）、明るさの程度を表す明度（バリュー：Value）、色みの強さ、鮮やかさの度合いを表す彩度（クロマ：Chroma）をいいます（1は○）。色の3属性により色を配列して記号化した表色系には、マンセル表色系、オストワルト表色系、XYZ表色系などがあります（2は○）。マンセル表色系が、最も一般的に使われています。

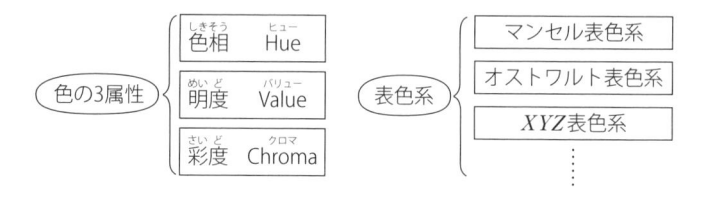

色の3属性
- 色相　Hue（ヒュー）
- 明度　Value（バリュー）
- 彩度　Chroma（クロマ）

表色系
- マンセル表色系
- オストワルト表色系
- XYZ表色系

色の3つの属性で配列するのよ！

ズバッ

― スーパー記憶術 ―

マンセルの 色　目 は 鮮やか！
　　　　　色相 明度　　　彩度

● マンセル（F1ドライバー）を知らない方は、セールスマンで覚えるとよい。

答え ▶ 1. ○　2. ○

R240 ○×問題　マンセル表色系　その2

Q 混色によって無彩色をつくることができる2つの色は、相互に補色の関係にある。

A 虹のスペクトル、赤→橙→黄→緑→青→藍→紫（せき・とう・おう・りょく・せい・らん・し）の7色を円環状に並べ、より細分化したのが色相環です。色相環の反対側、直径の両端の色どうしを補色の関係にあるといい、その2色を混ぜると灰色、白、黒などの無彩色となります（答えは○）。

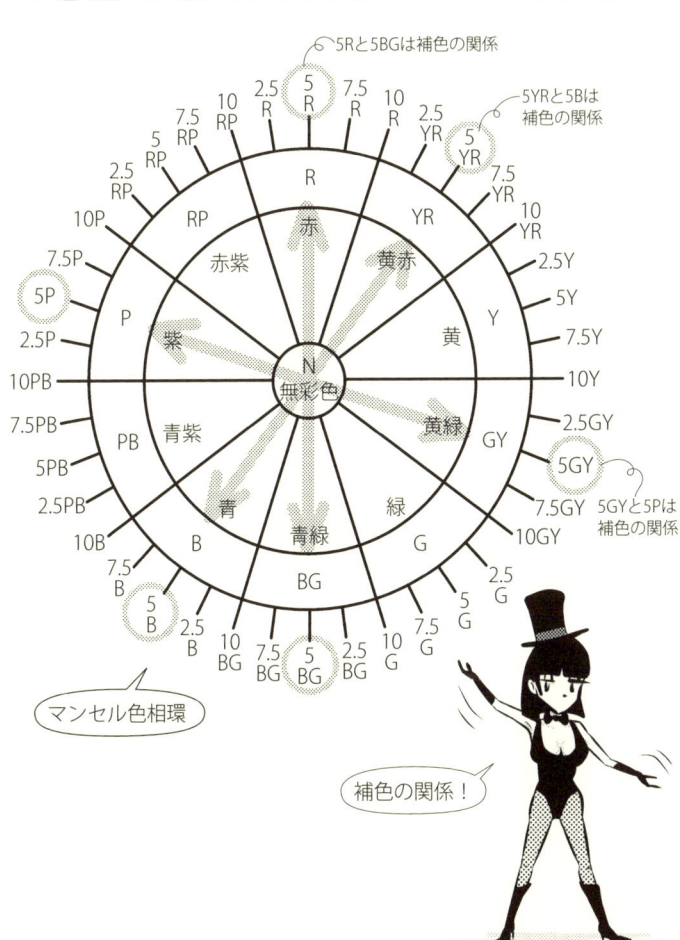

- 5Rと5BGは補色の関係
- 5YRと5Bは補色の関係
- 5GYと5Pは補色の関係

マンセル色相環

補色の関係！

答え ▶ ○

★ R241 ○×問題　マンセル表色系　その3

Q マンセル記号で5R/4/14とは、5Rが色相、4が彩度、14が明度を表す。

A マンセル記号は、色相、明度、彩度の順に並んでいます（答えは×）。アメリカの画家マンセル（A.H.Munsell）によって考案された色彩を表す体系で、アメリカ光学会が改良した修正マンセル表色系が、JISで採用されています。赤（R）、黄（Y）、緑（G）、青（B）、紫（P）と、その中間色YR、GY、BG、PB、RPの10色を円環状に並べ、マンセル色相環とします（前項参照）。

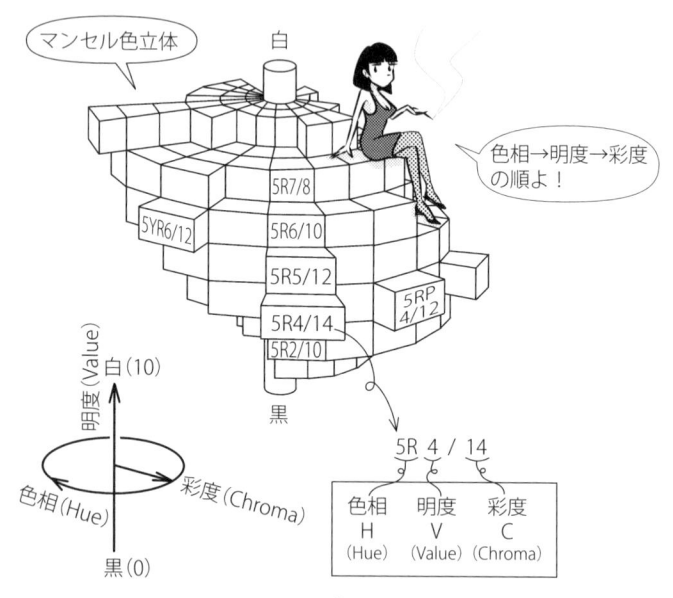

色相→明度→彩度の順よ！

5R 4 / 14

色相	明度	彩度
H	V	C
(Hue)	(Value)	(Chroma)

【マンセルの色目は鮮やか】
色相→明度→彩度の順

【　】内スーパー記憶術

答え ▶ ×

★ R242 ○×問題　マンセル表色系　その4

Q マンセル記号の明度（Value）は明暗の段階を表し、完全な黒を10、完全な白を0とし、その間を11段階に分ける。

A マンセル表色系では、明度は白が10で最大、黒が0で最小となります（答えは×）。マンセル色立体では、上に行くほど明るく、明度が高く設定されています。

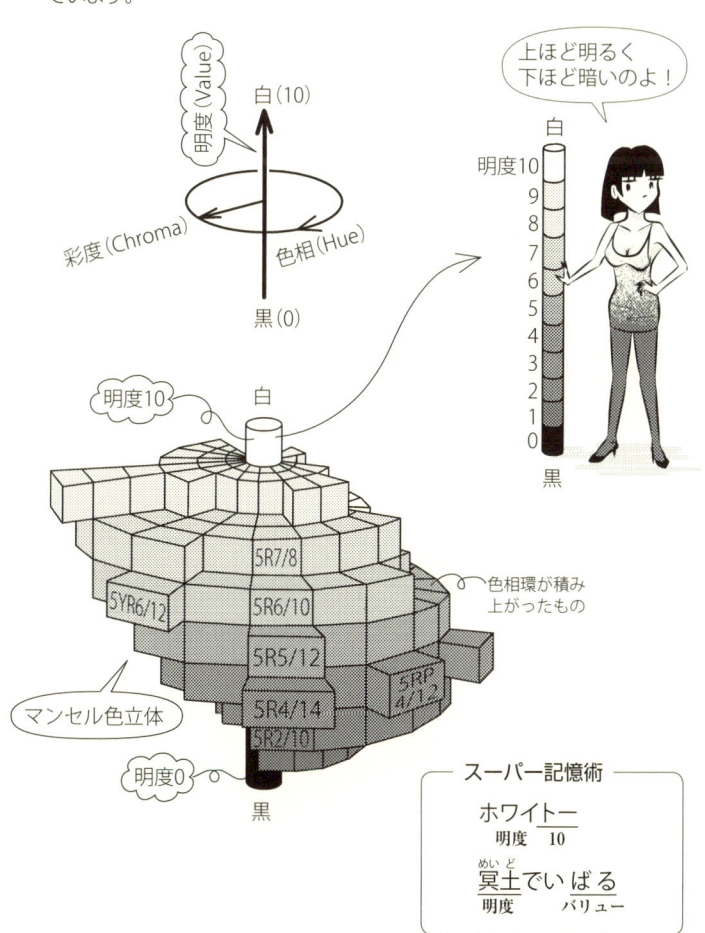

明度（Value）
白（10）
彩度（Chroma）　色相（Hue）
黒（0）

上ほど明るく下ほど暗いのよ！

明度10
白
9
8
7
6
5
4
3
2
1
0
黒

明度10
白
5R7/8
5YR6/12　5R6/10
5R5/12
5RP4/12
5R4/14
5R2/10
明度0
黒

色相環が積み上がったもの

マンセル色立体

―― スーパー記憶術 ――

ホワイトー
明度　10

冥土でぃ ばる
明度　　バリュー

答え ▶ ×

★ / **R243** / ○×問題　　　　マンセル表色系　その5

Q 1. 明度は、光に対する反射率とは無関係である。
　　2. マンセルバリューが5の色の反射率は、約20%である。

A 反射率が0%の完全な黒を明度0、反射率が100%の完全な白を明度10として、反射率によって明度を11段階に分けています（1は×）。

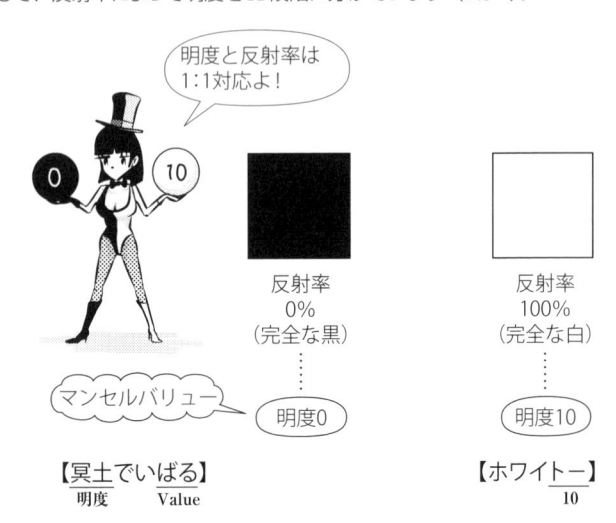

明度と反射率は1:1対応よ！

反射率0%（完全な黒）　　明度0
反射率100%（完全な白）　明度10

マンセルバリュー

【冥土でいばる】
　明度　Value

【ホワイトー】
　　　　10

反射率ρ（ロー）と明度 V の関係式は、$\rho \fallingdotseq V(V-1)$ （%）です。$V=5$ の場合、$\rho \fallingdotseq 5(5-1) = 20$（%）となります（2は○）。
この式は、反射率と明度の簡易な関係式で、対応できない場合もあります。

マンセルバリュー（明度）V	0	1	2	3	4	5	6	7	8	9	10
反射率ρ（%）	0	1.18	3.05	6.39	11.7	19.3	29.3	42.0	57.6	76.7	100

$\rho \fallingdotseq V(V-1)$
$V=5$の時、
$\rho \fallingdotseq 5(5-1) = 20\%$

― スーパー記憶術 ―
反射　　　反射
反射率 ≒ V　（V 　 − 1）

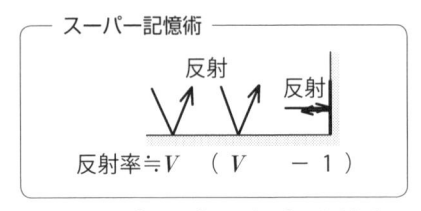

反射の方向で「V」と「−」、壁で「1」を連想する。

【　】内スーパー記憶術

答え ▶ 1. ×　2. ○

★ R244　○×問題　マンセル表色系　その6

Q マンセル記号の彩度（クロマ：Chroma）は色の鮮やかさの度合いを表し、鮮やかになるほど数値が大きくなる。

A マンセル表色系では、彩度の数値は色が鮮やかなほど、色みが強いほど大きくなります。無彩色を0（ゼロ）として、彩度が強くなるほど数値は大きくなりますが（答えは○）、最大値は色相によって異なります。5Rでは14が最大、5YRでは12が最大と、色相によって最大値が違うので、マンセル色立体は円柱状ではなく、デコボコと凹凸のある形となります。各色相で彩度が最大の色を、純色といいます。

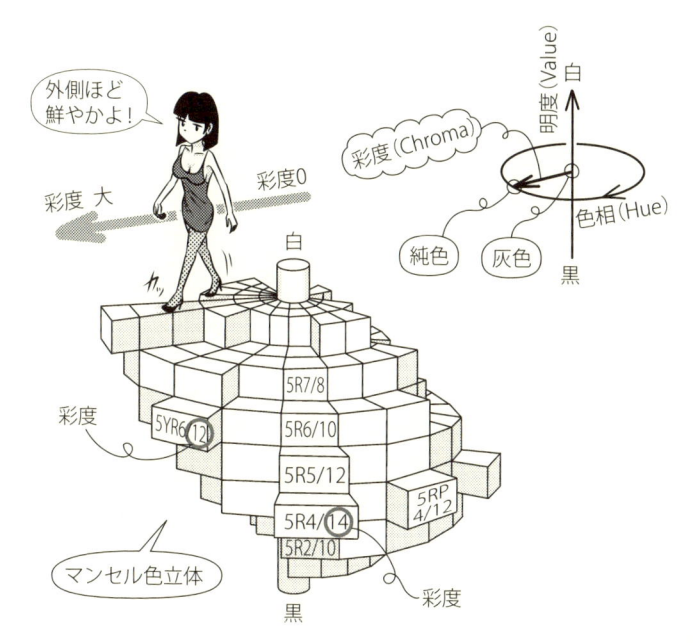

― スーパー記憶術 ―
灰色議員は 最 低
　　　　　彩度 0

答え ▶ ○

★ R245 ○×問題　　　マンセル表色系　その7

Q 1. 純色は、ある色相の中で最も彩度の高い色である。
2. 純色の彩度は、どの色相も同一である。
3. 無彩色は、色の3属性のうち、明度だけを有する色である。

A 純色は同じ色相の中で彩度の最も高い色のことで、色相によって純色の彩度は異なります（1は○、2は×）。そのためマンセル色立体は、きれいな円筒形にならず、デコボコした形となります。色立体の一番外側に、純色が並びます。無彩色は、白、黒、灰色などの明度だけをもつ色のことで（3は○）、色立体では中央に位置し、記号はNを使います。

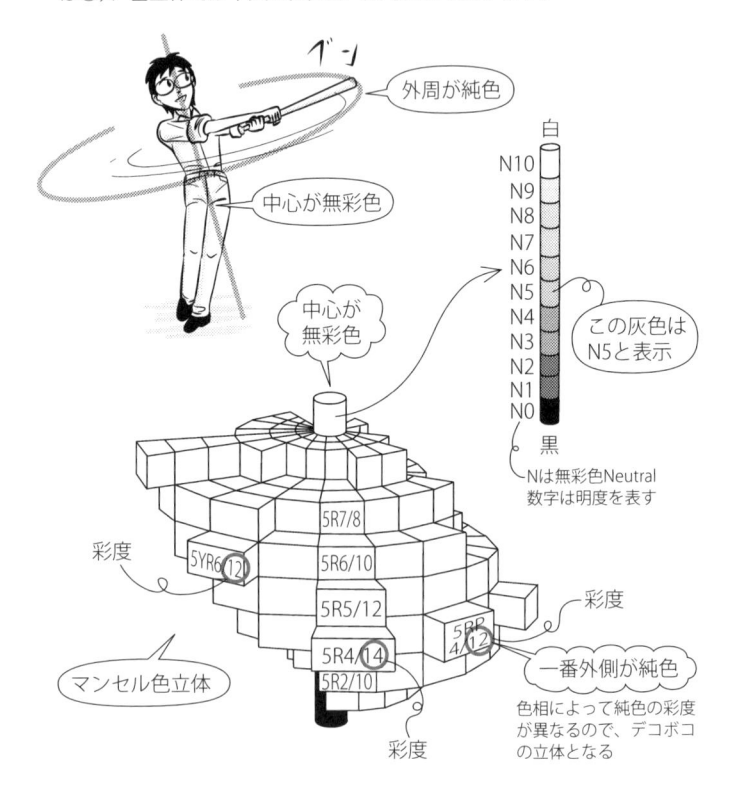

答え ▶ 1. ○　2. ×　3. ○

★ R246 ○×問題　　オストワルト表色系　その1

Q オストワルト表色系は、明度、彩度はなく、すべての色は白色量、黒色量、純色の混合比で決められる。

A オストワルト表色系は、ドイツの化学者オストワルト（F.W.Ostwald）によって考案された色彩を表す体系です。24色相の純色と、反射率100%の白、反射率0%の黒の混合比率で色を表す仕組みです（答えは○）。

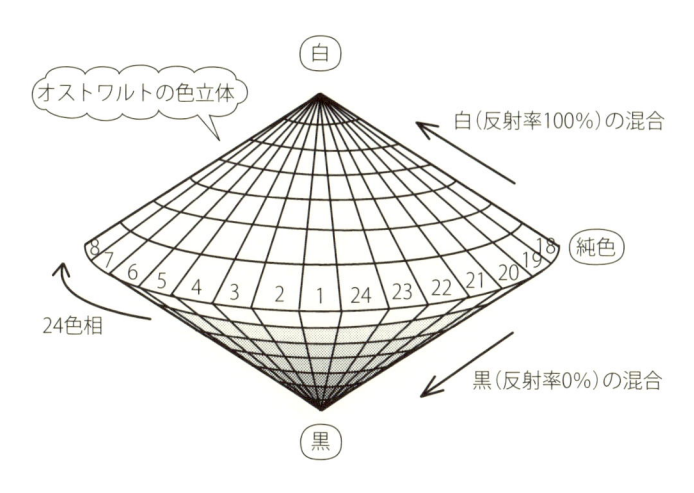

オストワルトの色立体

白
白（反射率100%）の混合
純色
24色相
黒（反射率0%）の混合
黒

純色、白、黒の混ぜ具合で決めるのよ！

―― スーパー記憶術 ――

お酢、糖、わりと　混合する
オストワルト　　　　混合比

答え ▶ ○

★ R247 ○×問題　オストワルト表色系　その2

Q オストワルト表色系において記号 17ig は、17が色相、i が白色の混合率、g が黒色の混合率を表す。

A 白色、黒色の混合率は、以下のようにa～p（jを除く）の記号で決められています。白、黒ともにa～pのアルファベットを使いますが、どちらも明るい方（白い方、黒くない方）から順にaからpがあてられています。

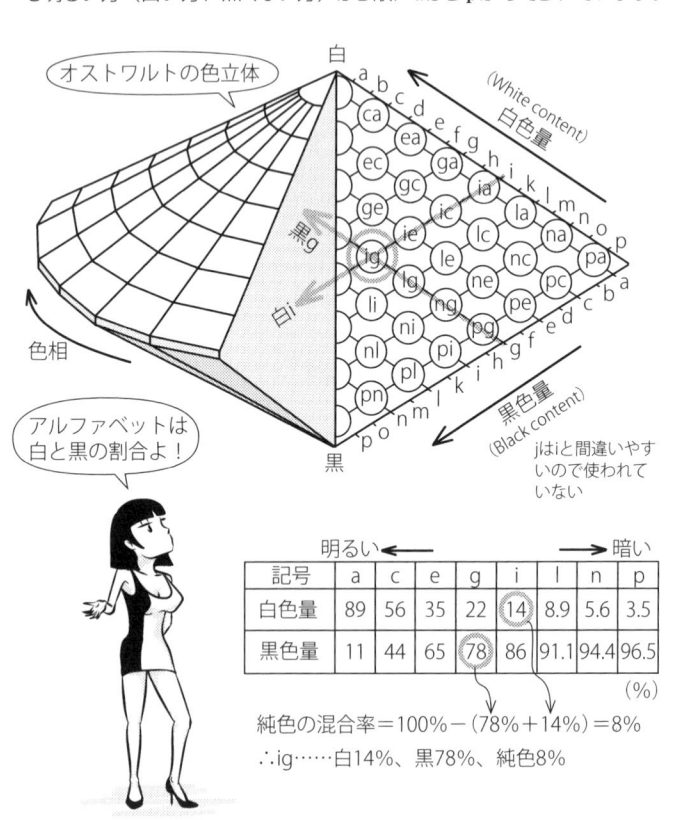

オストワルトの色立体

白色量 (White content)

色相

黒色量 (Black content)

jはiと間違いやすいので使われていない

アルファベットは白と黒の割合よ！

明るい ←　　　　　　→ 暗い

記号	a	c	e	g	i	l	n	p
白色量	89	56	35	22	14	8.9	5.6	3.5
黒色量	11	44	65	78	86	91.1	94.4	96.5

(%)

純色の混合率＝100％－（78％＋14％）＝8％
∴ ig……白14％、黒78％、純色8％

答え ▶ ○

★ R248 ○×問題　　　　　　　　　　　　　　XYZ表色系　その1

Q XYZ表色系は、RGBにおおむね対応する3刺激値XYZの混色量で色彩を表す体系である。

A XYZ表色系は、色彩を定量的に表示する体系です。RGBの光の3原色を加法混色する場合、青紫～黄緑をつくることができないという不都合がありました。そこですべての色を混色で表現できるように、RGBにおおむね対応した原色[X]、[Y]、[Z]をつくり、その混色量X、Y、Zで色彩を表現しようとしたものです（答えは○）。このX、Y、Zは3刺激値と呼ばれます。[X]、[Y]、[Z]は実在しない原色で、すべての色を混色で数値化するためにつくられた架空の色（虚色）です。感覚的にとらえにくい反面、正確に数値化できるので、国際標準として、世界中で使われています。

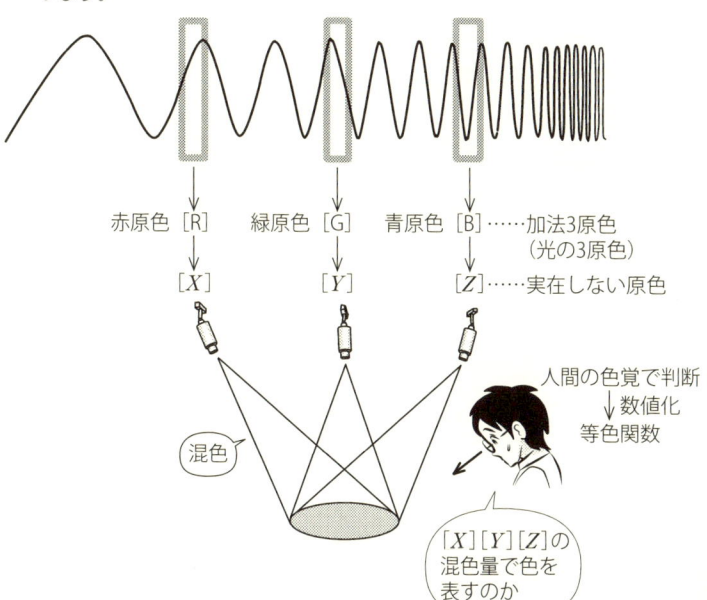

赤原色[R]　緑原色[G]　青原色[B] ……加法3原色
　　　　　　　　　　　　　　　　　（光の3原色）
[X]　　　　[Y]　　　　[Z] ……実在しない原色

人間の色覚で判断
↓数値化
等色関数

混色

[X][Y][Z]の混色量で色を表すのか

答え ▶ ○

★ R249 ○×問題　　XYZ表色系　その2

Q XYZ表色系で刺激値Xの割合をx、刺激値Yの割合をyとしたときに、xyと色彩との対応を図に表したのがxy色度図である。

A RGBの混色で色を表す方法をそのままとると、色によっては数値にマイナス値が出てしまうことがあります。それを修正したのがXYZの混色で色を表すXYZ表色系です。RGBの各原色の混合割合r、g、bを修正して、XYZの混合割合x、y、zを色を指定する際の数値とします。割合なのでx+y+z=1となり、x、yを決めればzは自然に決まります。すなわちx、yで色を決めることができます。x、yと色との対応をグラフにしたのがxy色度図です（答えは○）。

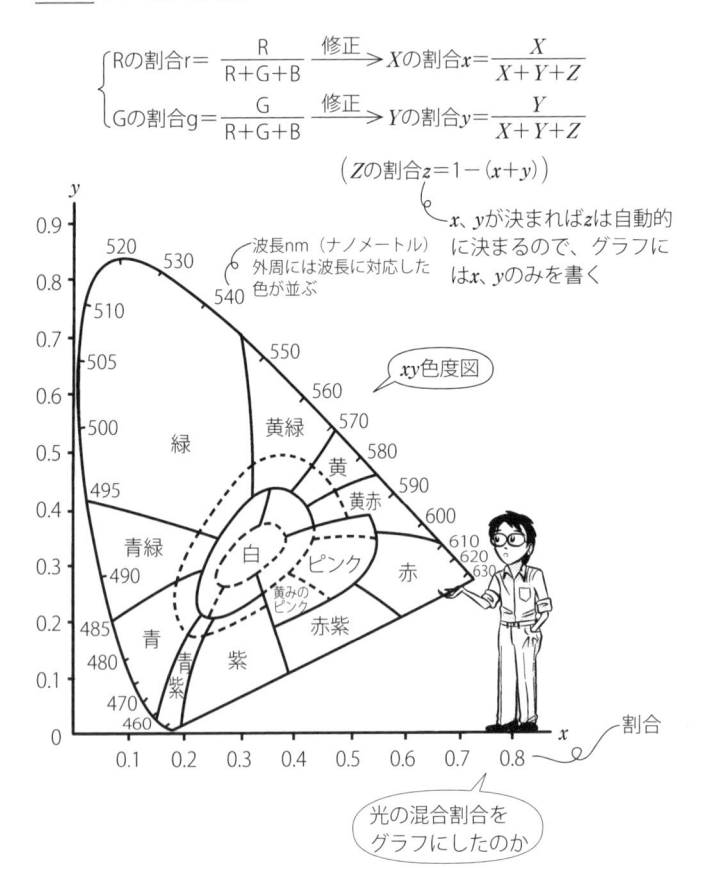

$$\begin{cases} R\text{の割合}r = \dfrac{R}{R+G+B} \xrightarrow{\text{修正}} X\text{の割合}x = \dfrac{X}{X+Y+Z} \\ G\text{の割合}g = \dfrac{G}{R+G+B} \xrightarrow{\text{修正}} Y\text{の割合}y = \dfrac{Y}{X+Y+Z} \end{cases}$$

$$(Z\text{の割合}z = 1-(x+y))$$

x、yが決まればzは自動的に決まるので、グラフにはx、yのみを書く

（xy色度図）

波長nm（ナノメートル）外周には波長に対応した色が並ぶ

光の混合割合をグラフにしたのか

答え ▶ ○

★ R250 ○×問題　　XYZ表色系　その3

Q XYZ表色系における xy 色度図上においては、x の値が増大するほど赤が強くなり、y の値が増大するほど緑が強くなる傾向にある。

A XYZはRGBを元にしてつくられた仮想の原色です。ほぼRGBと同じと考えると、その混合割合 x が大きいほどR（赤）が強く、y が大きいほどG（緑）が強く、z が大きい（x、y が小さい）ほどB（青）が強くなります（答えは○）。

加法3原色 ……… R　G　B
　　　　　　　　　↓　↓　↓
実在しない原色… X　Y　Z
　　　　　　　　　↓　↓　↓
混合比………… x　y　z

- x が多いとRが多いので赤が強い
- y が多いとGが多いので緑が強い
- x、y が少ないと z が多くBが多いので青が強い

$x+y+z=1$
$\therefore z=1-(x+y)$

| x | : | y | : | z |

(X) R　(Y) G　(Z) B　混色

xy色度図

- (Y) Gの混合比
- G(Y) 多い
- R(X) 多い
- R、G少ないとB(Z) 多い
- (X) Rの混合比

（図中ラベル：黄緑、黄、黄赤、緑、白、ピンク、黄みのピンク、赤、青緑、赤紫、青、青紫、紫、R G B）

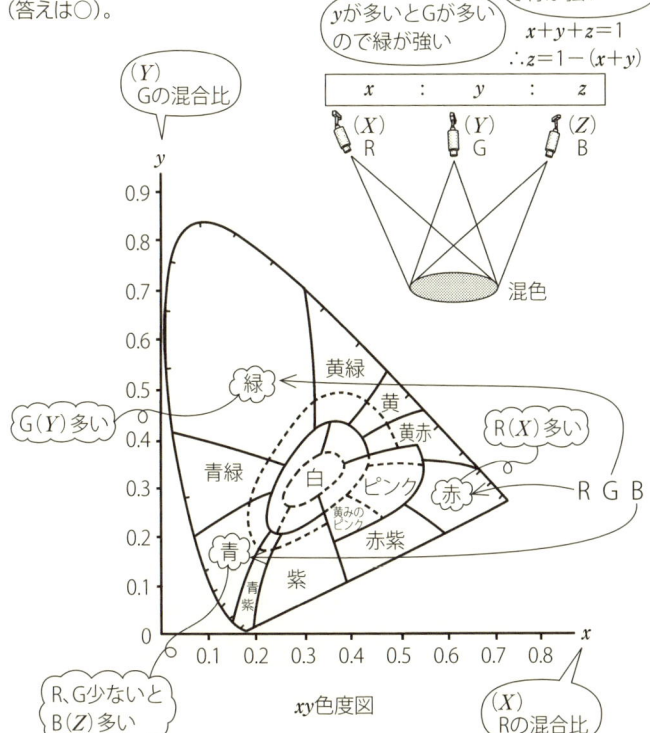

答え ▶ ○

★ R251 ○×問題　　　　　　　　　　　　　　補色対比

Q 赤と青緑のような補色を並べると、互いに彩度が低くなったように見える。

A 補色を並べると、互いに彩度が高くなったように見えます（答えは×）。これを補色対比といいます。背景に別の色を置くと、以下のように、背景色と反対方向に強調されて見えます。これを対比といいます。大きな面積で囲まれたときや、細かなしま模様の場合は、逆に相手の色に近づいて見えます。これを同化（融合）といいます。

- (補色対比)…補色を並べると、互いに彩度が高まって見える。
- (色相対比)…背景色の反対方向（補色）に色相が近づいて見える。
- (明度対比)…背景色の明度が低いと高く、高いと低く見える。
- (彩度対比)…背景色が鮮やかだとくすんで、くすんでいると鮮やかに見える。

相手と反対方向へ強調されるのよ！

ワタシと一緒だとブスに見えるわよ

― スーパー記憶術 ―

<u>正反対</u>の才能は、<u>互いに高め合う</u>
　補色　　　　　彩度

答え ▶ ×

★ **R252** ○×問題　　　　　　　　　　　　　　　色の面積対比

Q 同じ色でも、面積の大きいものほど、明度および彩度が高くなったように見える。

A 面積を大きくすると、明度、彩度が上がって見えます（答えは○）。色の面積効果とか、面積対比といいます。1枚のサンプルタイルで色を決めて、大きな面積に張ると、思っていたより明度、彩度が上がって見えます。タイルや塗装色を決める際などは、なるべく大きなサンプルをつくって決めるのがベターです。

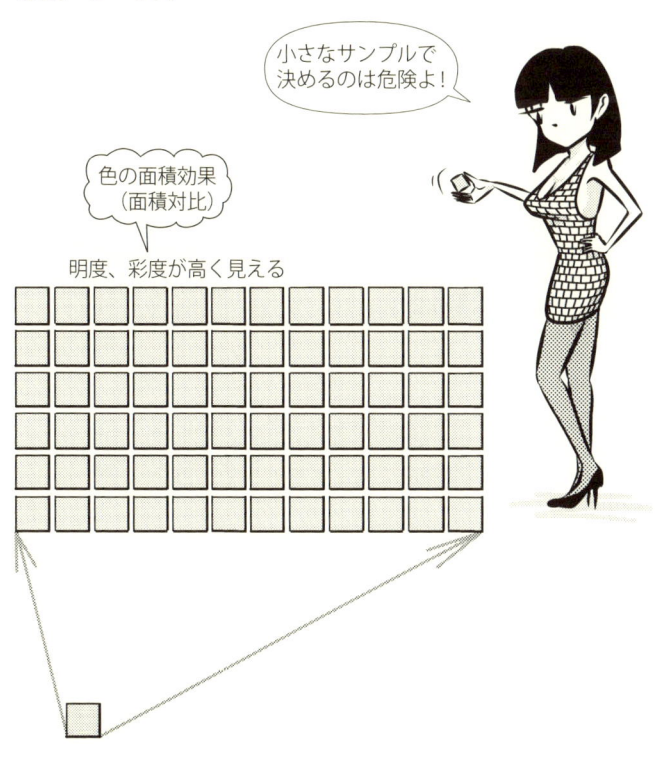

小さなサンプルで決めるのは危険よ！

色の面積効果（面積対比）

明度、彩度が高く見える

答え ▶ ○

★ R253 ○×問題 色の膨張、重量感

Q 1. 色の膨張、収縮の感覚は、明度、彩度が高いほど膨張して見える。
2. 色の重い、軽いの感覚は、明度が高いほど軽く感じられる。

A 明度、彩度の高い方が、膨張して見えます（1は○）。

明るい方が大きく、軽く見えるのか

明度、彩度の高い方が膨張して見える

明度の高い方が軽く見えます（2は○）。

明度の高い方が軽く見える

答え ▶ 1. ○ 2. ○

★ R254 ○×問題　　演色性

Q 演色性とは、照明光による色の見え方に及ぼす影響のことをいう。

A 気に入った色の服をお店で選んでも、太陽の下で見ると、違った色に見えることがあります。オレンジ色の低圧ナトリウムランプのように、明るさがあっても色がよく出ない光源があります。その場合、演色性が低いと表現されます。演色性を示す数値としては、平均演色評価数（Ra）などがあります。Raは100を最大とした指数で、美術館で90以上、住宅、レストランで80以上などとされています。また光源では、白熱電球、高演色性白色LEDが演色性が高い傾向にあります（答えは○）。

演色性 良い
白熱電球、高演色性白色LED
Ra＝85〜100
color Rendering Average
色　演出する　平均
「平均演色評価数」

演色性 悪い
蛍光灯
色が出にくい
Ra＝80〜90

昼光の演色性が一番よ！

― スーパー記憶術 ―

中高生になると色気が出る！
昼光　　　　　　演色性良い

答え ▶ ○

★ R255 ○×問題　　　色温度 その1

Q 色温度は、その光源と同じ色を発する黒体の絶対温度で表される。

A 黄色みを帯びた光源の部屋に長時間いると、人間の目には白色光に補正されて見えてきます（色順応）。光源の色（光色）を測るのに、視覚ではあてにならないので、正確な物理量として考えられたのが、黒体の温度です。黒体を熱したときに出る光の色と同一の場合、その絶対温度と光色を対応させます。それが色温度です（答えは○）。身近な例として、星の色があります。恒星はガスですが、黒体による色温度と近い関係にあります。

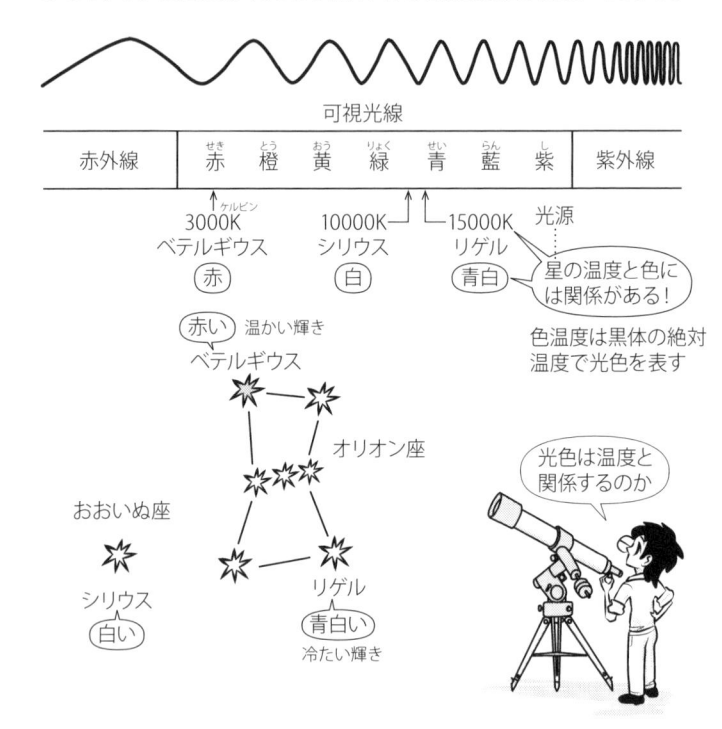

赤外線	赤　橙　黄　緑　青　藍　紫	紫外線

可視光線

3000K　　10000K　　15000K　　光源
ベテルギウス　シリウス　リゲル
（赤）　　（白）　　（青白）

星の温度と色には関係がある！

色温度は黒体の絶対温度で光色を表す

（赤い）温かい輝き
ベテルギウス

オリオン座

おおいぬ座

シリウス　　リゲル
（白い）　　（青白い）
　　　　　冷たい輝き

光色は温度と関係するのか

答え ▶ ○

★ R256 ○×問題　　色温度　その2

Q 温かみのある雰囲気を出すために、色温度の高い光源を用いた。

A 色温度が低いと赤みを帯び、色温度を高くすると橙、黄、白、青と変化します。色温度の低い照明は、赤み、黄色みがあり、温かみのある雰囲気となります。色温度を高くすると青白い光りで、冷たい、さわやかな雰囲気となります（答えは×）。

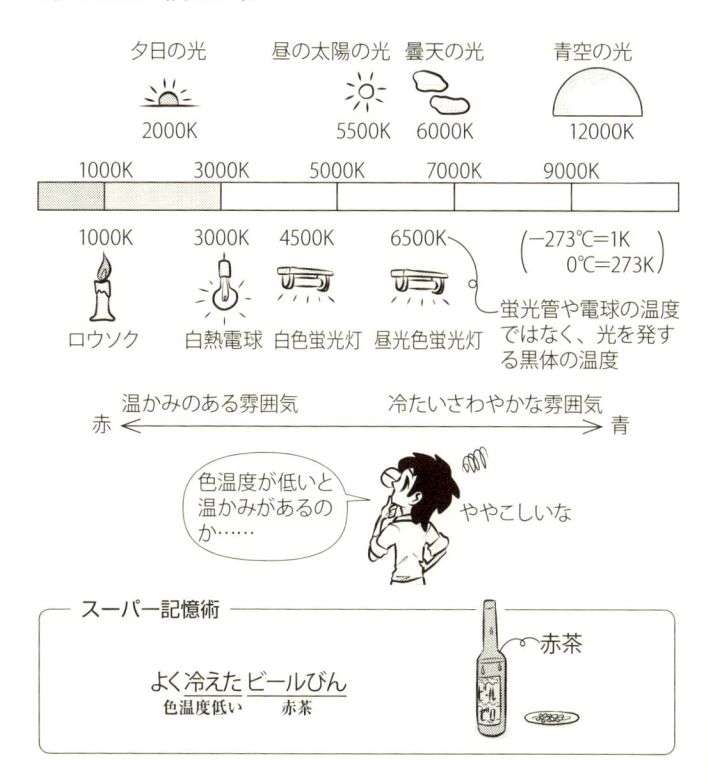

夕日の光	昼の太陽の光	曇天の光	青空の光
2000K	5500K	6000K	12000K

1000K　3000K　5000K　7000K　9000K

1000K　3000K　4500K　6500K
ロウソク　白熱電球　白色蛍光灯　昼光色蛍光灯

（−273℃=1K
　0℃=273K）

蛍光管や電球の温度ではなく、光を発する黒体の温度

温かみのある雰囲気　　　　冷たいさわやかな雰囲気
赤 ←――――――――――――――――――→ 青

色温度が低いと温かみがあるのか……

ややこしいな

― スーパー記憶術 ―

よく冷えたビールびん
色温度低い　赤茶

赤茶

- ビールびんが赤茶色なのは、直射日光でビールの風味が落ちないようにするためです。

答え ▶ ×

★ R257 ○×問題　　音の3要素

Q 音における聴感上の3つの要素は、音の大きさ、音の高さ、音色である。

A 音は空気の疎密で伝わる疎密波で、波の進行方向に媒質（波の媒体となる物質）が振動するので縦波とも呼ばれます。水の波は進行方向に垂直に振動して伝わるので、横波です。音の疎密を図示する際、媒質が右に移動するとx軸より上に、左に移動するとx軸より下に描くと、縦波も横波のように表現できます。音の3要素は、大きさ、高さ、音色です。大きさは振動の振れ幅（振幅）、高さは1秒間当たりの振動数（周波数）、音色は波の形に対応します（答えは○）。

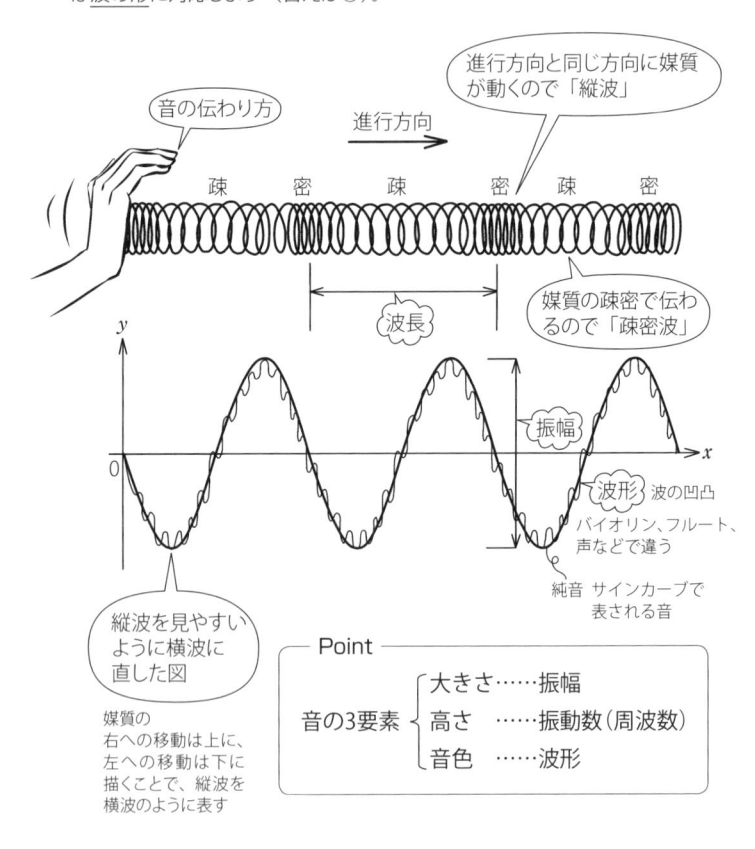

- 音の伝わり方
- 進行方向
- 疎　密　疎　密　疎　密
- 進行方向と同じ方向に媒質が動くので「縦波」
- 波長
- 媒質の疎密で伝わるので「疎密波」
- 振幅
- 波形　波の凹凸　バイオリン、フルート、声などで違う
- 純音　サインカーブで表される音
- 縦波を見やすいように横波に直した図

媒質の右への移動は上に、左への移動は下に描くことで、縦波を横波のように表す

Point

音の3要素
- 大きさ……振幅
- 高さ　……振動数（周波数）
- 音色　……波形

答え ▶ ○

★ R258 ○×問題　周波数（振動数）その1

Q 1. 周波数の単位はHz（ヘルツ）である。
2. 周波数の大きい音は、高音である。

A 横軸を時間として、ある点での空気の振動をグラフにすると、$x-y$のグラフと同様にサインカーブに近くなります。1回の振動、1波長の時間を周期といいます。下図の波では、1波長が2秒かかっているので、周期は2秒です。1秒間に何回振動するか、いくつの波ができるかが周波数（振動数）で、1回/2秒＝0.5回/秒となります。この単位、回/秒をHz（ヘルツ）とも書きます。周波数の大きい音は、高い音となります（1、2は○）。

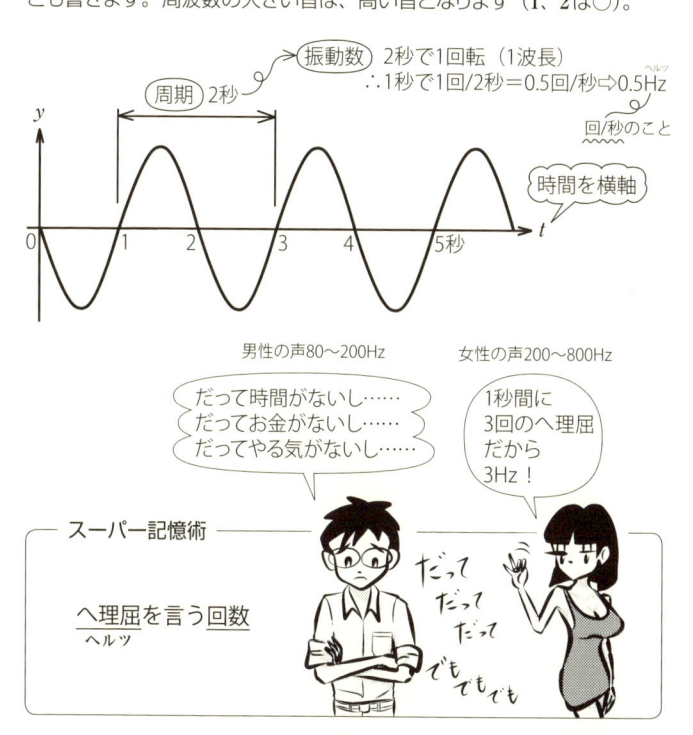

振動数　2秒で1回転（1波長）
∴1秒で1回/2秒＝0.5回/秒⇒0.5Hz
周期 2秒
回/秒のこと
時間を横軸

男性の声80～200Hz　女性の声200～800Hz

だって時間がないし……
だってお金がないし……
だってやる気がないし……

1秒間に3回のへ理屈だから3Hz！

― スーパー記憶術 ―

へ理屈を言う回数
ヘルツ

だってだってだって
でもでもでも

8
音

答え▶ 1. ○　2. ○

287

★ / **R259** / ○×問題　　　　　　周波数（振動数）　その2

Q 1. 20歳前後の正常な聴力をもつ人の可聴周波数の範囲は、20〜20000Hz程度である。
2. 人の可聴域の上限は、年齢が上がるにつれて低下するので、高齢者は周波数の高い音が聞き取りにくくなる。

A 人間の耳に聞こえる周波数の範囲は、20Hzから20000Hz（20kHz）程度です（1は○）。高齢になるにつれて、周波数の高い音（高音）が聞き取りにくくなります（2は○）。

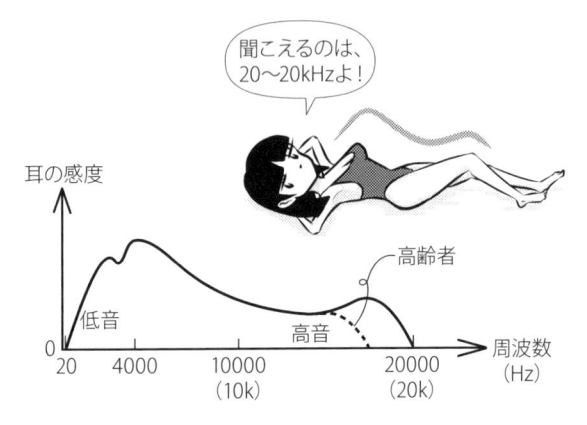

聞こえるのは、20〜20kHzよ！

─ スーパー記憶術 ─

耳は2重マル

2重マル ～ 2重マル
20Hz　　　　20kHz

高齢者
↓
高周波数×
高音×

答え ▶ 1. ○　2. ○

★ R260 ○×問題　　　音速と気温

Q 気温が高くなると、空気中における音速は速くなる。

A 気温（t℃）と音速には、音速＝$331.5+0.6t$（m/s）という関係が成り立ちます。つまり気温が高いほど、音は速く伝わります（答えは○）。20℃では約340 m/sです。340 m/sを時速に換算すると、

1h（時間）＝$3.6×10^3$sなので、

$$340\text{m/s}=340×(10^{-3}\text{km})×\frac{1}{\left(\frac{1}{3.6×10^3}\right)\text{h}}$$

$$=340×10^{-3}×3.6×10^3\text{km/h}$$

$$=1224\text{km/h}$$

時速約**1224km/h**となります。

> 気温t℃での
> 空気中の音速＝$331.5+0.6t$(m/s)

【耳いー子、録 音する】
　３３１．５　　0.6 温度

空気20℃　……音速＝$331.5+0.6×20=343.5$m/s
水17℃　　……音速＝1430m/s
コンクリート……音速＝3100m/s

（水やコンクリート中の音速は空気中より速いのか……）

- Point -

気温　→　音速に影響

気圧　
湿度　→　音速にほとんど影響しない

【　】内スーパー記憶術

- 水の中でも音は伝わり、速度は空気中よりも速くなります。人間の喉は水中で音をつくれませんが、イルカは潜水艦のソナーのように、音で魚を探知できます。筆者は30代の頃ダイビングにはまっていたことがあります。水深20mでボートのモーター音がよく聞こえたことが、印象に残っています。
- 音は分子の振動で伝わるので、分子どうしが近づいている固体では早く伝わります。また固体は気体のように温度によって密度が変わるようなことがほとんどないので、音速は温度の影響を受けません。

答え ▶ ○

★ R261 計算問題　波長と周波数

Q 音の速さを340m/sとした場合、
1. 周波数20Hzの音の波長を求めよ。
2. 周波数20kHzの音の波長を求めよ。

A 周波数（振動数）とは、1秒間に何回振動するか、1秒間にいくつの波をつくるかということです。1秒間にn個の波ならば、周波数はn（Hz）となります。波長とは文字通り波ひとつ分の長さで、山から山、谷から谷とどこで測っても同じです。サインカーブでは、S字形の始まりから終わりのx軸との交点を測るのが一般的です。波長をℓ（m）とすると、1秒間にn個の波が進むので、速さ＝波長ℓ×周波数nとなります。

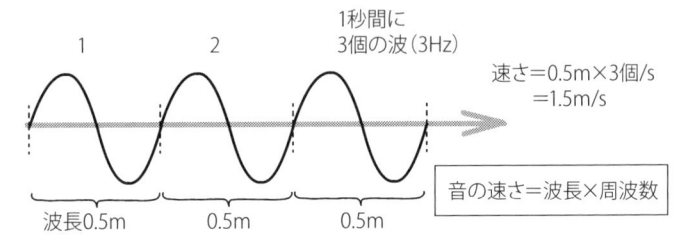

1秒間に3個の波（3Hz）

速さ＝0.5m×3個/s
　　＝1.5m/s

波長0.5m　0.5m　0.5m

音の速さ＝波長×周波数

設問で音の速さは340m/sと一定なので、波長をxとすると、
1. $x \times 20 = 340$　　∴ $x = 17\text{m}$
2. $x \times 20000 = 340$　　∴ $x = 0.017\text{m}$（1.7cm）

速さが一定なので、周波数小→波長大、周波数大→波長小という関係にあります。

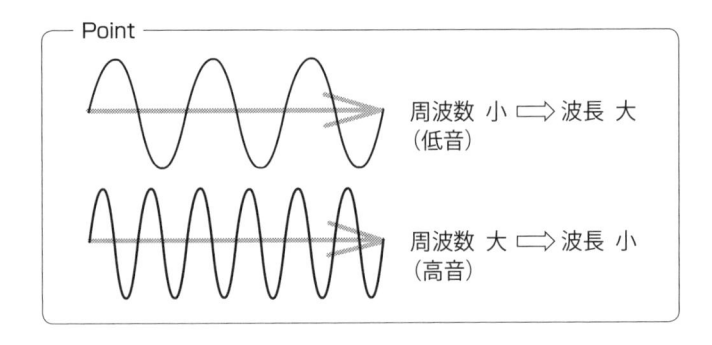

--- Point ---

周波数 小 ⇨ 波長 大
（低音）

周波数 大 ⇨ 波長 小
（高音）

答え ▶ 1. 17m　2. 0.017m

★ R262 ○×問題　　音の強さの単位

Q 音の強さの単位は、J/m²である。

A 音の強さは、進行方向に垂直な1m²の面を通る1秒当たりのエネルギー量で表します。1秒当たりのエネルギー量の単位は、J/s＝W。1m²当たり、1秒当たりのエネルギー量は(J/s)・(1/m²)＝W/m²となります（答えは×）。

> 1m²の面を1秒間にどれくらいエネルギーが通過するかよ！

> 音の強さ＝I(W/m²)

音源　1m²

I(W＝J/s)
Intensity：強さ

- （ニュートン）**N** ……力の単位。質量1kgの物体を加速度1m/s²で動かす力。
  1N＝1kg・m/s²（力＝質量×加速度）

- （ジュール）**J** ……仕事、エネルギーの単位。1Nの力で物体を1m動かす仕事の量、エネルギー量。
  1J＝1N・m（仕事＝力×距離）

- （ワット）**W** ……仕事率、エネルギー効率の単位。1秒当たりに1Jの仕事をする仕事の効率。
  1W＝1J/s＝1N・m・1/s（仕事率＝仕事/時間）

答え ▶ ×

★ R263 計算問題　　　対数　その1

Q
1. $\log_{10}10 = \boxed{}$
2. $\log_{10}100 = \boxed{}$
3. $\log_{10}1000 = \boxed{}$
4. $\log_{10}10000 = \boxed{}$

A 1、10、100、1000と増える数を、そのままグラフに表すのは大変です。

（1）（10）　　　　　　　　　　　　（100）　　1000が書けない！
0

そこで 10^1 を1、10^2 を2、10^3 を3、10^4 を4と書くことにします。

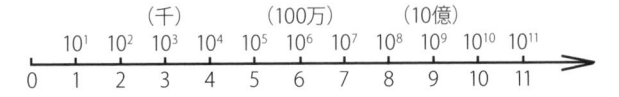

　　　　　　　　　（千）　　（100万）　　（10億）
10^1 10^2 10^3 10^4 10^5 10^6 10^7 10^8 10^9 10^{10} 10^{11}
0　1　2　3　4　5　6　7　8　9　10　11

このグラフが、<u>対数尺</u>といわれるものです。$\log_{10}10^1=1$、$\log_{10}10^2=2$、$\log_{10}10^3=3$、$\log_{10}10^4=4$と、桁違いに大きな数も、1、2、3、4と表すことができます。<u>$\log_{10}\boxed{}$とは、$\boxed{}$は10の何乗かという記号で、10を底にする対数</u>と呼ばれます。よく用いられる対数なので、<u>常用対数</u>ともいいます。

$\log_{10}\boxed{}=\bigcirc$ ……$\boxed{}$は10の$\bigcirc$乗

10は省略されて書かれないこともある

$\begin{cases} \log_{10}10=1 & 10\text{は}10\text{の}1\text{乗} \\ \log_{10}100=2 & 100\text{は}10\text{の}2\text{乗} \\ \log_{10}1000=3 & 1000\text{は}10\text{の}3\text{乗} \\ \log_{10}10000=4 & 10000\text{は}10\text{の}4\text{乗} \end{cases}$

0の数は4つ

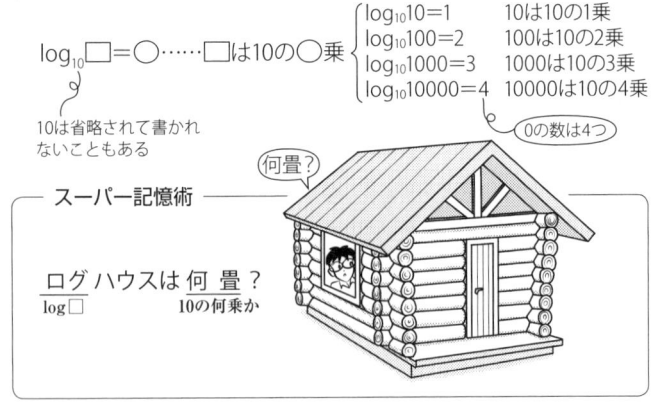

― スーパー記憶術 ―

何畳？

<u>ログ</u>　<u>ハウスは何 畳</u>？
log□　　10の何乗か

答え▶ 1. 1　2. 2　3. 3　4. 4

292

★ R264 計算問題　対数　その2

Q
1. $\log_{10}(100 \times 1000) = \boxed{}$
2. $\log_{10}(10^2 \times 10^3) = \boxed{}$
3. $\log_{10}\dfrac{10000}{100} = \boxed{}$
4. $\log_{10}\dfrac{10^4}{10^2} = \boxed{}$
5. $\log_{10}(10^2)^3 = \boxed{}$

A Q1　$100 \times 1000 = 100000$なので0の数を数えて、
　　$\log_{10}(100 \times 1000) = \log_{10}100000 = 5$（100000は10の5乗）
　$100 = 10^2$、$1000 = 10^3$なので、$100 \times 1000 = 10^2 \times 10^3 = 10^{2+3} = 10^5$
　と指数を使うと、もっと楽に計算できます。

Q2　$\log_{10}(10^2 \times 10^3) = \log_{10}10^5 = 5$
　<u>$\log_{10}$の中の掛け算を分解すると、$\log_{10}(10^2 \times 10^3) = \log_{10}10^2 + \log_{10}10^3 = 2 + 3 = 5$となります。2桁×3桁では、2桁+3桁=5桁となるということ</u>です。

Q3　$10000 \div 100$は100なので、
　　$\log_{10}\dfrac{10000}{100} = \log_{10}100 = 2$
　$10000 = 10^4$、$100 = 10^2$なので、$10000 \div 100 = 10^4 \div 10^2 = 10^{4-2} = 10^2$と指数で計算すると楽です。

Q4　$\log_{10}\dfrac{10^4}{10^2} = \log_{10}10^{4-2} = \log_{10}10^2 = 2$
　<u>$\log_{10}$の中の割り算を分解すると、$\log_{10}\dfrac{10^4}{10^2} = \log_{10}10^4 - \log_{10}10^2 = 4 - 2 = 2$となります。4桁÷2桁では、4桁-2桁=2桁となるということです。</u>

Q5　$(10^2)^3$は$(10^2) \times (10^2) \times (10^2)$と分解できるので、
　　$\log_{10}(10^2)^3 = \log_{10}(10^2 \times 10^2 \times 10^2)$
　　　　　　　　$= \log_{10}10^2 + \log_{10}10^2 + \log_{10}10^2$
　　　　　　　　$= 3\log_{10}10^2 = 3 \times 2 = 6$
　と、<u>指数が$\log_{10}$の前に出る形</u>となります（注）。
　$(10^2)^3 = 10^6$なので、$\log_{10}10^6 = 6$としても、もちろんOKです。

―― Point ――
$\log(A \times B) = \log A + \log B$
$\log\dfrac{A}{B} = \log A - \log B$
$\log A^a = a\log A$

注：$\log_{10}10^2 = 2\log_{10}10 = 2$

答え ▶ 1. 5　2. 5　3. 2　4. 2　5. 6

★ / R265 / ○×問題　　ウェーバー・フェヒナーの法則

Q 人間の感覚は、刺激量の対数に比例する。

A 刺激の物理量が100倍、1000倍になっても、人間の感覚は100倍、1000倍にならず、その対数 $\log_{10}100=2$ 倍、$\log_{10}1000=3$ 倍にしかなりません。刺激量を横軸、感覚を縦軸とすると、下図のような対数グラフとなります。刺激量が10、100、1000、10000と大きく右に動いても、感覚は1、2、3と上に1段ずつ上がるだけです（答えは○）。ウェーバー・フェヒナーの法則といいます。

感覚（知覚）の大きさ

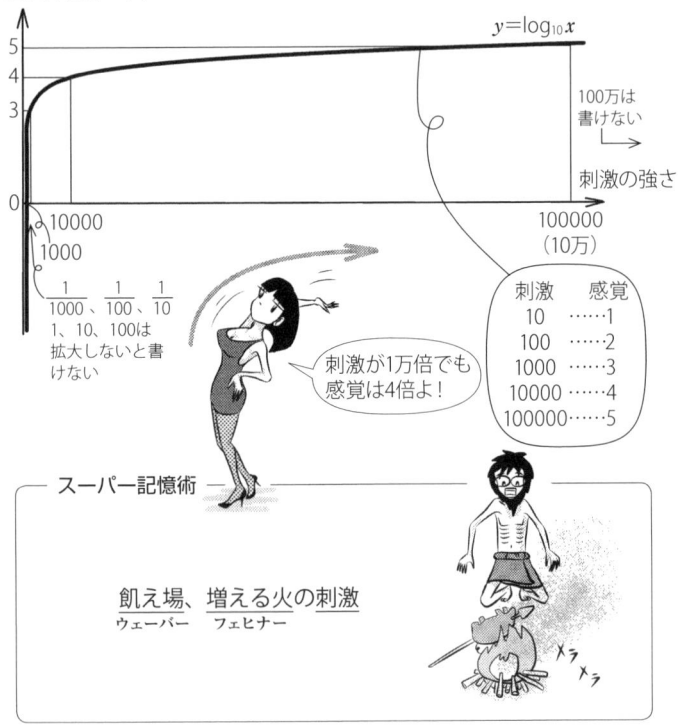

$y=\log_{10}x$

100万は書けない

刺激の強さ

10000　　　　　　　　　　100000（10万）

1000

$\dfrac{1}{1000}$、$\dfrac{1}{100}$、$\dfrac{1}{10}$
1、10、100は拡大しないと書けない

刺激が1万倍でも感覚は4倍よ！

刺激	感覚
10	……1
100	……2
1000	……3
10000	……4
100000	……5

―― スーパー記憶術 ――

<u>飢え場</u>、<u>増える</u>火の刺激
　ウェーバー　フェヒナー

答え ▶ ○

★ R266 ○×問題　　音のレベル　その1

Q 音の強さを$I(\mathrm{W/m^2})$、最小可聴音の強さを$I_0(\mathrm{W/m^2})$とすると、音の強さのレベルは、$\log_{10}\dfrac{I}{I_0}$で表される。

A 耳は最小可聴音$I_0 = 10^{-12}(\mathrm{W/m^2})$から、最大で$1(\mathrm{W/m^2})$まで聞くことができます。たとえば、$I = 10^{-6}(\mathrm{W/m^2})$をそのまま対数にすると、

$$\log_{10} I = \log_{10} 10^{-6} = -6$$

と数値がマイナスになってしまいます。そこで最小可聴音$I_0 = 10^{-12}(\mathrm{W/m^2})$の何倍になるかの比の対数をとります。

$$\log_{10}\dfrac{I}{I_0} = \log_{10}\dfrac{10^{-6}}{10^{-12}} = \log 10^{-6+12} = \log_{10} 10^6 = 6。$$

（最小の何倍か）

$\dfrac{I}{I_0}$の対数とすると、最小が$\log_{10}\dfrac{10^{-12}}{10^{-12}} = \log_{10} 1 = 0$（注）、最大が$\log_{10}\dfrac{1}{10^{-12}}$ $= \log_{10} 10^{12} = 12$と0～12となります。0.5とか3.4などの小数は不便なので、2桁の整数をメインとした数とするために、さらに10倍します（答えは×）。

$$10\log_{10}\dfrac{I}{I_0} = 10\log_{10}\dfrac{10^{-6}}{10^{-12}} = 10\log_{10} 10^6 = 10 \cdot 6 = 60$$

（10倍）

こうしてつくられた、聴覚に即した指標、$10\log_{10}\dfrac{I}{I_0}$を音の強さのレベルといいます。

音の強さのレベル$L = 10\log_{10}\dfrac{I}{I_0}$

・最小可聴音との比としてマイナスの数値をなくすため
・小数をなるべくなくすため

スーパー記憶術

（丸太）ログを割る　→　$\log_{10}$

ログを割るのか

1　0　$\log_{10}$

丸太の形から、10を連想する。

注：$10^a \div 10^a$は同じ数で割るので1。また指数法則から$10^a \div 10^a = 10^{a-a} = 10^0$。
よって$10^0 = 10^{a-a} = 10^a \div 10^a = 1$なので、$10^0 = 1$、$\log_{10} 1 = 0$となります。

答え ▶ ×

★ R267 ○×問題　　音のレベル　その2

Q 音の強さのレベルにおける単位は、dB（デシベル）である。

A 音の強さは10^{-12}〜$1W/m^2$で、最小と最大の差は10^{12}倍（1兆倍）になります。そのままでは扱いにくいので、対数をとります。それは「人間の感覚は刺激量の対数に比例する」というウェーバー・フェヒナーの法則（R265参照）によっています。

$\log_{10}\dfrac{I}{I_0}$は一般にレベル表現といわれ、単位はベル（B）とされます。さらに単位を調整した$10\log_{10}\dfrac{I}{I_0}$の単位を、デシベル（dB）としました。一般にBよりもdBの方が広く使われています（答えは○）。

音の強さIは最小(I_0) $10^{-12}W/m^2$〜最大$1W/m^2$で扱いにくい

⇩

「感覚は刺激の対数に比例する」から$\dfrac{I}{I_0}$の対数をとる……$\log_{10}\dfrac{I}{I_0}$　　（B：ベル）

⇩

10倍して単位を調整……$10\log_{10}\dfrac{I}{I_0}$（dB：デシベル）

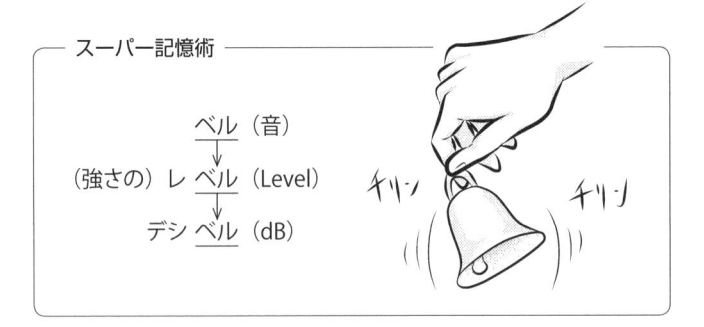

― スーパー記憶術 ―

　　　　　ベル（音）
　　　　　↓
（強さの）レ ベル（Level）
　　　　　↓
　　　デシ ベル（dB）

チリン　　チリン

答え ▶ ○

★ R268 ○×問題　音のレベル　その3

Q 1. 音圧の単位は、W/m²である。

2. 音圧 P の音圧レベルは、最小可聴音を P_0 とすると、$10\log_{10}\dfrac{P}{P_0}$ で表される。

A 圧縮応力度、気圧、水圧などを表す圧力は、力/面積で計算される単位面積当たりの力です。単位は N/m²＝Pa（パスカル）を使うのが一般的です（注）。音圧の場合は、大気圧の上に加算された音による空気の圧力で、単位は Pa です（1は×）。

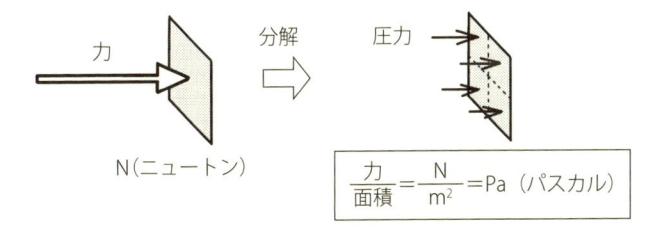

$$\dfrac{\text{力}}{\text{面積}} = \dfrac{\text{N}}{\text{m}^2} = \text{Pa（パスカル）}$$

音の強さ（1秒間に通過するエネルギー）よりも、音圧の方が測定がしやすいので、音圧の2乗の比から強さの比を出して、レベル表示します。音圧 P の2乗が、音の強さに比例するからです。最小可聴音の音圧 2×10^{-5} Pa を P_0、強さ 10^{-12} W/m² を I_0 とすると、

$$\dfrac{P^2}{P_0^2} = \dfrac{I}{I_0} \quad \text{P：Pressure（圧力）、I：Intensity（強さ）}$$

となります。音圧のレベルは音の強さのレベルと同一に設定されていて、

$$\text{音の強さのレベル} = 10\log_{10}\dfrac{I}{I_0} = 10\log_{10}\dfrac{P^2}{P_0^2} = 10\log_{10}\left(\dfrac{P}{P_0}\right)^2 = 20\log_{10}\dfrac{P}{P_0}$$

この $20\log_{10}\dfrac{P}{P_0}$ が音圧レベルとなります（2は×）。

Point

音の強さのレベル（IL）$= 10\log_{10}\dfrac{I}{I_0}$

音圧レベル　　　（PL）$= 10\log_{10}\left(\dfrac{P}{P_0}\right)^2 = 20\log_{10}\dfrac{P}{P_0}$

IL：Intensity Level　　PL：Power Level

注：構造の圧縮応力度などには、N/mm² がよく使われます。

答え ▶ 1. ×　2. ×

★ R269 ○×問題　音のレベル　その4

Q 音圧レベルの単位は、Pa（パスカル）である。

A 音圧レベルの単位は、強さのレベルと同様に、dB（デシベル）です（答えは×）。強さのレベル、音圧レベルのほかに、エネルギー密度レベルもあります。3つのレベルの単位はみなdBで、一般の音場では3つとも等しい値となります。

一般の音場では、
　　音の強さのレベル＝音圧レベル＝音のエネルギー密度レベル
　　　　　　　　　　　　　　　　　　　　　　　　　（単位はdB）

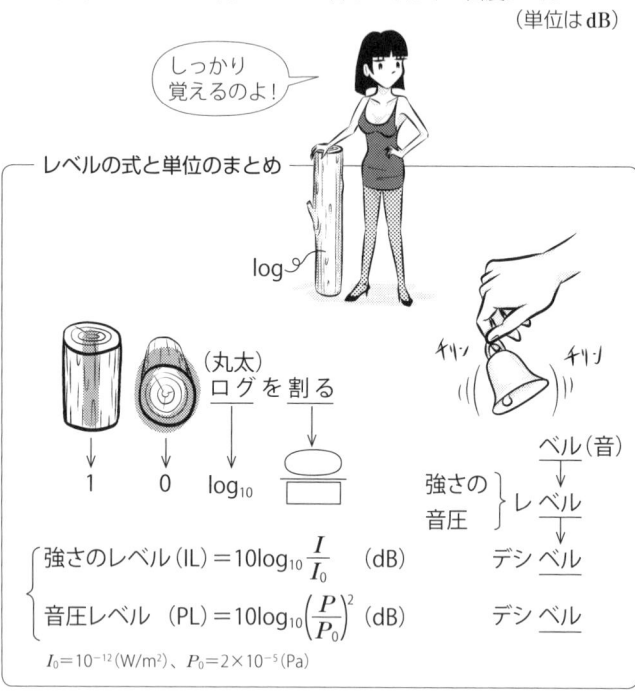

しっかり覚えるのよ！

― レベルの式と単位のまとめ ―

（丸太）ログ を 割る

強さの / 音圧 ｝レ｜ベル（音）｜デシ｜ベル

$$\begin{cases} 強さのレベル (IL) = 10\log_{10}\dfrac{I}{I_0} \quad (dB) \\ 音圧レベル \quad (PL) = 10\log_{10}\left(\dfrac{P}{P_0}\right)^2 \quad (dB) \end{cases}$$

$I_0 = 10^{-12}\,(W/m^2)$、$P_0 = 2\times 10^{-5}\,(Pa)$

答え ▶ ×

★ R270 ○×問題　音のレベル　その5

Q 音の強さのレベルが60dBの音が同時に2つ存在したとき、音の強さのレベルは120dBとなる。

A 音の強さを$I(W/m^2)$とすると、2つあるので$2I(W/m^2)$となります。強さのレベルは最小強さI_0で割ってから対数をかけて10倍するので、

$$\text{強さのレベル} = 10\log_{10}\frac{2I}{I_0} = 10(\log_{10}2 + \log_{10}\frac{I}{I_0}) = 10\log_{10}\frac{I}{I_0} + \underbrace{10\log_{10}2}_{\text{この分増える}}$$

$$(\because \log_{10}A \times B = \log_{10}A + \log_{10}B)$$

となります。Iのレベル $10\log_{10}\frac{I}{I_0}$ よりも、$10\log_{10}2$ の分だけ増えます。

$\log_{10}2 ≒ 0.3$（注）なので、約3dB増加します（答えは×）。Iを4倍すると、

$$10\log_{10}4 = 10\log_{10}2 \times 2 = 10(\log_{10}2 + \log_{10}2) = 3 + 3 = 6\text{dB}$$

となり、+6dBとなります。同じレベル2つで+3dBは覚えておきましょう。

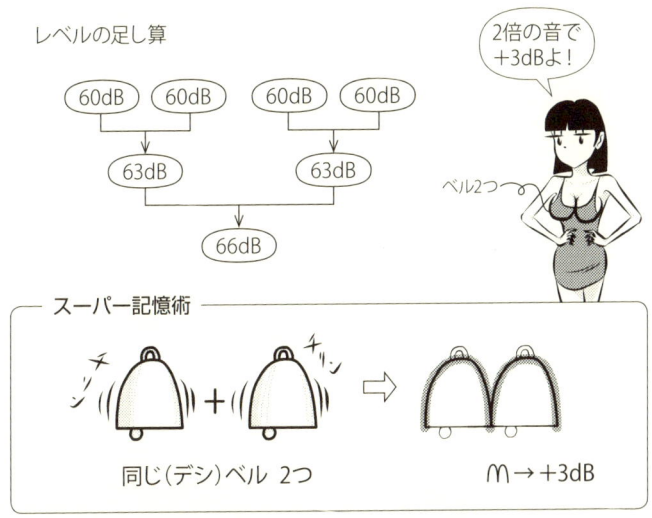

レベルの足し算

```
60dB  60dB    60dB  60dB
  └─┬─┘         └─┬─┘
  63dB          63dB
     └──────┬──────┘
          66dB
```

2倍の音で+3dBよ！

ベル2つ

― スーパー記憶術 ―

同じ（デシ）ベル 2つ　⇒　∩∩ → +3dB

ベル2つの形から3を連想する。

注：$\log_{10}2 = 0.3$とは、$10^{0.3} = 2$ということ。0.3乗＝$\frac{3}{10}$乗で、10の10乗根（10乗すると10になる数）を3乗したもの。

答え ▶ ×

★ R271 ○×問題　音のレベル　その6

Q 1. 音の強さのレベルが60dBの音が同時に3つ存在したとき、音の強さのレベルは約65dBとなる。
2. 音の強さのレベルが60dBの音が同時に10個存在したとき、音の強さのレベルは70dBとなる。

A 1. $I(\mathrm{W/m^2})$の音が3つあると、$3I(\mathrm{W/m^2})$となります。それをレベル表示すると、

$$\text{音の強さのレベル}=10\log_{10}3\times\frac{I}{I_0}=10\log_{10}\frac{I}{I_0}+\underbrace{10\log_{10}3}_{\text{この分増える}}$$

$\log_{10}3\fallingdotseq0.48$なので$10\log_{10}3\fallingdotseq4.8$となり、<u>約5dB増える</u>ことになります（1は○）。

2倍が+3dB、4倍が+6dBなので、3倍はその中間の$4.5+\alpha\fallingdotseq5$dB増えると覚えておきましょう。

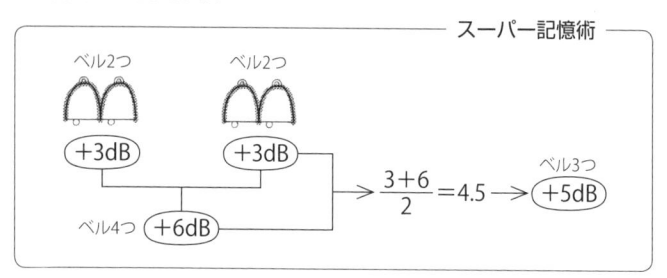

――――――――――――――――――――――― スーパー記憶術 ―

ベル2つ　　　　ベル2つ
　　　　　　　　　　　　　　　　　　　　　　　　　　ベル3つ
（+3dB）　　　（+3dB）　→　$\dfrac{3+6}{2}=4.5$　→　（+5dB）

ベル4つ（+6dB）

―――――――――――――――――――――――――――――

2. $I(\mathrm{W/m^2})$の音が10個あると、$10I(\mathrm{W/m^2})$となり、それをレベル表示すると、

$$\text{音の強さのレベル}=10\log_{10}10\times\frac{I}{I_0}=10\log_{10}\frac{I}{I_0}+\underbrace{10\log_{10}10}_{1}\text{この分増える}$$

10の1乗は10なので、$\log_{10}10=1$、よって$10\log_{10}10=\underline{10\text{dB増える}}$ことになります（2は○）。

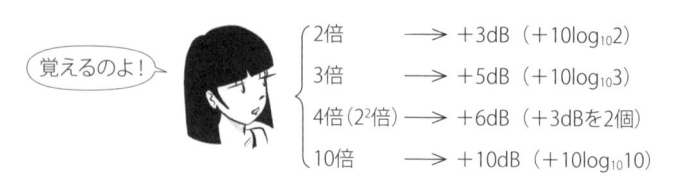

覚えるのよ！
- 2倍　　　　　　　→　+3dB（+$10\log_{10}2$）
- 3倍　　　　　　　→　+5dB（+$10\log_{10}3$）
- 4倍（2^2倍）　　→　+6dB（+3dBを2個）
- 10倍　　　　　　→　+10dB（+$10\log_{10}10$）

答え ▶ 1. ○　2. ○

R272 ○×問題　音のレベル　その7

Q 音が点音源から球面状に一様に広がる場合、
1. 音の強さは音源からの距離に反比例する。
2. 音源からの距離が2倍になると、音の強さのレベルは6dB小さくなる。

A 距離が2倍になると、下図のように音が通り抜ける面積は2^2倍＝4倍となります。3倍だと3^2倍、n倍だとn^2倍と、面積は距離の2乗倍となります。面積が4倍になると、音の強さは、1秒間に$1m^2$当たりを通るエネルギー（W/m^2）なので、1/4になります。音の強さは距離の2乗に反比例します（1は×）。音の強さが2倍になるとレベルは＋3dB、4倍になると＋6dBなので、逆に1/2倍は－3dB、1/4倍は－6dBとなります。距離が2倍で強さが1/4なので、レベルは－6dBです（2は○）。

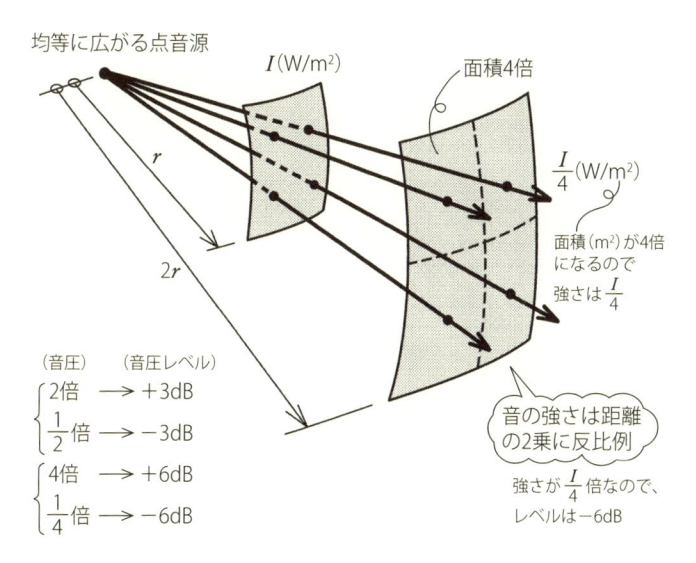

均等に広がる点音源　　　I(W/m^2)　　面積4倍

r

$2r$

$\frac{I}{4}$(W/m^2)

面積(m^2)が4倍になるので強さは$\frac{I}{4}$

（音圧）　　（音圧レベル）
- 2倍　→　＋3dB
- $\frac{1}{2}$倍　→　－3dB
- 4倍　→　＋6dB
- $\frac{1}{4}$倍　→　－6dB

音の強さは距離の2乗に反比例

強さが$\frac{I}{4}$倍なので、レベルは－6dB

● 線音源、面音源は面積の増える割合が小さく、音はより遠くまで届きます。

答え ▶ 1. ×　2. ○

★ R273 ○×問題　　ラウドネスレベル（phon）　その1

Q ラウドネスレベルとは、人間の耳に同じ大きさに聞こえる1000Hzの純音の音圧レベル（dB）で音の大きさを表したもので、単位はphon（フォン）を用いる。

A 純音とは、単一の正弦波（サインカーブ）の音です。音の強さのレベル(dB)や音圧レベル（dB）は、物理量で、対数をかけているものの人間の聴覚とは無関係です。聴覚は周波数によって感度が変わります。物理量としてのレベルを聴覚に合うように補正したレベルを、ラウドネスレベルといいます（答えは○）。

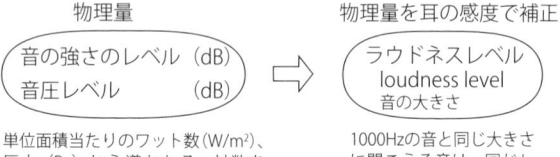

物理量
- 音の強さのレベル（dB）
- 音圧レベル　　　　（dB）

単位面積当たりのワット数(W/m²)、圧力（Pa）から導かれる。対数をとるのは、桁違いに増える数を調整するため。

⇒ **物理量を耳の感度で補正**

ラウドネスレベル
loudness level
音の大きさ

1000Hzの音と同じ大きさに聞こえる音は、同じレベルとする。

たとえば1000Hzで物理量40dBの音と同じ大きさに聞こえる音を、すべて40phon（フォン）とします。同じ大きさに聞こえる点を結んだグラフを、等ラウドネス曲線といいます。

等ラウドネス曲線

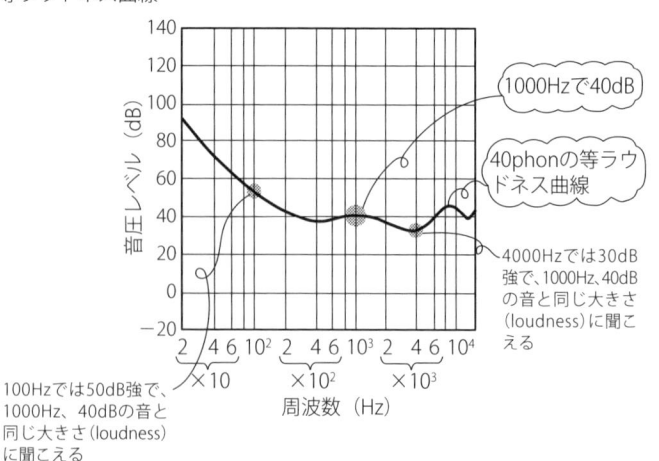

- 1000Hzで40dB
- 40phonの等ラウドネス曲線
- 4000Hzでは30dB強で、1000Hz、40dBの音と同じ大きさ（loudness）に聞こえる
- 100Hzでは50dB強で、1000Hz、40dBの音と同じ大きさ(loudness)に聞こえる

縦軸：音圧レベル（dB）
横軸：周波数（Hz）

答え ▶ ○

★ R274 ○×問題　　ラウドネスレベル（phon）その2

Q 1. 40phonのラウドネス曲線において、1000Hzでは40dBである。
2. 音の大きさの感覚量は、音圧レベルが一定の場合、低音域で小さく、3～4kHz付近で最大となる。

A 等ラウドネス曲線は、1000Hzの音を基準として、同じ大きさ（ラウドネス：loudness）に聞こえる点を結んだグラフです。1000Hz、40dBと同じ大きさの音は、40phonとします（1は○）。

ラウドネス曲線で、グラフが最も低い位置が、最も低い音圧でも同じ大きさに聞こえる位置です。すなわち耳の感度が最も高い位置となります（2は○）。

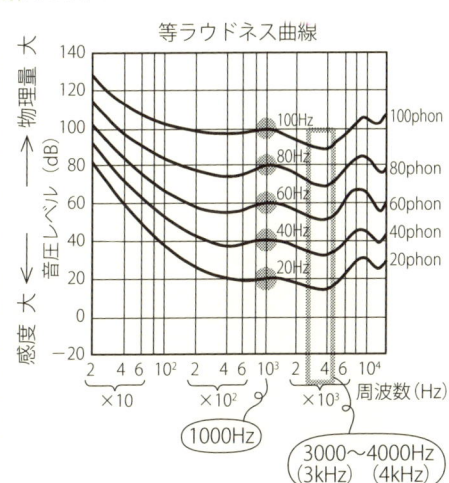

等ラウドネス曲線

縦軸：音圧レベル（dB）／物理量大・感度大
横軸：周波数（Hz）

1000Hz
3000～4000Hz（3kHz）（4kHz）

最も低い音圧でも同じ大きさに聞こえる。
∴最も感度が高い。

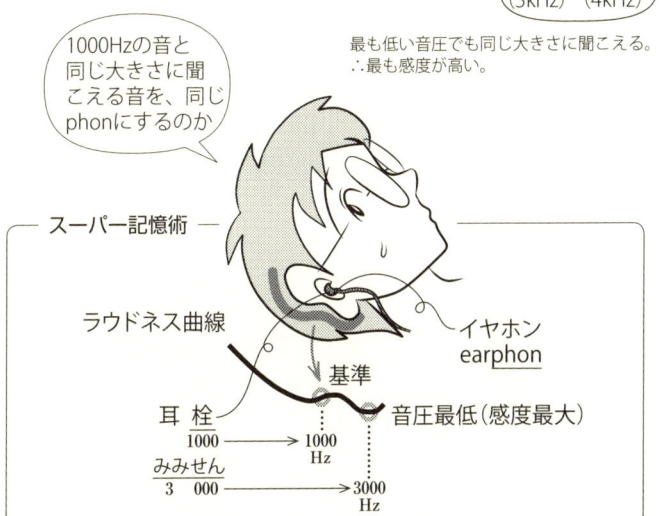

1000Hzの音と同じ大きさに聞こえる音を、同じphonにするのか

スーパー記憶術

ラウドネス曲線　　　　イヤホン earphon
　　　　　　　基準
耳栓　　　　　　　音圧最低（感度最大）
1000 → 1000 Hz
みみせん
3 000 → 3000 Hz

答え ▶ 1. ○　2. ○

★ R275 ○×問題　　A特性音圧レベル dB(A)

Q A特性音圧レベルとは、聴覚の周波数特性を反映したA特性の重み付けをした音圧レベルである。

A ― スーパー記憶術 ―

phon
ラウドネス曲線
基準
耳　栓
$\dfrac{1000}{1000}$ → 1000Hz
みみせん
3　000 → 3000Hz
音圧最低（感度最大）

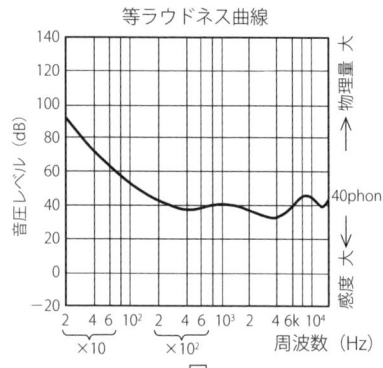

等ラウドネス曲線

補正回路の特性

C特性
A特性

騒音計

補正回路を通して表示
dB(A)、dB(C)などを選べる

聴覚は、ラウドネス曲線に見られるように、3000～4000Hzが最も感度が高く、周波数の低い音は感度が低くなります。
騒音を測る場合、40phonのラウドネス曲線に合わせたA特性の補正を音圧に行います。計器で測った音圧をA特性の補正回路に通して、音圧レベルを表示します。
その補正された音圧レベルを、A特性音圧レベル、または騒音レベルといい、単位はdB(A)（デシベルエー）を使います（答えは○）。dB(A)では周波数の低い音のdB値が小さく補正されています。
C特性の補正は、物理量の音圧とほぼ同一となります。

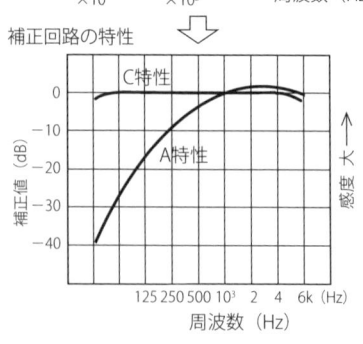

答え ▶ ○

★ R276 ○×問題　　NC値　その1

Q 室内騒音の許容値をNC値で示す場合、NC値が大きくなるほど許容される騒音レベルは高くなる。

A

NC-35では300〜600Hzで約40dB、2400〜4800Hzで約32dBが許される騒音

NC曲線
Noise Criteria
騒音　基準

各周波数域での騒音の許容値の基準を示す

NC-50
NC-45
NC-40
NC-35
NC-30
NC-25
NC-20

音の強さのレベル(dB)

周波数域(Hz)
オクターブバンド

高周波の騒音は許容限度が低い

ジェット戦闘機のキィーンという音は、かなり不快感を与えます。同程度のうるささをグラフにしたのが、NC曲線です。ある周波数ではこの程度の音圧まで許容できるという、許容値の基準を表しています。
許容の段階をNCの後ろの数字で示し、その数値が高いほど、許容される騒音の音圧レベルは高くなります（答えは○）。

騒音許容値の基準よ！

---スーパー記憶術---

大きい ノック ほど騒音大！
周波数 大　NC

答え ▶ ○

R277 ○×問題　NC値　その2

Q 室内騒音の許容値は、「住宅の寝室」より「音楽ホール」の方が小さい。

A 音楽にもよりますが、クラシックの室内楽では、小さな騒音でも気になります。空調の音も、防ぐ必要があります。NC値では、音楽ホールはNC-15、住宅の寝室ではNC-30とされています。A特性音圧レベル（騒音レベル）では、NC値+10が許容値です（答えは○）。

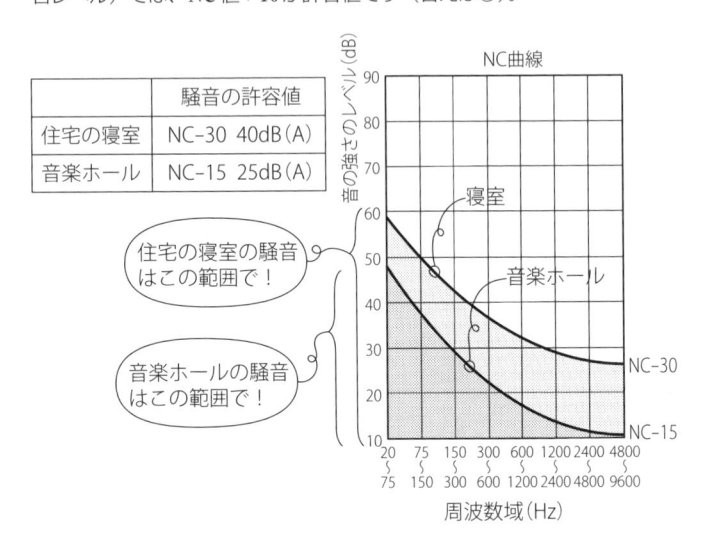

	騒音の許容値
住宅の寝室	NC-30　40dB(A)
音楽ホール	NC-15　25dB(A)

住宅の寝室の騒音はこの範囲で！

音楽ホールの騒音はこの範囲で！

― スーパー記憶術 ―

寝室
Bed Room を ノックする
　　　　　　　　NC

Bed ……… NC-30
 3 0

Bとdの形から30を連想する。

答え ▶ ○

R278 ○×問題 — 吸音率、透過率

Q 1. 吸音率は、「壁に入射する音のエネルギー」に対する「壁から反射されなかった音のエネルギー」の割合である。
2. 透過率は、「壁に入射する音のエネルギー」に対する「壁の反対側に透過した音のエネルギー」の割合である。

A 入射音のエネルギー $I(W/m^2)$ に対して、どれぐらい壁の中に入っていったかが吸音率です（1は○）。「反射されなかった音のエネルギー」とややこしい表現をしているのは、壁を突き抜けた透過音も含めるからです。入射音のエネルギー I のうち、壁の反対側までどれくらい抜けたかが透過率です（2は○）。

壁

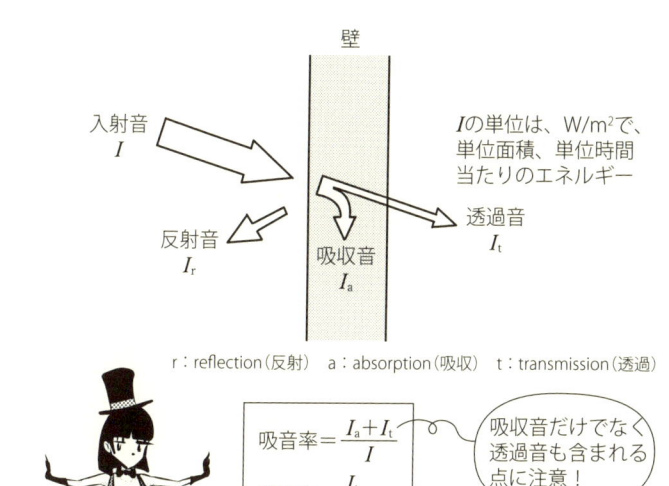

入射音 I

I の単位は、W/m² で、単位面積、単位時間当たりのエネルギー

反射音 I_r

吸収音 I_a

透過音 I_t

r：reflection（反射）　a：absorption（吸収）　t：transmission（透過）

$$吸音率 = \frac{I_a + I_t}{I}$$

$$透過率 = \frac{I_t}{I}$$

吸収音だけでなく透過音も含まれる点に注意！

どれくらい壁に入ったかどれくらい抜けたかの割合よ！

答え ▶ 1. ○　2. ○

★ / **R279** / ○×問題　　　　　　　　　　　　　　　透過損失　その1

Q 透過損失は、透過率の逆数を「dB」で表示した値である。

A 遮音される音の量をレベル表示したのが透過損失です。透過している間に、反射、吸収でどれくらい損失するかの量を、レベル表示（dB）で表す遮音性能の指標です（答えは○）。損失（loss）といっても、いい意味で使われているので注意してください。<u>透過損失が大きいほど、遮音性能は良くなります。</u>

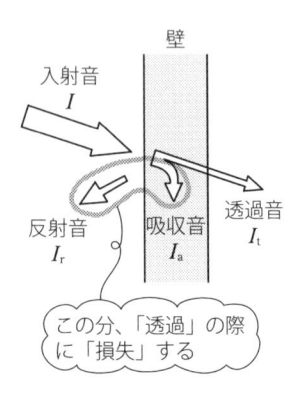

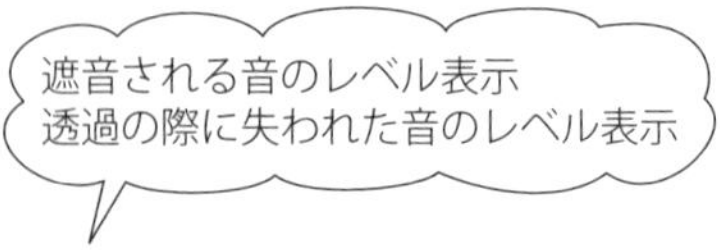

遮音される音のレベル表示
透過の際に失われた音のレベル表示

$$\text{透過損失} = I\text{のレベル} - I_t\text{のレベル}$$
$$= 10\log_{10}\frac{I}{I_0} - 10\log_{10}\frac{I_t}{I_0}$$
$$= 10\log_{10}\left(\frac{I}{I_0}\right)/\left(\frac{I_t}{I_0}\right)$$
$$= 10\log_{10}\frac{I}{I_t}$$
$$= 10\log_{10}\frac{1}{\frac{I_t}{I}} \cdots\cdots\text{透過率}$$

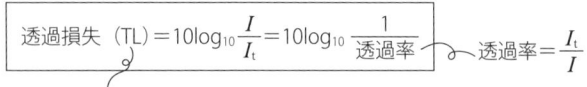

壁
入射音 I
反射音 I_r
吸収音 I_a
透過音 I_t

この分、「透過」の際に「損失」する

$$\boxed{\text{透過損失（TL）} = 10\log_{10}\frac{I}{I_t} = 10\log_{10}\frac{1}{\text{透過率}}}$$

Transmission Loss

透過率 $= \frac{I_t}{I}$

― スーパー記憶術 ―

（丸太）
<u>ログ</u>を<u>トンカチで割る</u>
　　　　　透過率で割る

↓　↓　　↓　　　　↓
1　0　$\log_{10}$　$\frac{1}{\text{透過率}}$

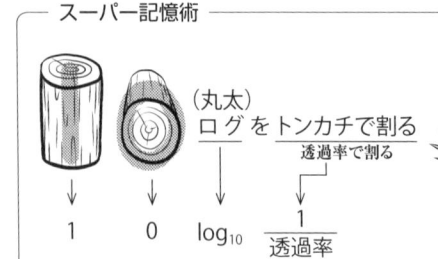

答え ▶ ○

R280 ○×問題　透過損失　その2

Q 1. 透過損失の値が小さいほど、遮音性能が優れている。
2. 同じ厚さの1重壁であれば、単位面積当たりの質量が大きいものほど透過損失が大きい。

A 透過損失が大きいとは、壁を透過する際に失われる音が多いということです。透過損失が小さいとは、透過する際に失われる音が少ないということです。よって透過損失が大きいと遮音性能が良く、小さいと遮音性能が悪いということになります（1は×）。

空気の振動（音）が壁を振動させ、それが反対側の空気を振動させることで、音が壁を透過します。質量が大きい物を動かすには、大きな力が必要です。よって大きな質量の壁ほど振動させにくく、透過損失も大きくなります。ボールを壁に向かって投げるとき、薄い板では突き抜けますが、コンクリートの壁では跳ね返ってくるのに似ています（2は○）。

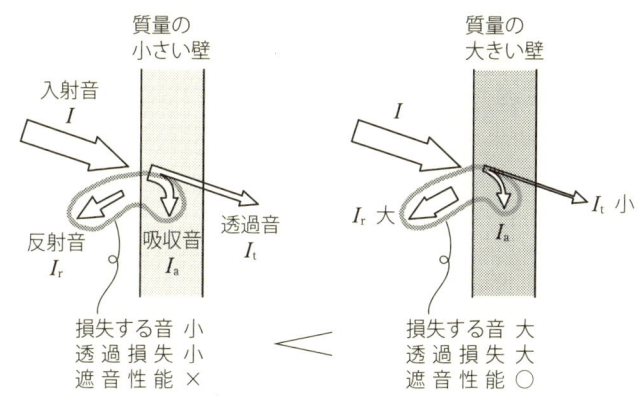

質量の小さい壁		質量の大きい壁
入射音 I		I
反射音 I_r	吸収音 I_a 透過音 I_t	I_r 大　I_a　I_t 小
損失する音 小 透過損失 小 遮音性能 ×	＜	損失する音 大 透過損失 大 遮音性能 ○

― Point ―
（透過の際の）
透過損失 大 ⇨ 音の損失 大 ⇨ 遮音性能 ○

答え ▶ 1. ×　2. ○

★ R281 ○×問題　　　透過損失　その3

Q 壁の透過損失は、低音から高音になるに従って減少する。

A 周波数の小さい音が壁に当たると、そのゆっくりとした周期に呼応して壁もゆっくりと揺れます。物には大きさや質量、材料によってそれ独自の固有周期があります。その固有周期に近い周期で外から振動が加わると、共振して大きく揺れます。壁の固有周期は、低音の長い周期に近いものが多く、低音に共振して大きく振動します。そのため音が反対側へ通りやすくなり、透過損失は小さくなります。逆に高音になると共振しにくいため、透過損失は大きくなります（答えは×）。

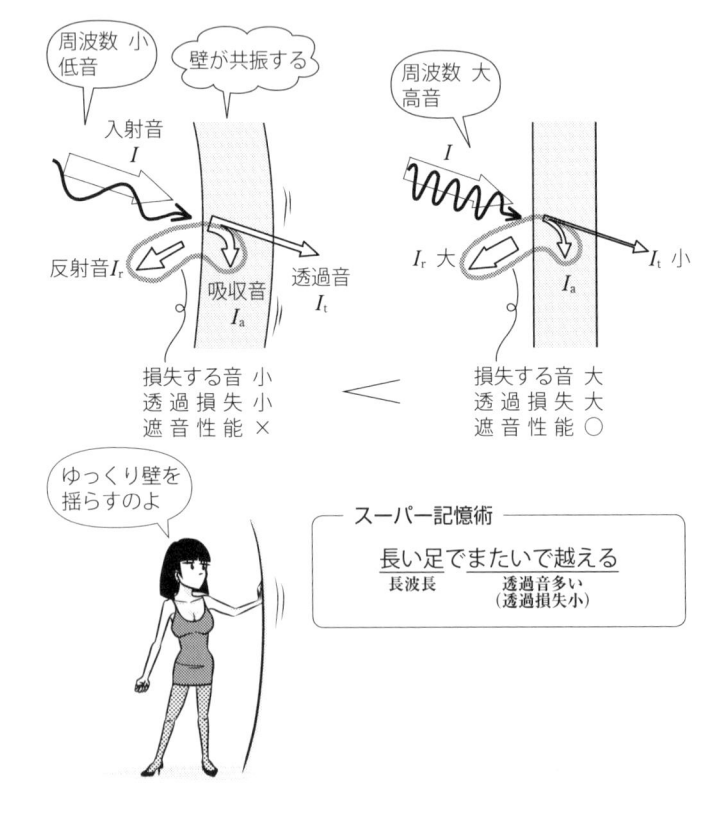

周波数 小　低音／壁が共振する
入射音 I
反射音 I_r
吸収音 I_a
透過音 I_t
損失する音 小
透 過 損 失　小
遮 音 性 能　×

周波数 大　高音
I
I_r 大
I_a
I_t 小
損失する音 大
透 過 損 失　大
遮 音 性 能　○

ゆっくり壁を揺らすのよ

― スーパー記憶術 ―
長い足でまたいで越える
長波長　　透過音多い
　　　　（透過損失小）

- 音の周期と壁の周期が一致（coincidence）して単層の壁が振動し、遮音性能が低下する現象を、コインシデンス効果といいます。

答え ▶ ×

★ **R282** ○×問題　　　　　　　　　　　　　透過損失　その4

Q 1. 剛壁との間に空気層を設けて板を張った場合、低音域の吸音よりも、高音域の吸音に効果がある。
2. グラスウールなどの多孔質材料の場合、低音域の吸音よりも、高音域の吸音に効果がある。

A 板をRC壁から離して張ると、前項でも説明したように、長い波長の低音では板が共振しやすく、吸音されやすくなります（1は×）。グラスウール（ガラス繊維をウール状にしたもの）のマットを張ると、細い繊維や気泡が振動して、短い波長の高音を吸収します（2は○）。一般に低音の吸収は高音に比べて難しく、薄い板を共振させるなどして吸収します。

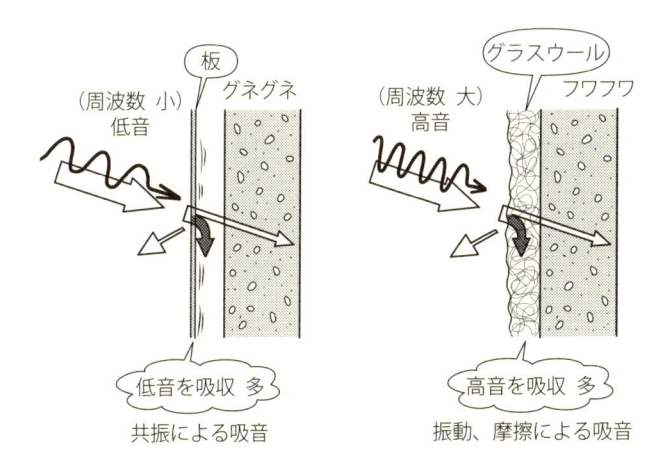

共振による吸音　　　　　　振動、摩擦による吸音

― スーパー記憶術 ―

　羊　は　高音　で鳴く
グラスウール　高音を吸収

wool

答え ▶ 1. ×　2. ○

R283 ○×問題　透過損失　その5

Q 中空2重壁の共鳴透過について、壁間の空気層を厚くすると、共振周波数は高くなる。

A 中空層の空気はバネの働きをして、中空層が広がるとバネが弱くなり、低周波数で共振（共鳴）しやすくなります（答えは×）。両側の板は低周波で共振するので、単層壁も複層壁も、もともと低周波の音が通りやすい傾向にあります。さらに空気層が広いと空気も共振して、より多くの音が透過することになります。

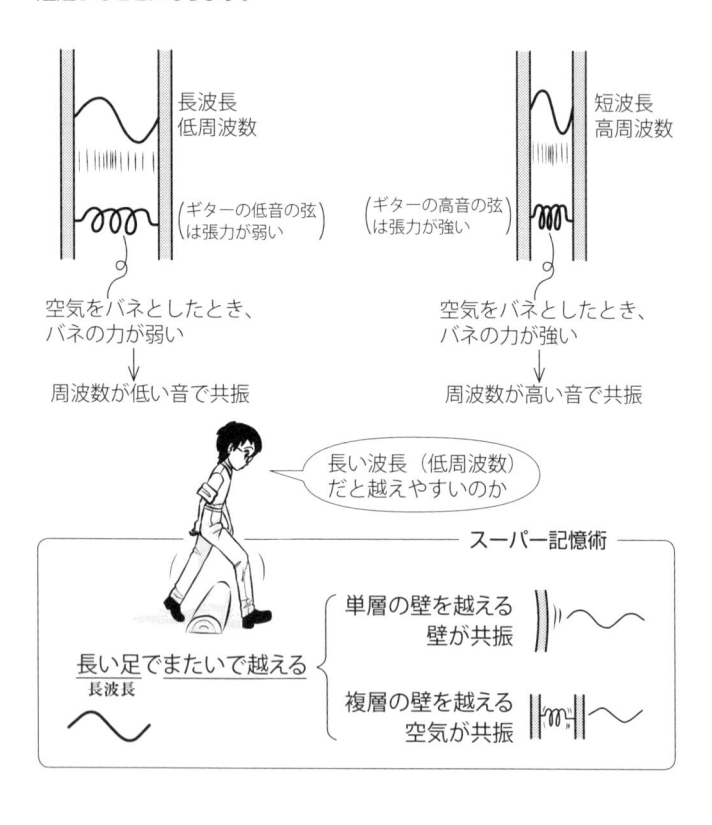

長波長
低周波数

（ギターの低音の弦）
は張力が弱い

空気をバネとしたとき、
バネの力が弱い

周波数が低い音で共振

短波長
高周波数

（ギターの高音の弦）
は張力が強い

空気をバネとしたとき、
バネの力が強い

周波数が高い音で共振

長い波長（低周波数）だと越えやすいのか

――― スーパー記憶術 ―――

長い足でまたいで越える
長波長

単層の壁を越える
壁が共振

複層の壁を越える
空気が共振

答え ▶ ×

R284 ○×問題　　　透過損失　その6

Q 下図の2重壁について、1～4の正誤を判定しなさい。

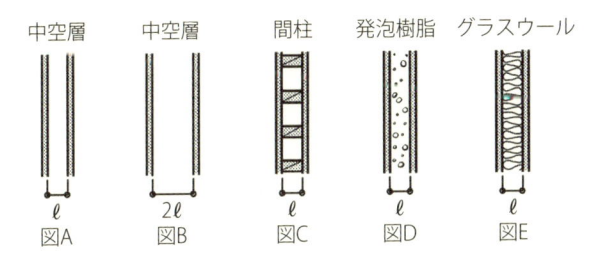

```
中空層    中空層    間柱     発泡樹脂   グラスウール
  ℓ       2ℓ       ℓ        ℓ         ℓ
 図A      図B      図C      図D        図E
```

1. 図Aの中空層を図Bのように厚くすると、共鳴透過を起こす周波数は高くなる。
2. 図Cのような間柱を入れた2重壁は、1重壁のような透過損失特性を示すことがある。
3. 図Dのような発泡樹脂を入れた2重壁では、中高音域で共振透過を起こす傾向がある。
4. 図Eのようなグラスウールを入れた2重壁では、全周波数にわたって透過損失が上昇する。

A
1. 前項で述べたように、空気層を広げると空気のバネが弱くなり、長波長、低周波数の音が共振して、透過しやすくなります（×）。
2. 間柱を入れると左右2枚の板が強く固定されて、一体として振動するので、1重壁と似た透過損失特性となります（○）。
3. ウレタンフォームなどの発泡樹脂を入れた2重壁では、空気の場合に比べて固くなり、壁固有の振動数（振動しやすいところ）が上がります。中高音域の大きい周波数で共振を起こします（○）。
4. グラスウールを入れると、空気の振動エネルギーを吸収するので、透過損失が上昇します（○）。

透過損失は、損失という言葉から悪い意味にとられがちで、間違いやすい用語です。透過損失＝遮音量と置き換えると、わかりやすくなります。透過損失が大きいとは、遮音量が大きいということで、良いことであるのがすぐにイメージできます。

Point

透過損失＝遮音量(dB)

答え ▶ 1. ×　2. ○　3. ○　4. ○

★ R285 ○×問題　　　床衝撃音　その1

Q 床衝撃音の遮音等級において、L_r-45はL_r-60に比べて遮音性能が優れている。

A 上階の床衝撃音がどれくらい下階に届くかを音圧レベルで測り、等級化したのがL_r値です。L_r値が小さいと、各周波数での衝撃音の音圧レベルが低く、遮音性能が優れていることになります（答えは○）。

床衝撃音レベルの遮音等級

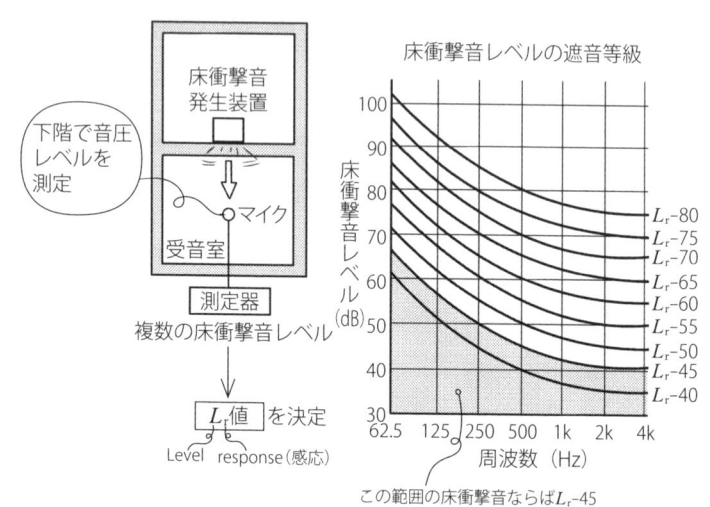

- L_r-80
- L_r-75
- L_r-70
- L_r-65
- L_r-60
- L_r-55
- L_r-50
- L_r-45
- L_r-40

この範囲の床衝撃音ならばL_r-45

下階で音圧レベルを測定 → マイク、受音室、床衝撃音発生装置

測定器 → 複数の床衝撃音レベル → L_r値 を決定
Level response（感応）

L_r値が大きいと×

― スーパー記憶術 ―
下階で得る音
L_r値
小さい方が○

答え ▶ ○

R286 ○×問題　床衝撃音　その2

Q 1. 子供の飛び跳ねによって生じる床衝撃音を測定する場合、主に、タイヤの落下を模擬的な加振源として使用する。
2. 床スラブの厚さを2倍にしても、重量床衝撃音の低減効果はない。

A 床衝撃音には、物を落としたり椅子を引く音などの軽量床衝撃音と、子供の飛び跳ねる音などの重量床衝撃音があります。各床衝撃音は下図のように、ハンマーで軽くたたくタッピングマシン、タイヤを落とすバングマシンなどで測定します（1は○）。各床衝撃音レベルの遮音等級は、LL値、HL値と区別して呼ばれますが、両方の基準をクリアするようにL_r値を決めます。軽量床衝撃音はカーペットを敷くなど、重量床衝撃音はRC床スラブを厚くする、床スラブの上に発泡材を敷き、その上にさらにRCを打つなどで低減できます（2は×）。

軽量床衝撃音の測定　　　　　　重量床衝撃音の測定
（物を落としたり椅子を引く音など）（子供の飛び跳ねる音など）

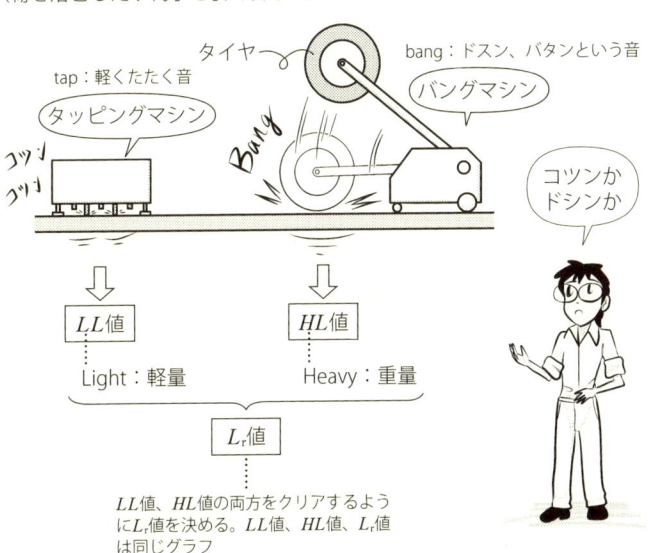

tap：軽くたたく音　　タイヤ　　bang：ドスン、バタンという音
タッピングマシン　　　　　　　バングマシン

コツン　　　Bang　　　　　　　コツンか
コツン　　　　　　　　　　　　ドシンか

↓　　　　　　↓
LL値　　　HL値

Light：軽量　　Heavy：重量

L_r値

LL値、HL値の両方をクリアするようにL_r値を決める。LL値、HL値、L_r値は同じグラフ

答え ▶ 1. ○　2. ×

★ R287 ○×問題　　遮音等級 D_r 値

Q 遮音等級 D_r-30 の壁は、D_r-55 の壁よりも遮音性能が優れている。

A D_r 値とは、2室間の遮音性能を表す等級です。下図のように**2室の音圧レベルの差（透過損失）**を測り、等級化する指標です。音圧レベルの差、D_r 値が大きいほど、遮音性能は良いことになります（答えは×）。

音圧レベルの差を測る

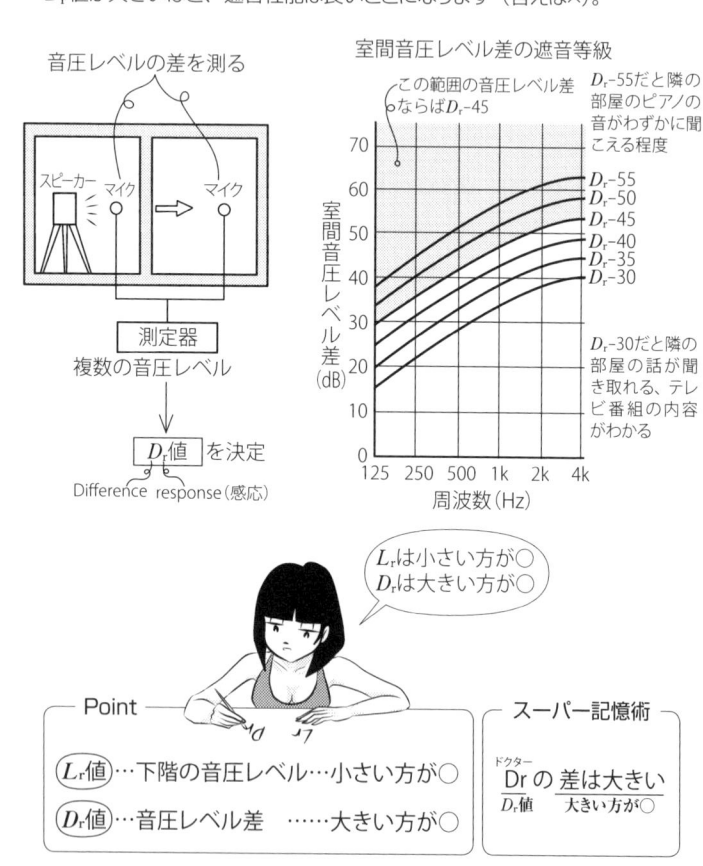

スピーカー　マイク　→　マイク

測定器
複数の音圧レベル
↓
D_r 値 を決定
Difference response（感応）

室間音圧レベル差の遮音等級

この範囲の音圧レベル差ならば D_r-45

D_r-55 だと隣の部屋のピアノの音がわずかに聞こえる程度

D_r-55
D_r-50
D_r-45
D_r-40
D_r-35
D_r-30

室間音圧レベル差（dB）

周波数（Hz）

D_r-30 だと隣の部屋の話が聞き取れる、テレビ番組の内容がわかる

L_r は小さい方が○
D_r は大きい方が○

Point

L_r 値…下階の音圧レベル…小さい方が○

D_r 値…音圧レベル差……大きい方が○

スーパー記憶術

ドクター
Dr の 差は大きい
D_r 値　大きい方が○

答え ▶ ×

R288 ○×問題　　　残響時間　その1

Q 残響時間は、
1. 室容積が大きいほど長くなる。
2. 室内表面積が大きいほど長くなる。
3. 平均吸音率が大きいほど長くなる。
4. 室音が高いほど長くなる。

A 音源が停止した後も音が残る現象を残響といい、音の強さのレベル（音圧レベル）が60dB減衰するのに要する時間が残響時間です。

― スーパー記憶術 ―
残響には無情感ただよう
　　　　　　60dB

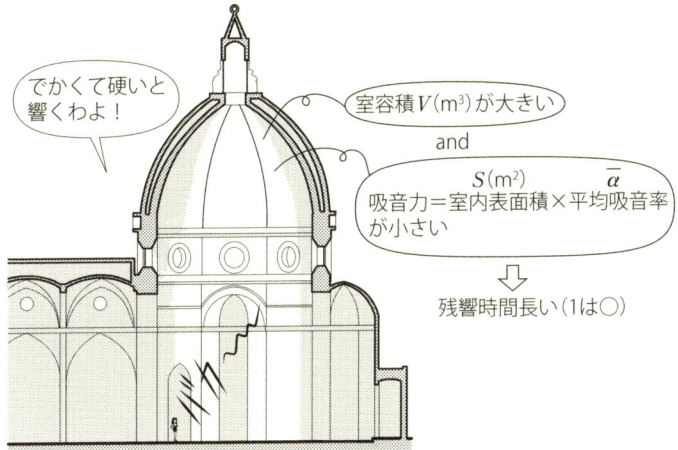

でかくて硬いと響くわよ！

室容積 $V(m^3)$ が大きい
and
$S(m^2)$　$\bar{a}$
吸音力＝室内表面積×平均吸音率
が小さい
⇩
残響時間長い（1は○）

サンタ・マリア・デル・フィオーレ大聖堂
（フィレンツェ、1436年、ブルネレスキ設計）

セイビンの残響時間の式は下のようになり、室容積 V に比例、$S×\bar{a}$ に反比例、室温には無関係です（2〜4は×）。

$$残響時間 T = \frac{0.161 \times V}{S \times \bar{a}}$$

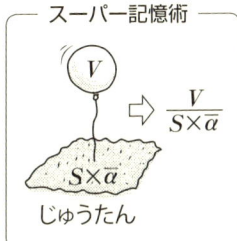

― スーパー記憶術 ―
V
⇨ $\frac{V}{S \times \bar{a}}$
$S \times \bar{a}$
じゅうたん

答え ▶ 1. ○　2. ×　3. ×　4. ×

★ R289 ○×問題　　残響時間　その2

Q 1. 講演に対する最適残響時間に比べて、音楽に対する最適残響時間の方が長い。
2. コンサートホールの残響時間は、室容積にかかわらず、2秒以上とすることが望ましい。

A 話がよく聞き取れるようにするには、残響時間は短くします（1は○）。逆にクラシック音楽は長めにします。最適残響時間は、講演か音楽かの種別、室容積などで変わります（2は×）。

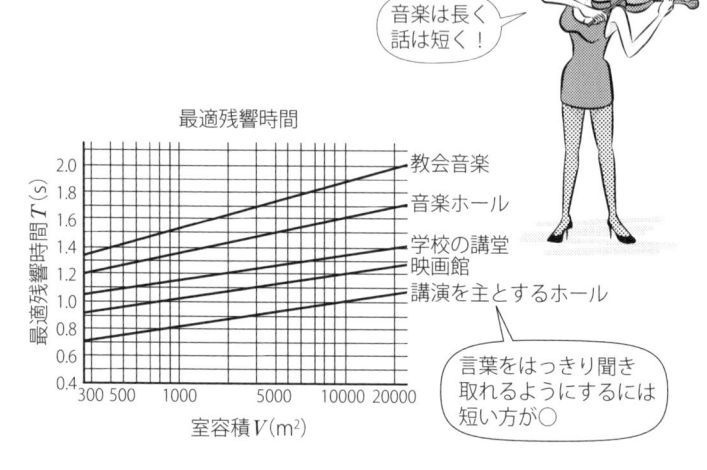

音楽は長く話は短く！

最適残響時間

縦軸：最適残響時間 T (s) 0.4〜2.0
横軸：室容積 V (m^2) 300〜20000

- 教会音楽
- 音楽ホール
- 学校の講堂
- 映画館
- 講演を主とするホール

言葉をはっきり聞き取れるようにするには短い方が○

Point

最適残響時間

音楽ホール ＞ 学校の講堂 ＞ 映画館 ＞ 講演を主とするホール

教会音楽＞クラシック＞ロック　　音楽＋講演

● サントリーホールなどの音響設計をした永田穂の著書『静けさ よい音 よい響き』（彰国社、1986年）の124頁に、残響時間2秒にこだわる愚かさが書かれています。音楽の種類のほかに、初期反射音、周波数、気積など、その他の重要なファクターも同時に考える必要があると述べられています。

答え ▶ 1. ○　2. ×

★ R290 ○×問題　　　　　　　　　　反響（エコー）その1

Q 反響（エコー）は、音源から直接音が聞こえた後、それと分離して反射音が聞こえることであり、会話や音楽を聞き取りにくくさせる。

A 山に向かって叫ぶと音がいくつかに分かれて聞こえる山びこは、<u>反響（エコー）</u>の代表例です。近い山からの反射音と、遠い山からの反射音が時間的にずれるので、分かれて聞こえるのです。人間の耳には、<u>1/20秒以上の時間差</u>では、2つの音に聞こえます（答えは○）。

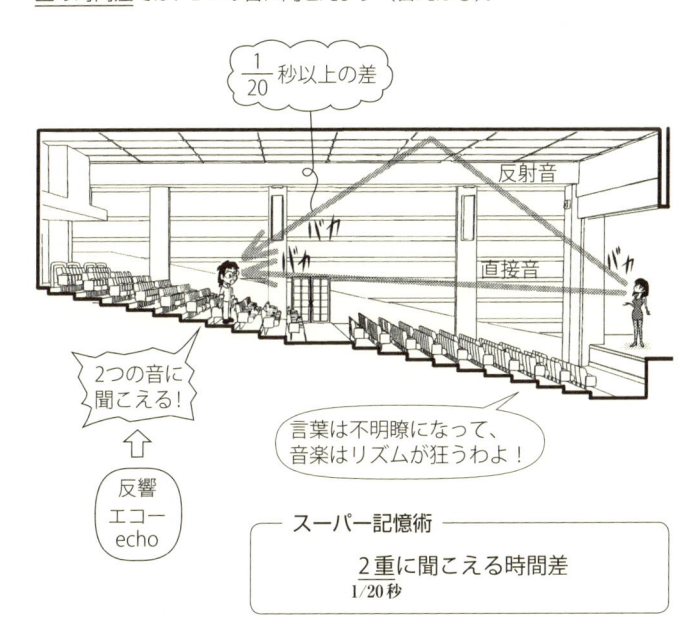

$\frac{1}{20}$秒以上の差

反射音

バカ
バカ

直接音

バカ

2つの音に聞こえる！

⇧

反響
エコー
echo

言葉は不明瞭になって、音楽はリズムが狂うわよ！

― スーパー記憶術 ―

<u>2</u>重に聞こえる時間差
1/20秒

答え ▶ ○

★ R291 ○×問題　　　反響（エコー）その2

Q 平行な天井と床、向かい合う壁の場合、フラッターエコーが生じるおそれがある。

A フラッター（flutter）とは、羽をパタパタさせる、またはその音が原義で、パタパタ、ピチピチといった高音の繰り返し音のことです。フラッターエコーは硬い平行面の間を音が何度も反射して生じる、有害なエコー（反響）です（答えは○）。

日光東照宮薬師堂の内陣では、平らな天井板と床板との間を音が往復することでフラッターエコーが生じます。天井に龍の絵が描かれていることから、鳴き龍と呼ばれています。

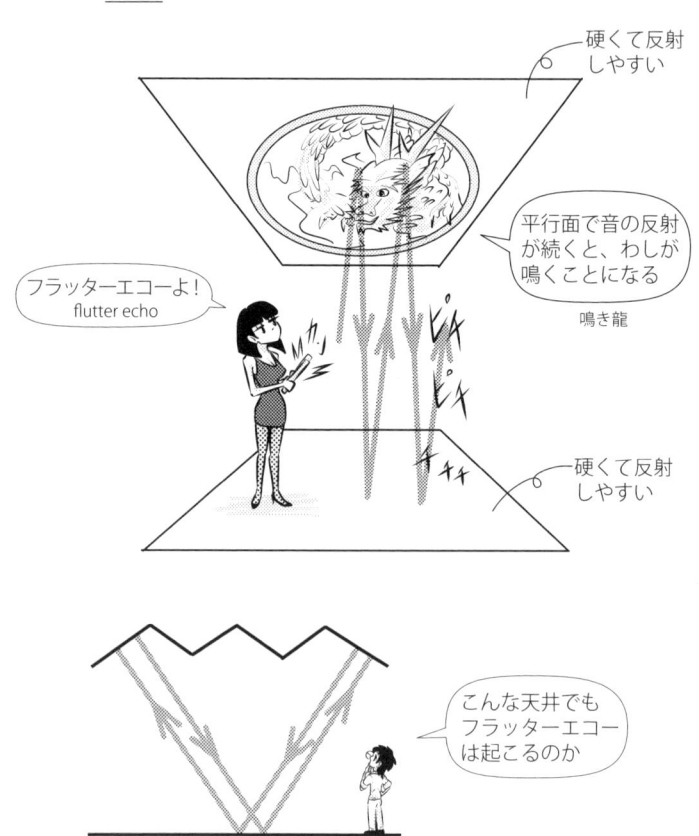

答え ▶ ○

★ R292　○×問題　　　　　　　　　　　　　　　マスキング

Q 聴覚のマスキングは、目的音（マスクされる音）の周波数に対して妨害音（マスクする音）の周波数が低い場合に生じやすい。

A ある音があるために、目的とする音が聞き取りにくくなる現象を音のマスキング効果といいます。マスクする妨害音が目的音よりも大きくて低周波であると、聞き取りにくくなります（答えは○）。

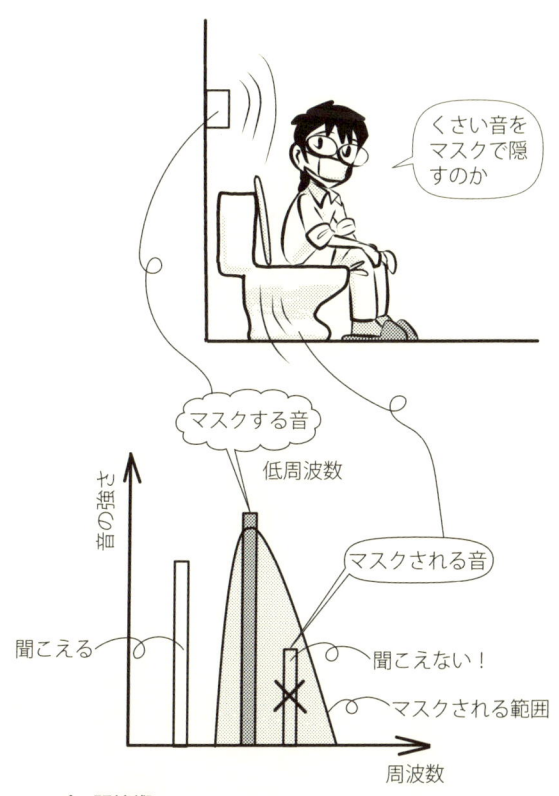

― スーパー記憶術 ―

覆面	レスラー	強い	けど	低評価
マスク音		強くて		低周波数

答え ▶ ○

★ R293 check ▶ □□□ 重要な項目は繰り返して完全に覚えよう！

単位

項目	説明	図	単位
絶対湿度	乾き空気1kg中に含まれる水蒸気の質量	$x$kg / 1kg(DA) Dry Air	kg/kg(DA) kg/kg'
相対湿度	飽和水蒸気に対する現在の水蒸気の比（%）	水蒸気量 kg(N/m²=Pa) / 飽和水蒸気量 kg(N/m²=Pa)	%
空気線図	縦軸を絶対湿度、横軸を乾球温度とした湿り空気の状態を表す図	相対湿度 100%、50% 縦軸:絶対湿度 横軸:乾球温度	縦軸 kg/kg(DA) 横軸 ℃
露点	空気中の水蒸気が液体の水になって出てくる点（温度）、結露する点（温度）	露点・結露 100%、70%	縦軸 kg/kg(DA) 横軸 ℃
湿球温度の高低	湿球温度(低)→蒸発しやすい→湿度(低) 湿球温度(高)→蒸発しにくい→湿度(高) 【湿球温度の高低≒湿度の高低】	乾湿計 乾球温度 湿球温度	℃
アスマン通風乾湿計	乾球、湿球に一定の風速で気流が当たるようにした乾湿計 【あーすまん！ 風を入れてしまって】 　アスマン　　通風乾湿計	ファンで空気を吸引 乾球温度 湿球温度	℃

暗記する事項 その1

単位

			単位
(比)エンタルピー	乾き空気1kg当たりの湿り空気の内部エネルギーを0℃の時と比べた値	乾き空気1kg当たり 60kJ／絶対湿度／60 kJ/kg(DA)／乾球温度 0℃	kJ/kg(DA)
比容積	乾き空気1kg当たりの湿り空気の容積	乾き空気1kg当たり 0.83m³/kg(DA)／絶対湿度／乾球温度 0.83m³/kg(DA)	$m^3/kg(DA)$
水蒸気圧	大気圧＝乾き空気圧+水蒸気圧 ヘクトパスカル 1013hPa ＝ 101.3kPa　100kPa　1.3kPa	絶対湿度／水蒸気圧／1.3kPa／乾球温度	キロパスカル k Pa ニュートン $(Pa=N/m^2)$
熱水分比	熱水分比＝$\dfrac{熱変化量}{水分変化量}$ ＝$\dfrac{h_2-h_1}{x_2-x_1}$	熱水分比 0／h_1／h_2／±∞／絶対湿度／x_2／x_1／乾球温度	kJ/kg(DA)／kg/kg(DA) ＝ KJ/kg
顕熱	水蒸気量を変化させずに乾球温度だけ変化させる熱「目(温度計)に見える熱」	顕熱／絶対湿度／乾球温度	kJ
潜熱	乾球温度を変化させずに水蒸気量だけを変化させる熱「目(温度計)に見えない熱」	潜熱／絶対湿度／乾球温度	kJ

★ R294 check ▶ □□□

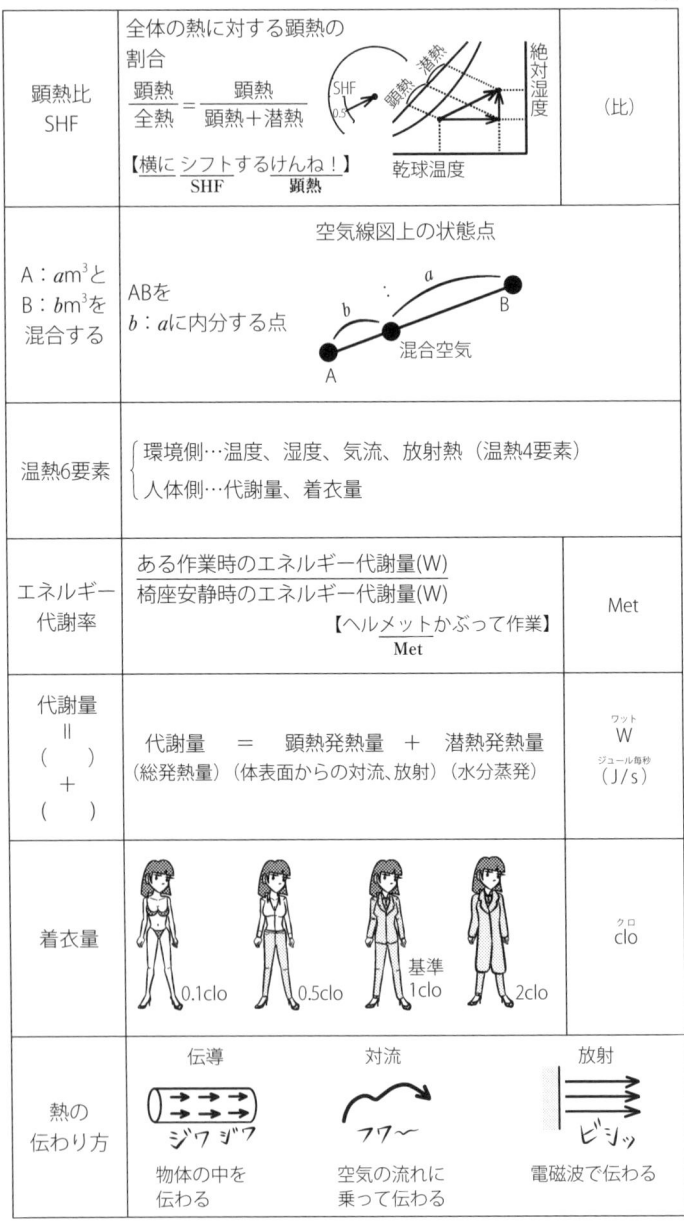

単位

顕熱比 SHF	全体の熱に対する顕熱の割合 $\dfrac{顕熱}{全熱} = \dfrac{顕熱}{顕熱+潜熱}$ 【横に シフトするけんね！】 　　　SHF　　　顕熱	（比）
A：$a\mathrm{m}^3$と B：$b\mathrm{m}^3$を 混合する	空気線図上の状態点 ABを $b:a$に内分する点	
温熱6要素	｛環境側…温度、湿度、気流、放射熱（温熱4要素） 　人体側…代謝量、着衣量	
エネルギー代謝率	$\dfrac{ある作業時のエネルギー代謝量(W)}{椅座安静時のエネルギー代謝量(W)}$ 【ヘルメットかぶって作業】 　　　　Met	Met
代謝量 ＝ （　） ＋ （　）	代謝量　＝　顕熱発熱量　＋　潜熱発熱量 （総発熱量）（体表面からの対流、放射）（水分蒸発）	W (ワット) (J/s) (ジュール毎秒)
着衣量	0.1clo　0.5clo　基準1clo　2clo	clo (クロ)
熱の伝わり方	伝導　　　　対流　　　　放射 ジワジワ　　フワ〜　　　ビシッ 物体の中を伝わる　空気の流れに乗って伝わる　電磁波で伝わる	

324

【 】内スーパー記憶術　　　　　　　　　　　　　　　　　　　　　　　　　**暗記する事項　その2**

単位

グローブ温度	黒塗りの銅製の球（globe）で覆った熱放射も測るグローブ温度計で測った温度	グローブ温度 室温より高い／放射／熱い壁	℃
放射エネルギーと絶対温度 T の関係	放射エネルギー＝定数×材料の放射率×T^4　　【4畳半は壁が近い】　$\underline{4乗}$　$\underline{放射}$		W/m^2
平均放射温度 MRT Mean Radiant Temperature	室内のある点が受ける熱放射を平均した温度　【丸太の年輪は放射状】　$\underline{MRT}$　　$\underline{放射熱}$	t_g大　t_a小／MRT大	℃
作用温度（効果温度）OT Operative Temperature	気温と放射温度を複合した人体に対する作用、効果を考えた温度	$OT=\dfrac{気温+MRT}{2}$（静穏気流下）≒グローブ温度　【OT⇒🕐⇒グローブ温度計】	℃
不快指数 DI Discomfort Index	蒸し暑さを表す指標。気温と相対湿度から算出　【痔 は 不快】　$\underline{DI}$　$\underline{不快指数}$	80以上が不快　【晴れると汗が出る】　$\underline{80〜}$	℃
有効温度 ET Effective Temperature	気温、湿度、気流を組み合わせた体感を表す指標	有効温度の箱　いろんな環境の箱　ET( )℃ 100% 0m/s　⇔比較	℃

★ R295　check ▶ □□□

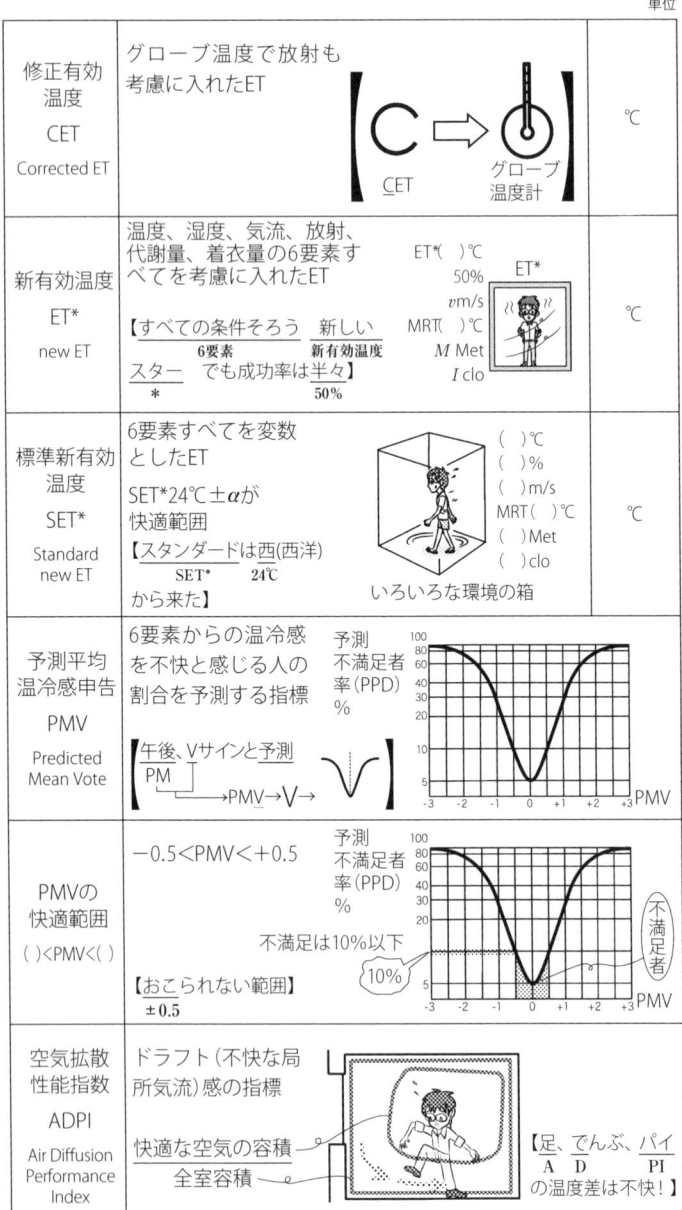

単位

名称	説明	図	単位
修正有効温度 CET Corrected ET	グローブ温度で放射も考慮に入れたET	【C ⇒ グローブ温度計】	℃
新有効温度 ET* new ET	温度、湿度、気流、放射、代謝量、着衣量の6要素すべてを考慮に入れたET 【すべての条件そろう 新しい／6要素 新有効温度／スター でも成功率は半々】 * 50%	ET*( )℃ 50% vm/s MRT( )℃ M Met I clo	℃
標準新有効温度 SET* Standard new ET	6要素すべてを変数としたET SET*24℃±αが快適範囲 【スタンダードは西(西洋)／SET* 24℃ から来た】	( )℃ ( )% ( )m/s MRT( )℃ ( )Met ( )clo いろいろな環境の箱	℃
予測平均温冷感申告 PMV Predicted Mean Vote	6要素からの温冷感を不快と感じる人の割合を予測する指標 【午後、Vサインと予測／PM →PMV→V→】	予測不満足者率(PPD) % 100 80 60 40 30 20 10 5 -3 -2 -1 0 +1 +2 +3 PMV	
PMVの快適範囲 ( )<PMV<( )	−0.5<PMV<+0.5 【おこられない範囲】 ±0.5	予測不満足者率(PPD) % 不満足は10%以下 10% 不満足者	
空気拡散性能指数 ADPI Air Diffusion Performance Index	ドラフト(不快な局所気流)感の指標 快適な空気の容積／全室容積	【足、でんぶ、パイ A D PI の温度差は不快!】	

326

暗記する事項 その3

椅座時の上下温度差 （　）℃以内	3℃以内 【足、でんぶ、パイの3段の温度差】 3℃	
床暖房 （　）℃以下	29℃以下 【肉の焼ける床暖房】 29℃	（放射の不均一性） 放射温度差10℃以下
窓、壁の放射温度差 （　）℃以下	10℃以下 【冷たい窓で凍死する】 差が10℃以下	床暖房 29℃以下
開放型燃焼器具	燃焼部を室内に開放して、給排気とも室内で行う器具	給排気とも室内
密閉型燃焼器具 半密閉型燃焼器具	燃焼部を室内から密閉して、給排気とも室外で行う器具 給気のみ室内から行う器具	密閉型給湯器　半密閉型給湯器 給気は室内空気
酸欠の濃度	18%以下	・多くの人が息苦しさを感じる ・開放型燃焼器具に不完全燃焼のおそれ 【酸欠でイヤなのは不完全燃焼】 18%
二酸化炭素濃度	1000ppm以下	ppm：parts per million　100万分の1＝10^{-6} 1000ppm＝0.1%
一酸化炭素濃度	10ppm以下	【銭　湯で屁をする】 1000　10ppm以下
浮遊粉じん量	0.15mg/m³以下	【おいこら！煙を立てるな！】 0.15mg/m³

★ R296 check ▶ □□□

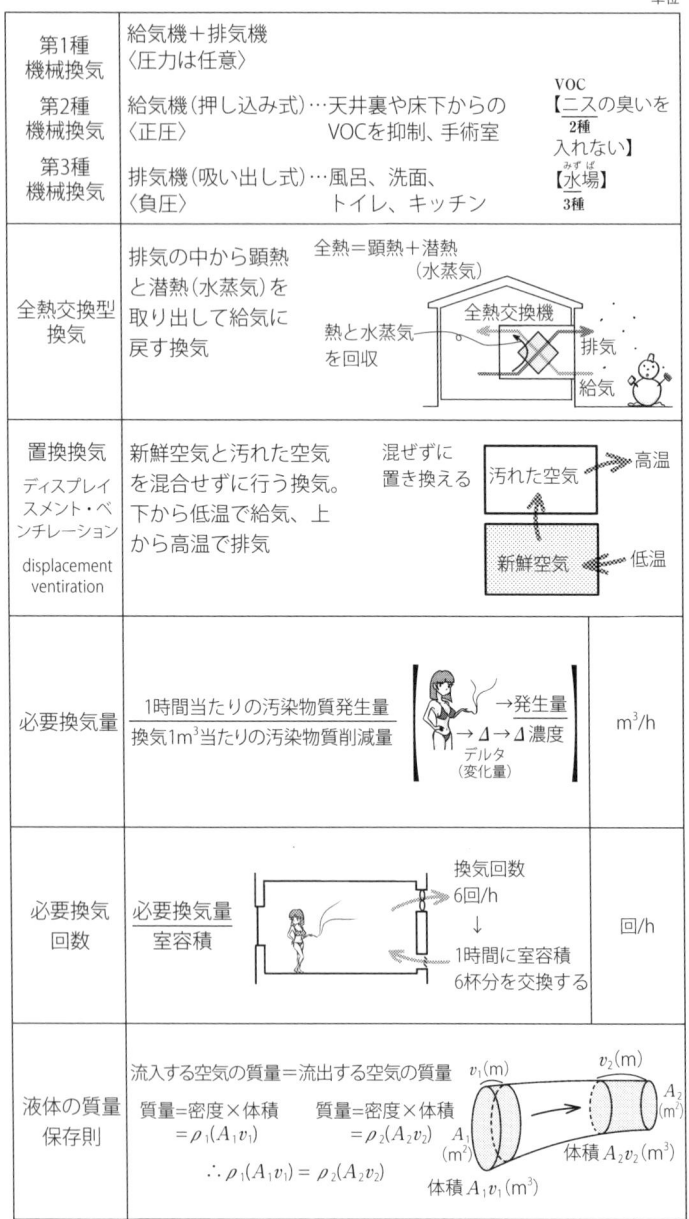

単位

第1種 機械換気	給気機＋排気機 〈圧力は任意〉		
第2種 機械換気	給気機（押し込み式）…天井裏や床下からの 〈正圧〉　　　　　　VOCを抑制、手術室	VOC 【ニスの臭いを 入れない】 2種	
第3種 機械換気	排気機（吸い出し式）…風呂、洗面、 〈負圧〉　　　　　　トイレ、キッチン	【水場】 3種	

全熱交換型 換気	排気の中から顕熱 と潜熱（水蒸気）を 取り出して給気に 戻す換気	全熱＝顕熱＋潜熱 　　　　　（水蒸気） 熱と水蒸気を回収　全熱交換機　排気　給気	

| 置換換気
ディスプレイ
スメント・ベ
ンチレーション
displacement
ventiration | 新鮮空気と汚れた空気
を混合せずに行う換気。
下から低温で給気、上
から高温で排気 | 混ぜずに
置き換える　汚れた空気→高温
新鮮空気←低温 | |

| 必要換気量 | $\dfrac{1時間当たりの汚染物質発生量}{換気1m^3当たりの汚染物質削減量}$ | →発生量
→Δ→Δ濃度
デルタ
（変化量） | m^3/h |

| 必要換気
回数 | $\dfrac{必要換気量}{室容積}$ | 換気回数
6回/h
↓
1時間に室容積
6杯分を交換する | 回/h |

| 液体の質量
保存則 | 流入する空気の質量＝流出する空気の質量
質量＝密度×体積　　質量＝密度×体積
　　　＝$\rho_1(A_1v_1)$　　　　　＝$\rho_2(A_2v_2)$
　　∴ $\rho_1(A_1v_1) = \rho_2(A_2v_2)$ | $v_1(m)$　$v_2(m)$
$A_1(m^2)$　$A_2(m^2)$
体積 $A_1v_1(m^3)$　体積 $A_2v_2(m^3)$ | |

暗記する事項 その4

単位

項目	説明	図・備考	単位
流量係数 α	開口形状による流れやすさによって、開口面積を補正する係数	ベルマウス $\alpha \fallingdotseq 1.0$ / 通常 $\alpha = 0.6 \sim 0.7$	
換気量 Q と圧力差 ΔP の関係	Q は $\sqrt{\Delta P}$ に比例（すき間は $\sqrt[n]{\Delta P}$ に比例）	デルタ→Δ→ $\sqrt{\Delta P}$, $\sqrt{\Delta h}$, $\sqrt{\Delta t}$ デルタはルーム（ルート）の中 $A \times \sqrt{\Delta P}$ に比例、$A \times \sqrt{\Delta h \times \Delta t}$ に比例	
換気量 Q と高さの差 Δh 温度差 Δt の関係	Q は $\sqrt{\Delta h}$、$\sqrt{\Delta t}$ に比例（温度差換気＝重力換気）		
換気量 Q と風速 v 風圧係数の差 ΔC の関係	Q は v に比例、$\sqrt{\Delta C}$ に比例（風力換気）A、v、$\sqrt{\Delta C}$ に比例	デルタはルームの中（ルート）→Δデルタ→$\sqrt{\Delta C}$	
空気齢 空気余命 空気寿命 の関係	空気寿命 ＝空気齢＋空気余命	空気齢・空気余命・空気寿命	秒
熱量 Q と比熱 c 質量 m 温度変化 Δt の関係	$Q = cm\Delta t$ （cm：熱容量）	【CM 出た！】 cm Δt	ジュール J （カロリー cal 1cal=4.2J）
熱伝導 熱伝達 熱貫流	・物体の中を熱が流れること ・空気と物体間で熱が流れること ・伝達、伝導、伝達で物体を貫いて熱が流れること	【動物】 伝導 物体内	
伝導熱量 Q と熱伝導率 λ 温度差 Δt 長さ ℓ 断面積 A の式	$Q = \lambda \times \dfrac{\Delta t}{\ell} \times A$ 温度勾配	コロコロ Δt / ℓ	ワット W ジュール毎秒 (J/s)

R297

項目	内容	図・語呂	単位
熱伝導率 λ	熱伝導しやすさの係数	記号は λ　動物？ワッとミケだ！ W/(m・K)	W/(m・K)
コンクリートの熱伝導率	1.4～1.6	【石の色をしたコンクリート】 1.4～1.6	W/(m・K)
伝達熱量 Q と熱伝達率 α 温度差 Δt 表面積 A の式	$Q = \alpha \times \Delta t \times A$		W (J/s)
熱伝達率 α	熱伝達しやすさの係数	$\dfrac{W}{m^2 \cdot K}$ ↑ 壁1m²当たり　記号は α	W/(m²・K)
設計用熱伝達率 α	外壁表面　23 W/(m²・K) 内壁表面　9 W/(m²・K) 【兄さん、急に入ってくる！】 23　9　壁、室内に入る		W/(m²・K)
熱貫流量 Q と熱貫流率 K 温度差 Δt 表面積 A の式	$Q = K \times \Delta t \times A$	$\dfrac{W}{m^2 \cdot K}$ ↑ 壁1m²当たり	W (J/s)
熱貫流量 Q と熱貫流抵抗 R 温度差 Δt 表面積 A の式	$Q = \dfrac{\Delta t}{R} \times A$ $\left(R = \dfrac{1}{K}\right)$	落差 Δt　抵抗　流量　流量 = 落差/抵抗	W (J/s)

暗記する事項 その5

単位

熱伝導抵抗	$\dfrac{\ell}{\lambda}$		$m^2 \cdot K/W$
熱伝達抵抗	$\dfrac{1}{\alpha}$		$m^2 \cdot K/W$
熱貫流抵抗	$\dfrac{1}{K}$	抵抗の直列	$m^2 \cdot K/W$
壁の熱貫流抵抗 R の算出	外壁の熱伝達抵抗＋壁内の熱伝導抵抗の和＋内壁の熱伝達抵抗 $= \dfrac{1}{\alpha_{外}} + \left(\dfrac{\ell_1}{\lambda_1} + \dfrac{\ell_2}{\lambda_2} + \cdots \right) + \dfrac{1}{\alpha_{内}}$		$m^2 \cdot K/W$
北緯35°（東京）の南中高度	冬至　約30° 春秋分　約55° 夏至　約80°	【SUN＝晴れ】 30° 80° 中央55°	
日照率	$\dfrac{実際に日の照っていた時間}{日の出から日没までの時間} = \dfrac{日照時間}{可照時間}$		
南面の可照時間が最も長い日	春秋分の日	12時間当たる（半周分）	

★ R298 check ▶ □□□

単位

日射量 = (　)日射量 + (　)日射量	直達日射量 + 天空日射量　　（直達日射・天空日射の図）	W・h/m²
冬至の 終日日射量 比較	南面＞水平面＞東西面 【冬は縁側でコタツ】 　　南面 ＞ 水平面	W・h/ (m²・day)
夏至の 終日日射量 比較	水平面＞東西面＞南面 【夏 は 水 筒】 　水平面＞東西面	W・h/ (m²・day)
1年での 終日日射量 比較	夏至の水平面＞冬至の南面＞夏至の東西面 【縁側の前に水(池)、後ろに筒(酒)】 (冬)南面　　(夏)水平面　　(夏)東西面	W・h/ (m²・day)
日射取得率	日射量のうち、どれくらい 室内に入るかの割合	$\dfrac{室内に入った熱量}{日射量}$
日射遮へい 係数	3mm厚の透明ガラスの 日射取得率に比べて、 どれくらい取得率があ るかの比	$\dfrac{日射取得率}{3mm厚の透明ガラスの日射取得率}$
日影曲線	棒の影の先端をグ ラフ化した曲線	（北・南・東・西、冬至・春秋分・夏至、棒の図）
日差し曲線	ある点と太陽を 結んだ線と水平 面との交点の軌 跡	日差し曲線 ⇔点対称⇔ 日影曲線

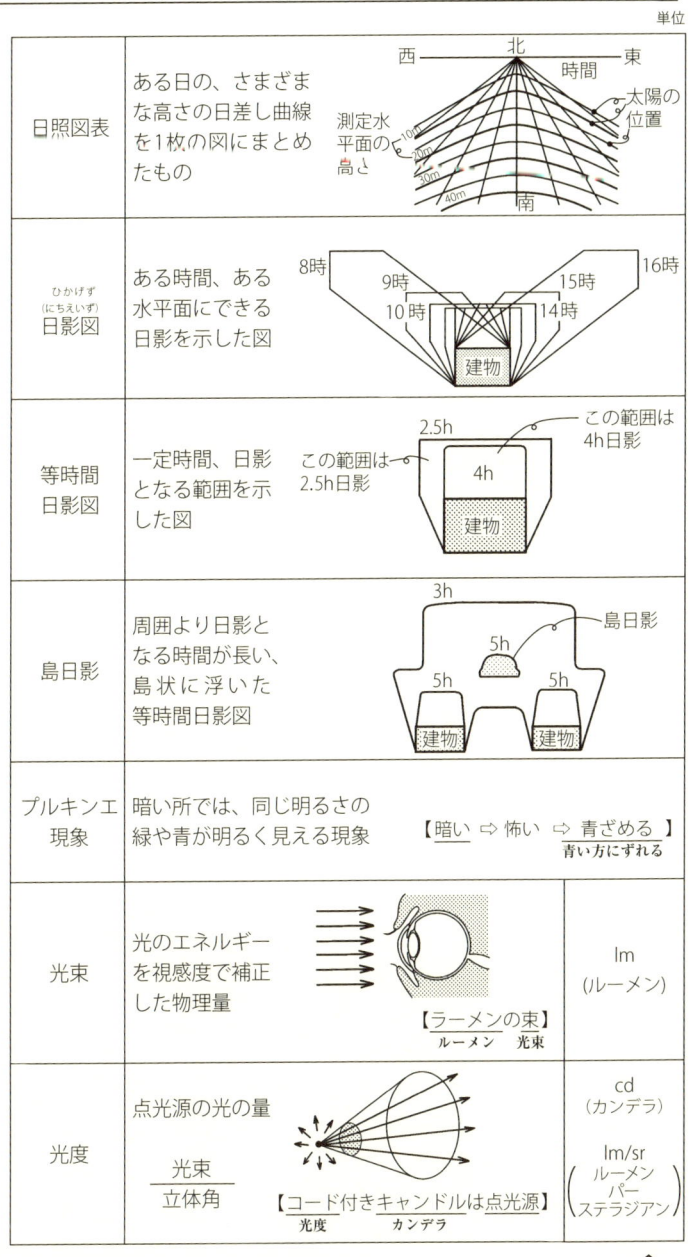

暗記する事項 その6

日照図表	ある日の、さまざまな高さの日差し曲線を1枚の図にまとめたもの		
日影図 (ひかげず/にちえいず)	ある時間、ある水平面にできる日影を示した図		
等時間日影図	一定時間、日影となる範囲を示した図		
島日影	周囲より日影となる時間が長い、島状に浮いた等時間日影図		
プルキンエ現象	暗い所では、同じ明るさの緑や青が明るく見える現象	【暗い ⇨ 怖い ⇨ 青ざめる】 青い方にずれる	
光束	光のエネルギーを視感度で補正した物理量	【ラーメンの束】 ルーメン　光束	lm (ルーメン)
光度	点光源の光の量 光束 / 立体角	【コード付きキャンドルは点光源】 光度　　カンデラ	cd (カンデラ) lm/sr (ルーメン パー ステラジアン)

★ R299 check ▶ □□□

単位

用語	説明	単位
輝度（きど）	見かけの面の光の量 $\dfrac{\text{射出する光度}}{\text{見かけの面積}}$ 【見かけのいい木戸】 見かけ面積　輝度	cd/m^2 $(lm/(sr \cdot m^2))$
光束発散度	面が出す光の量 $\dfrac{\text{射出する光束}}{\text{面積}}$	lm/m^2 ラドルクス (rlx)
照度（しょうど）	面が受ける光の量 $\dfrac{\text{入射する光束}}{\text{面積}}$ 【照れるほどルックスがいい！】 照度　　　lx	ルクス lx (lm/m^2)
I(cd)の点光源から距離r(m)の照度E(lx)	$E = \dfrac{I}{r^2} \cos\theta$ （θ：入射角） コード付きキャンドル $\dfrac{\text{光度}}{\text{あるじ}\ r^2}$ ×香水($\cos\theta$)	lx (lm/m^2)
薄曇りの全天空照度	約50000 lx 【水蒸気がごまんとある】 5万lx 快晴 約10000lx 標準 15000lx 直射日光は入れない	lx (lm/m^2)
昼光率（ちゅうこうりつ）	$\dfrac{\text{室内のある点の昼光による照度}}{\text{全天空照度}} \times 100$ 天気によらず一定	%
普通教室一般製図室の照度、昼光率	<table><tr><th></th><th>照度</th><th>昼光率</th></tr><tr><td>普通教室</td><td>約500 lx</td><td>1.5%</td></tr><tr><td>一般製図室</td><td>約1000 lx</td><td>3%</td></tr></table>【教室ではい一子 さん】 　　　　　　　1.5　3%	

暗記する事項 その7

立体角投射率	①半球に投影　②底円に投影　③立体角投射率 $= \dfrac{S''}{\text{底円の面積}} = \dfrac{S''}{\pi r^2}$
直接昼光率の式	立体角投射率×透過率×保守率×面積有効率 （ガラスを何％透過するか）（ガラスの透明度が何％保守されているか）（窓面積の何％が光を通すのに有効か）
均斉度	$\dfrac{\text{最低照度}}{\text{最高照度}}$ 250lx　50lx 均斉度 $=\dfrac{50\text{lx}}{250\text{lx}}=\dfrac{1}{5}$ (0.2)
机上面の均斉度	昼光片側採光　$\dfrac{1}{10}$ 以上 人工照明　$\dfrac{1}{3}$ 以上 【父 さんはオフィスで働く】 1/10　1/3　机上
作業面の輝度比	$\dfrac{1}{3}$ 以上 【父 さんはオフィスで働く】 1/3　机上作業面
加法混色の3原色	R：赤　G：緑　B：青 【明るいうちから ある じ ビール】 光の3原色　R G B
減法混色の3原色	C：シアン　M：マゼンタ　Y：イエロー 【インクのし み い】 C M Y

★ R300

マンセル表色系の3属性	色相 明度 彩度 Hue　Value　Chroma	【マンセルの　色　目はあざやか！】 　　　　　　　色相 明度　彩度
マンセル表色系の記号	5R　4 / 14 色相 明度 彩度	明度↑白(10) 色相⟳彩度 黒(0)
白のマンセルバリュー（明度）	10	【ホワイトー　冥土でいばる】 　　明度　10　明度　バリュー
灰色のマンセルクロマ（彩度）	0	【灰色議員は　最　低】 　　　　　　　彩度 0
マンセルバリュー V（明度）と反射率の関係	反射率 ≒ $V(V-1)$（％）	反射 反射率 ≒ V 　$(V-1)$
オストワルト表色系の記号	17　i　g 色相　└黒の混合比 　　　└白の混合比	白色量 ig 色相　黒色量 【お酢、糖、わりと　混合する】 　オストワルト　混合比
XYZ表色系	RGBにおおむね対応するXYZの混色量で表す表色系	xy色度図 $x\cdots X$の割合　$\dfrac{X}{X+Y+Z}$ $y\cdots Y$の割合　$\dfrac{Y}{X+Y+Z}$
色温度	黒体の絶対温度で光の色を表示したもの	【よく冷えた　ビールびん】 　色温度低い　赤茶

暗記する事項 その8

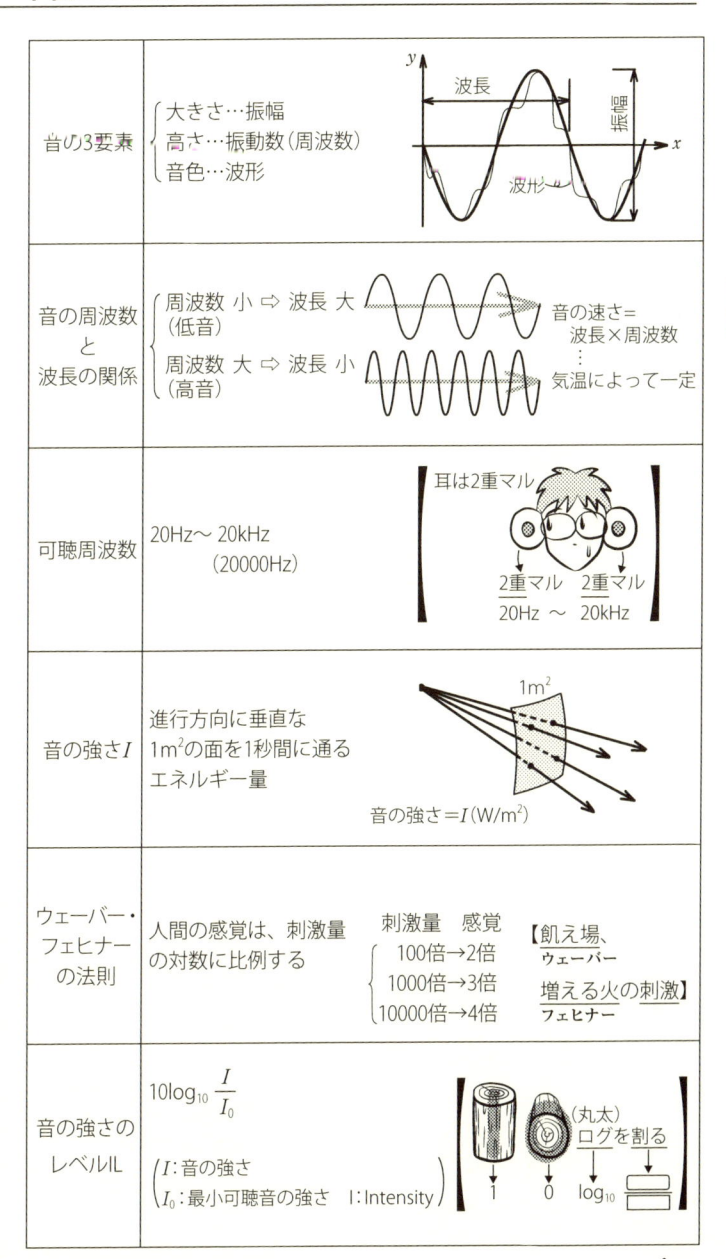

音の3要素	大きさ…振幅 高さ…振動数（周波数） 音色…波形	
音の周波数と波長の関係	周波数 小 ⇨ 波長 大 （低音） 周波数 大 ⇨ 波長 小 （高音）	音の速さ＝波長×周波数 …気温によって一定
可聴周波数	20Hz～20kHz （20000Hz）	耳は2重マル 2重マル　2重マル 20Hz　～　20kHz
音の強さ I	進行方向に垂直な$1m^2$の面を1秒間に通るエネルギー量	音の強さ＝$I(W/m^2)$
ウェーバー・フェヒナーの法則	人間の感覚は、刺激量の対数に比例する	刺激量　感覚 100倍→2倍 1000倍→3倍 10000倍→4倍 【飢え場、 ウェーバー 増える火の刺激】 フェヒナー
音の強さのレベルIL	$10\log_{10}\dfrac{I}{I_0}$ （I：音の強さ I_0：最小可聴音の強さ　I：Intensity）	(丸太) ログを割る 1　0　$\log_{10}$

R301

音圧レベル PL	$10\log_{10}\left(\dfrac{P}{P_0}\right)^2 = 20\log_{10}\dfrac{P}{P_0}$ (P:音圧 P_0:最小可聴音の音圧 　P:Pressure)	$\dfrac{I}{I_0} = \left(\dfrac{P}{P_0}\right)^2$ より導かれる 音圧Pの単位=$\dfrac{力}{面積}=\dfrac{N}{m^2}$=Pa(パスカル)
音の強さの レベルIL 音圧レベル PLの単位	dB (デシベル)	ベル(音) ⇨ レベル ⇔ デシベル
60dB + 60dB (2倍)	63dB	同じ(デシ)ベル2つ 　→ +3dB
60dB+ 60dB+ 60dB+ 60dB (4倍)	66dB	ベル2つ +3dB, ベル2つ +3dB, ベル4つ +6dB
60dB+ 60dB+ 60dB (3倍)	65dB	ベル2つ +3dB, ベル4つ +6dB ─ 中間+4.5→ +5dB
60dBの 音源が 10個 (10倍)	70dB	$10\log_{10}\times 10\dfrac{I}{I_0} = 10\log_{10}\dfrac{I}{I_0} + 10\underbrace{\log_{10}10}_{1} = 10\log_{10}\dfrac{I}{I_0} + \underline{10}$ 　　+10dB
点音源の 音の強さI と 距離r の関係	Iはr^2に反比例 rが2倍→Iは$\dfrac{1}{4}$倍→ −6dB rが$\dfrac{1}{2}$倍→Iは4倍→ +6dB	点音源から距離rでI、距離$2r$で面積4倍、$\dfrac{I}{4}$ (W/m²)

暗記する事項 その9

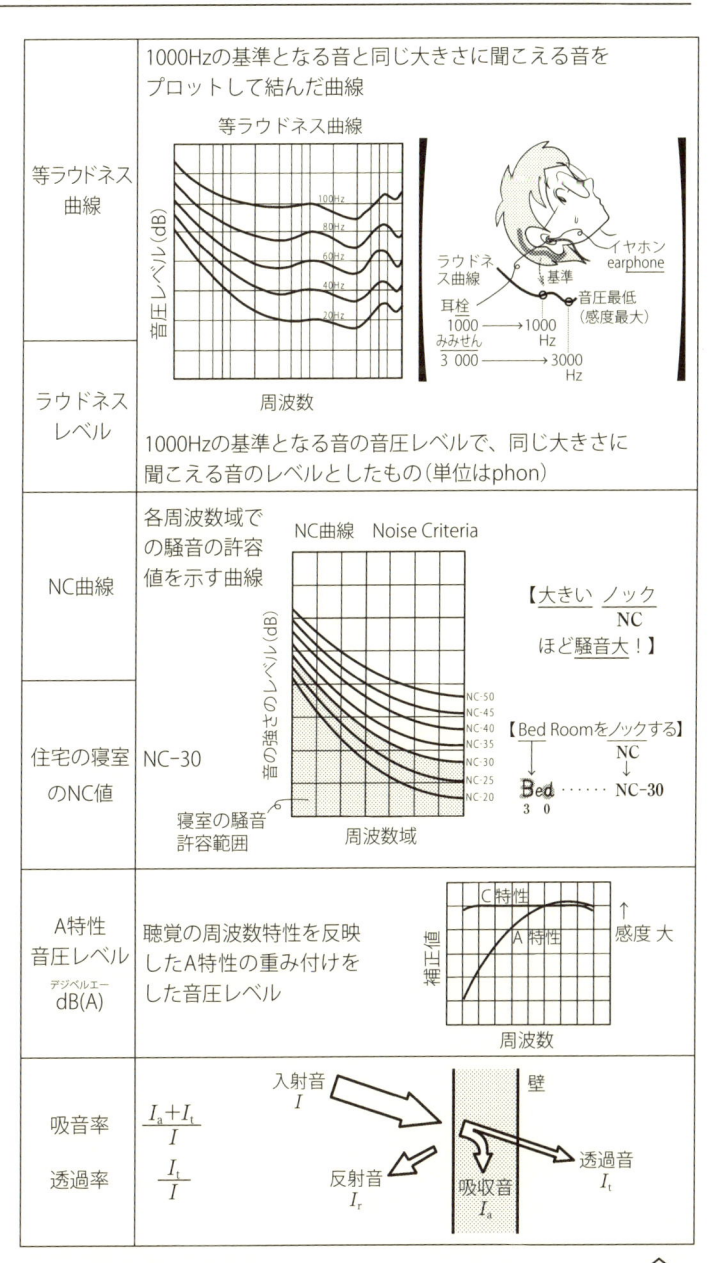

等ラウドネス曲線	1000Hzの基準となる音と同じ大きさに聞こえる音をプロットして結んだ曲線 等ラウドネス曲線 1000 → 1000 Hz みみせん 3 000 → 3000 Hz
ラウドネスレベル	1000Hzの基準となる音の音圧レベルで、同じ大きさに聞こえる音のレベルとしたもの（単位はphon）
NC曲線	各周波数域での騒音の許容値を示す曲線 NC曲線 Noise Criteria 【大きい ノック／NC ほど騒音大！】
住宅の寝室のNC値	NC-30 【Bed RoomをノックするNC】 Bed …… NC-30 3　0
A特性音圧レベル dB(A)	聴覚の周波数特性を反映したA特性の重み付けをした音圧レベル
吸音率 透過率	$\dfrac{I_a + I_t}{I}$ $\dfrac{I_t}{I}$ 入射音 I、反射音 I_r、吸収音 I_a、透過音 I_t、壁

R302 暗記する事項 その10

透過損失TL Transmission Loss	$10\log_{10}\dfrac{I}{I_0} - 10\log_{10}\dfrac{I_t}{I_0} =$ $10\log_{10}\dfrac{I}{I_t} = 10\log_{10}\dfrac{1}{透過率}$ （TL＝遮音量で大きい方が〇）	（丸太） ログをトンカチで割る _{透過率で割る} $\log_{10}\dfrac{1}{透過率}$
透過損失と波長の関係	長波長（低周波数、低音）の方が小さい（透過音が多い）	【長い足でまたいで越える】 長波長
L_r値 D_r値	床衝撃音の遮音等級（小さい方が〇） 壁の遮音等級（大きい方が〇）	【下階で得る音】 L_r値 【Drの差は大きい】 D_r値 大きい方が〇
残響時間の式	$\dfrac{0.161 \times V}{S \times \overline{\alpha}}$ $\begin{pmatrix} V：室容積(m^3) \\ S：室内表面積(m^2) \\ \overline{\alpha}：平均吸音率 \end{pmatrix}$	じゅうたん $\Rightarrow \dfrac{V}{S \times \overline{\alpha}}$ $S \times \overline{\alpha}$

340

原口秀昭(はらぐち　ひであき)

1959年東京都生まれ。1982年東京大学建築学科卒業、86年同大学修士課程修了。大学院では鈴木博之研究室にてラッチェンス、ミース、カーンらの研究を行う。現在、東京家政学院大学生活デザイン学科教授。
著書に『20世紀の住宅－空間構成の比較分析』(鹿島出版会)、『ルイス・カーンの空間構成　アクソメで読む20世紀の建築家たち』『1級建築士受験スーパー記憶術』『2級建築士受験スーパー記憶術』『構造力学スーパー解法術』『建築士受験　建築法規スーパー解読術』『マンガでわかる構造力学』『マンガでわかる環境工学』『ゼロからはじめる建築の[数学・物理]教室』『ゼロからはじめる[RC造建築]入門』『ゼロからはじめる建築の[木造建築]入門』『ゼロからはじめる建築の[設備]教室』『ゼロからはじめる[S造建築]入門』『ゼロからはじめる建築の[法規]入門』『ゼロからはじめる建築の[インテリア]入門』『ゼロからはじめる建築の[施工]入門』『ゼロからはじめる建築の[構造]入門』『ゼロからはじめる[構造力学]演習』『ゼロからはじめる[RC＋S構造]演習』(以上、彰国社)など多数。

ゼロからはじめる[環境工学]入門
2015年7月20日　第1版発行

著　者　原　口　秀　昭
発行者　下　出　雅　徳
発行所　株式会社　彰　国　社

著作権者との協定により検印省略

自然科学書協会会員
工学書協会会員

Printed in Japan
© 原口秀昭　2015年

162-0067 東京都新宿区富久町8-21
電　話　　03-3359-3231(大代表)
振替口座　　00160-2-173401
印刷：三美印刷　製本：中尾製本

ISBN978-4-395-32045-5 C3052　　http://www.shokokusha.co.jp

本書の内容の一部あるいは全部を、無断で複写(コピー)、複製、および磁気または光記録媒体等への入力を禁止します。許諾については小社あてにご照会ください。